C#语言程序设计项目教程

（第2版）

主　编　蔡　茜　周士凯
副主编　唐春玲　胡方霞　周继萍
主　审　张　毅

重庆大学出版社

内容提要

本书采用项目导向、任务驱动的方式撰写,共设置10个小项目和1个综合项目,47个任务。每个项目包括项目描述、学习目标、能力目标、多个任务模块、专项技能测试和拓展实训6个环节。每个任务都包括任务描述、任务分析、知识准备、任务实施、任务小结、效果评价6个环节。分别介绍了C#语言基础、面向对象编程、Windows窗体、ADO.NET操作数据库等知识。综合项目则从软件工程角度出发,全面介绍C#窗体应用程序开发流程,包括系统分析、系统设计、公共代码设计模块以及主要模块设计。

本书可作为C#语言初学者和爱好者的参考用书,也适合作为高职院校软件技术相关专业C#程序设计课程的理实一体化教材用书。为了方便读者学习,本书还提供了配套课件、项目源码和教学视频,欢迎下载。

图书在版编目(CIP)数据

C#语言程序设计项目教程/蔡茜,周士凯主编.--2版.--重庆:重庆大学出版社,2019.6(2022.2重印)

ISBN 978-7-5624-8541-4

Ⅰ.①C… Ⅱ.①蔡… ②周… Ⅲ.①C语言—程序设计—教材 Ⅳ.①TP312.8

中国版本图书馆CIP数据核字(2019)第130776号

C#语言程序设计项目教程

(第2版)

主 编 蔡 茜 周士凯

副主编 唐春玲 胡方霞 周继萍

主 审 张 毅

策划编辑:杨粮菊

责任编辑:文 鹏 版式设计:杨粮菊

责任校对:贾 梅 责任印制:张 策

*

重庆大学出版社出版发行

出版人:饶帮华

社址:重庆市沙坪坝区大学城西路21号

邮编:401331

电话:(023) 88617190 88617185(中小学)

传真:(023) 88617186 88617166

网址:http://www.cqup.com.cn

邮箱:fxk@cqup.com.cn (营销中心)

全国新华书店经销

重庆魏承印务有限公司印刷

*

开本:787mm×1092mm 1/16 印张:19.75 字数:493千

2019年6月第2版 2022年2月第5次印刷

ISBN 978-7-5624-8541-4 定价:48.00元

国家骨干高职院校重点建设项目
——软件技术专业系列教材
编委会

总序

随着计算机的日益普及和移动互联网的飞速发展，软件技术已成为信息社会的运行平台和实施载体，软件已开始走向各个行业，软件技术应用的全面延伸对信息处理的软件技术的发展提出了更高要求，同时促进了软件技术和软件行业的飞速发展，软件技术已经成为当今发展最为迅速的技术之一。

当今世界衡量城市或地区国际竞争力、现代化程度和经济增长能力的重要标志是推行信息化的水平，在大量推进信息化建设过程中，对软件产品和软件技术产生的巨大需求，使软件企业迅猛发展，因此，世界各国都面临着“软件产品开发、软件产品使用、软件产品维护”人才的巨大需求。而我国早在2004年《教育部 财政部关于推进职业教育若干工作的意见》已将掌握软件技术在内的计算机人才列为紧缺型人才。2012年6月，教育部颁布的《国家教育事业发展第十二个五年规划》要求我们培养更多的能适应“产业转型升级和企业技术创新需要的发展型、复合型和创新型的技术技能人才”，对高职教育人才培养方向进行了明确定位，增加了对高职教育人才培养的价值期待，以满足产业转型升级和技术创新需要。

重庆工商职业学院于2012年起作为国家骨干高职建设单位，积极探索校企合作、工学结合人才培养新内涵。学校通过一系列的调研和准备工作，联合30多家企业、多个行业、多家院校和政府部门建立了政、行、企、校合作发展理事会，学院软件技术教学团队以合作发展理事会为纽带，认真开展软件人才需求调研。与重庆市经信委软件处、信息化处、重庆市服务外包协会、重庆市人力资源与社会保障局、重庆市软件技术行业协会、重庆德克特科技公司、重庆市亚德科技股份有限公司、重庆市博恩科技(集团)有限公司等多家单位共同编写了《应用软件开发职业人才标准》。依据人才标准,在重庆大学出版社的倡导下,组织具有丰富实践经验的软件企业技术人员和职业院校的一线教师,与软件行业实际紧密结合,共同编写了"软件技术专业系列教材"。

这套"软件技术专业系列教材"采用校企结合模式编写,结合全国软件企业发展状况推出的面向全国、面向未来的教材,既汇集了高校专业教师们的理论知识,也汇聚了软件企业工程师们的宝贵经验。

为做好教材的编写工作,重庆大学出版社专门成立了由各行业专家组成的教材编审委员会。这些专家对软件技术专业教学作了深入细致的调查研究,对教材编写提出了许多建设性意见,经过反复审查,确保教材本身的高质量水平,对教材的教学思想和方法的先进性、科学性严格把关。

"校企合作""项目化"是本套系列教材的特点,教材将企业提供的真实项目解构、重构为项目案例,将项目案例分解为一个个的任务。在具体教学时,向学生发放要素齐全的项目任务单,使学生明确项目教学的过程和相关知识点,极大地方便教师们实施"任务驱动"的课堂教学。

随着软件技术发展的需要,新技术的不断应用,本系列教材必然还要不断补充、完善,希望该套教材的出版能满足广大职业院校培养软件技术专业人才的需求,能成为开发人员的"良师益友"。

编委会

2019 年 1 月

前　言

C#是微软公司发布的一种面向对象的、运行于.NET Framework之上的高级程序设计语言。它不仅继承C和C++的强大功能,同时综合了VB简单的可视化操作和C++的高运行效率,以其强大的操作能力、优雅的语法风格、创新的语言特性和便捷的面向组件编程的支持成为.NET开发的首选语言。

本书详细介绍了C#语言的语法及其应用,全书内容分10个小项目和1个综合项目,共47个任务,内容组织如下:

项目1完成项目构建C#应用程序开发环境,通过安装与配置Visual Studio 2010和欢迎来到C#世界(控制台应用程序)和欢迎来到C#的世界(窗体应用程序)3个任务的实施,具体讲解了.NET应用程序框架的基本概念,Visual Studio 2010集成开发环境的安装,VS 2010界面的基本操作。

项目2完成项目查看学生登记信息,通过查看学生的基本信息和查看学生期末成绩情况两个任务的实施,具体讲解了C#语言基础,包括变量和常量、运算符、表达式等基本知识。

项目3完成项目Windows计算器的制作,通过绘制计算器界面、实现按钮"C"和数字按钮的功能和实现运算符按钮的功能3个任务,具体讲解到简单的窗体和流程控制语句相关知识。

项目4完成项目猜数字游戏,通过构建游戏界面和游戏竞猜两个任务,具体讲解了循环语句的使用。

项目5完成项目有趣的古诗,通过按行输出古诗"清明"、古诗听写、提取古诗关键字、古诗分割成句、古诗的有趣断句、错乱古诗的拼接和变化多样的字符串七个任务,具体讲解了String类和StringBuilder类的相关知识。

项目6完成项目学生成绩单,通过打印学生成绩单、打印多名学生的成绩单和学生选课3个任务,具体讲解了数组、ArrayList类的相关知识。

项目7完成项目创建学生信息表,通过定义一个简单学生类、为学生类添加构造函数和析构函数、为学生类创建3个对象、为学生类添加一个方法显示学生信息和学生状态、修改学生类,利用方法访问字段、利用属性和索引器分别访问存储数据、定义一个newStudent类、定义抽象类Person和定义接口9个任务,具体讲解了类和接口的相关知识。

项目8完成项目MyQQ的登录和注册窗体,通过创建登录窗体、创建用户注册窗体和编辑QQ主窗体3个任务,具体讲解了窗体和常用控件相关知识。

项目9完成项目MyQQ的登录和注册管理,通过完善用户注册窗体、完善用户登录窗体和用户信息后台管理窗体 3 个任务,具体讲解了使用 C#和 ADO.NET 进行数据库访问的技术,包括 Command、DataReader、DataSet 等的使用。

项目 10 完成项目我的资源管理器,制作我的资源管理器窗体、显示电脑逻辑磁盘符号和显示文件详细信息 3 个任务,具体讲解了 File 和 FileInfo 类、Directory 类和 DirectoryInfo 类的使用。

项目 11 介绍了综合实践——小账本,通过系统分析、系统设计、公共代码设计模块、制作主窗体、用户管理功能、记账功能、每日清单、每月账目总汇和关于窗体 9 个任务,具体讲解了 C#窗体应用程序开发的流程、系统打包部署等知识。

本书的特色是:

由浅入深,讲解细致。本书对每个项目进行任务分解,采取任务驱动方式编排,对任务中所用到的相关知识点进行细致讲解,然后按步骤实施。这种编排使得读者更易阅读,同时也可以培养读者的程序分析和设计能力。

内容全面,案例丰富。本书通过 10 个小项目和 1 个大项目贯穿全文,把 C#的技术点和知识点嵌入其中,内容全面,且案例具有代表性。

实践性强,容易上手。书中每个项目的分解任务都按照步骤提供实施,同时提供了大量的专项技能测试和拓展实训,使得读者在学习完后,能够亲自上机实验,实训内容大部分都提供了参考源代码,供读者参考。

本书是重庆工商职业学院国家骨干高职建设项目——软件技术专业建设子项目的一项研究成果。本书由重庆工商职业学院的蔡茜老师和周士凯老师任主编,唐春玲老师和胡方霞教授任副主编,周继萍老师、阮小伟老师和来自创想科技发展有限公司的周勇高工也参与了本书的编写,重庆大学软件学院的张毅教授为主审。

在本书编写过程中,我们以科学、严谨的态度,力求完善,但错误和疏漏在所难免,敬请广大读者批评指正,编者邮箱:caixi@ cqdd.cq.cn。

编 者

2019 年 1 月

目　录

项目 1

构建 C#应用程序开发环境

●项目描述

Visual C#(简称 C#)是微软公司推出的一种语法简洁、类型安全,基于.NET 框架的面向对象编程语言,是专门为.Net 框架设计的一门开发语言。要进行基于.Net 平台的 C#应用程序开发,首先应该构建.Net 平台的应用程序开发环境,并熟练掌握开发环境的基本操作。本书使用 Visual Studio 2010 集成开发环境(IDE),Visual Studio 2010 是微软为了配合.Net 战略推出的 IDE 开发环境,也是目前开发 C#应用程序的最好工具。本项目主要内容就是学会 Visual Studio 2010 开发环境的安装和卸载、创建 C#控制台应用程序和 Windows 应用程序等基本操作。

●学习目标

1.认识 C#语言。

2.认识 Visual Studio .NET 集成开发环境(IDE)。

3.知道最简单的输入和输出语句。

4.知道如何创建控制台应用程序。

5.知道如何创建 Windows 应用程序。

6.认识窗体、控件和方法。

●能力目标

1. 实施 Visual Studio .NET 集成开发环境的配置和使用。
2. 实施创建、编译和执行简单的.NET 应用程序。
3. 学会使用最简单的输入和输出语句。
4. 学会添加窗体、控件和方法。
5. 学会给程序添加注释。

任务 1.1　安装与配置 Visual Studio 2010

【任务描述】

在进行应用程序的开发之前，必须先构建应用程序的开发环境，并熟悉开发环境的基本操作。.Net 应用程序最好的开发环境和工具是 Visual Studio（以下简称 VS）。该平台是一个集成的开发环境，不仅能用于 Web 应用程序的开发，也能用于控制台、窗体等其他多种类型应用程序的开发。Visual Studio 的版本有很多，包括 Visual Studio 2002，Visual Studio 2003，Visual Studio 2005，Visual Studio 2008，Visual Studio 2010 和 Visual Studio 2012。以安装 Visual Studio 2010 Ultimate 英文版为例，VS 2010 Ulimate 的主窗口如图 1.1 所示。

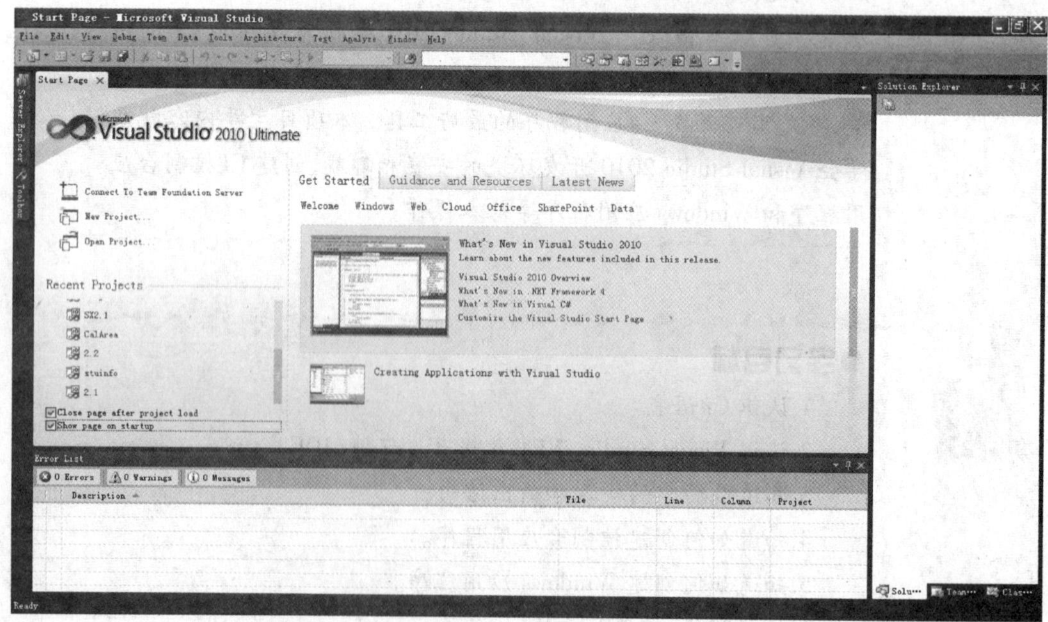

图 1.1　Visual Studio 2010 Ultimate 英文版主窗口

【知识准备】

1.1.1 C#初印象

C#是微软公司推出的一种语法简洁、类型安全,基于.NET 框架的面向对象编程语言,是专门为.NET 框架设计的。使用 C#可以创建传统的 Windows 客户端应用程序、XML Web Services、分布式组件、客户端—服务器应用程序、数据库应用程序以及很多其他类型的程序。

1998 年,Anders Hejlsberg(Delphi 和 Turbo Pascal 语言的设计者,中文译为安德尔斯·海斯博格)以及他的微软开发团队开始设计 C#语言的第一个版本,并于 2000 年 9 月有了一个统一标准。第一个版本发布于 2000 年 7 月。C#语言由 Java、C++和 C 语言派生而来,继承了这三种语言的大多数语法和优点。设计 C#语言是为了增强软件的健壮性,为此提供了数组越界检查和“强类型”检查,并且禁止使用未初始化的变量。

在当前的主流开发语言中,C/C++一般用在底层和桌面程序,Java 开发的桌面应用和 RIA 应用可以说少之又少,PHP 等一般只是用在 web 开发上。只有 C#,它可以用来开发桌面应用程序、Web 应用程序、RIA 应用程序(Silverlight)和智能手机应用程序(当然,将来肯定也会包括 windows 平板电脑应用),可以说是当前应用领域最广,最全面的高级开发语言。下面列出 C#的某些应用领域:

①桌面应用程序:如 fetion 等;

②Web 应用程序:国外的 MySpace、Dell,国内的当当网、京东网、招商网上银行等;

③RIA 应用程序:如 PPTV、江苏卫视、中国人寿、新浪财经等;

④智能手机应用。

1.1.2 .NET Framework 类库

.NET Framework 类库是一个由 Microsoft .NET Framework SDK 中包含的类、接口和值类型组成的库。该库提供对系统功能的访问,是建立 .NET Framework 应用程序、组件和控件的基础,具有两个主要组件:公共语言运行库和.NET Framework 类库。.NET 的版本已从 2002 年的 1.0 版本发展到目前最新的 4.3 版本。C#语言是专门为微软公司.NET 一起使用而设计的一门开发语言,其本身来说只是一种语言,虽然为.NET 而生,但并不是.NET 的一部分。

1.1.3 .NET 开发工具 Visual Studio

Microsoft .NET 框架是微软公司开发的软件开发系统平台,它简化了在高度分布式 Internet环境中的应用程序开发,是一种主要用于 Windows 操作系统的托管代码编程模型。它提供了大量的公共类库,为多种编程语言提供支持,可实现本地应用、互联网应用和服务器端应用。.NET Framework 具有两个主要组件:公共语言运行库和.NET Framework 类库。

【任务分析】

安装 Visual Studio 2010 前,先做好以下准备工作:

- 最好使用新安装的操作系统。如果是旧操作系统,应该保证有足够的内存空间和硬盘空间。
- 如果是 XP 系统,应该先安装好 IIS 和.NET Framework 4。
- 如果需要数据库管理系统,还应该安装好相应的数据库程序。
- 准备好 Visual Stdio 2010 的安装程序。

Visual Studio.NET 平台的安装顺序是:IIS→.NET Framework→SQL Server 数据库→VS。所以在安装之前应先确认其他程序是否已经安装完成,如果安装的顺序有错,环境有可能搭建不成功。

Visual Studio 的版本有很多,包括 Visual Studio 2002, Visual Studio 2003, Visual Studio 2005, Visual Studio 2008, Visual Studio 2010 和 Visual Studio 2012。本书以安装最新的 Visual Studio 2012 中文版为例,源文件可在微软官网:http://www. microsoft.com/visualstudio/zh-cn 下载获得。

【任务实施】

①进入文件目录,双击"autorun.exe"开始,会弹出如图 1.2 所示对话框。

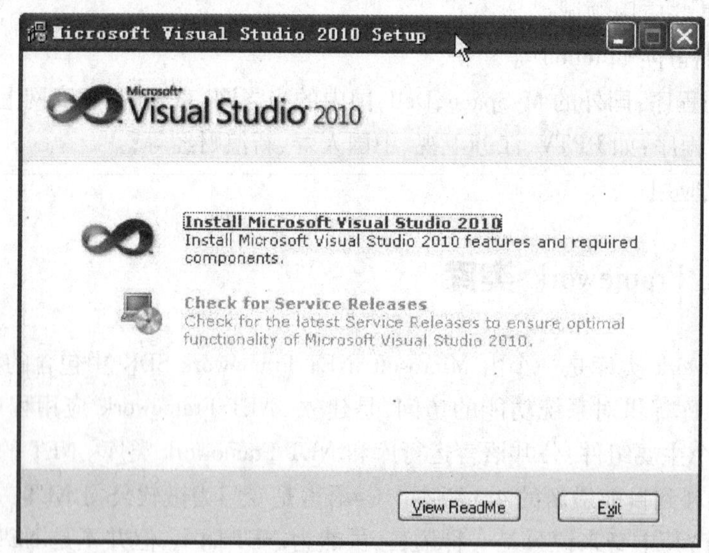

图 1.2 VS2010 安装 1

②单击"Install Mircrosoft Visual Studio 2010",将会出现如图 1.3 所示窗口。

③安装程序加载安装组件,完成后单击"下一步"按钮即可,如图 1.4 所示。

④在出现图 1.4 时选择"我已阅读并接受许可条款",单击"下一步"按钮,出现如图 1.5 所示窗口。

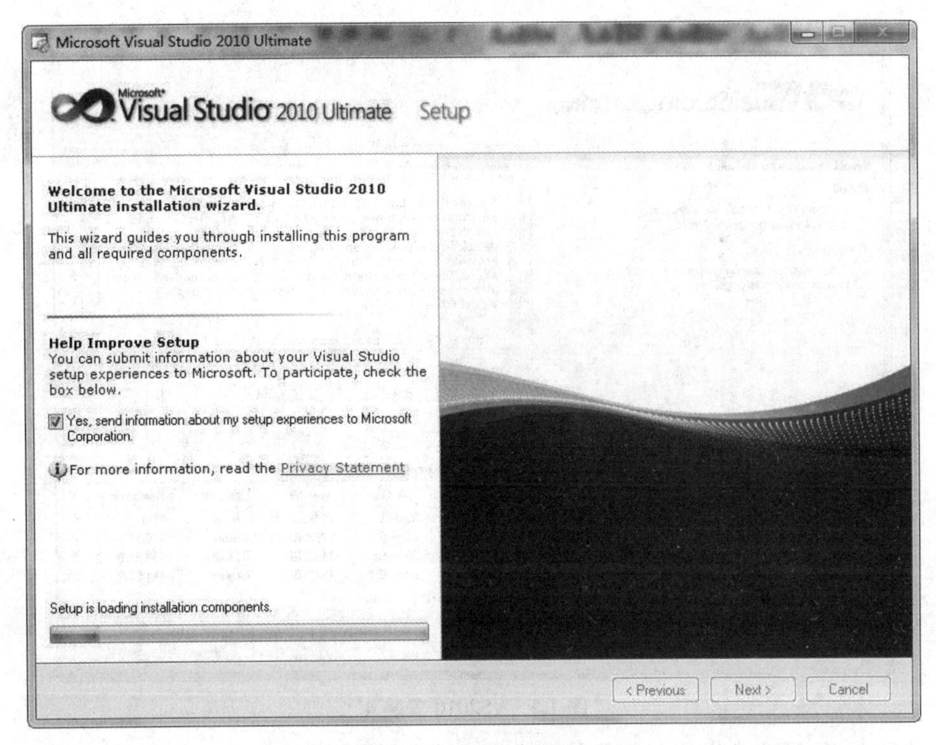

图 1.3 VS2010 安装 2

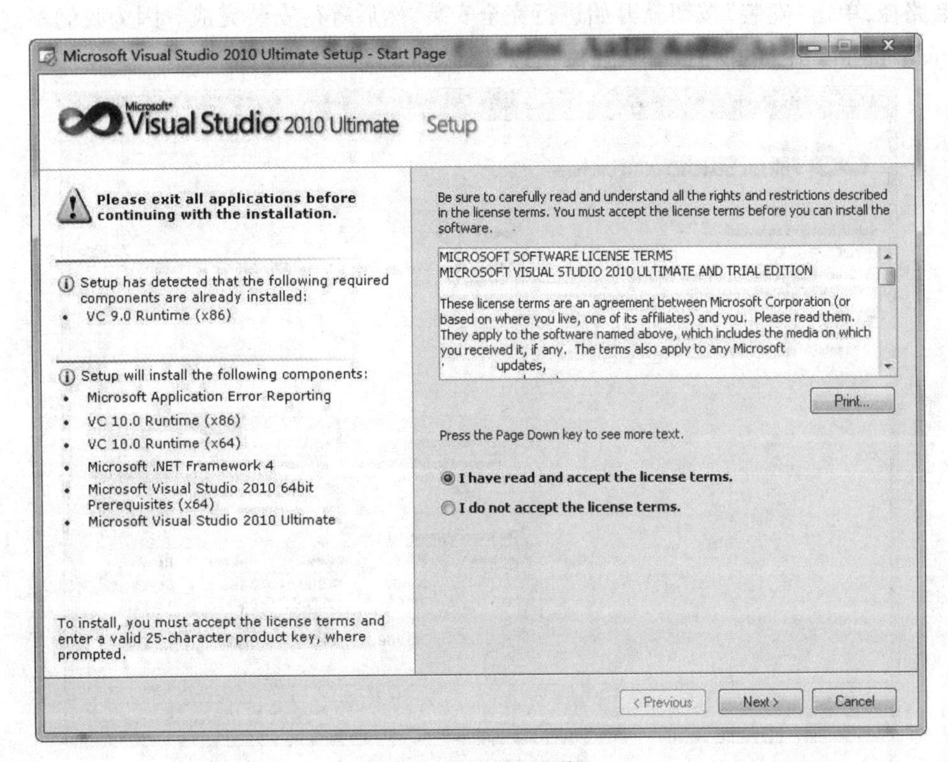

图 1.4 VS2010 安装 3

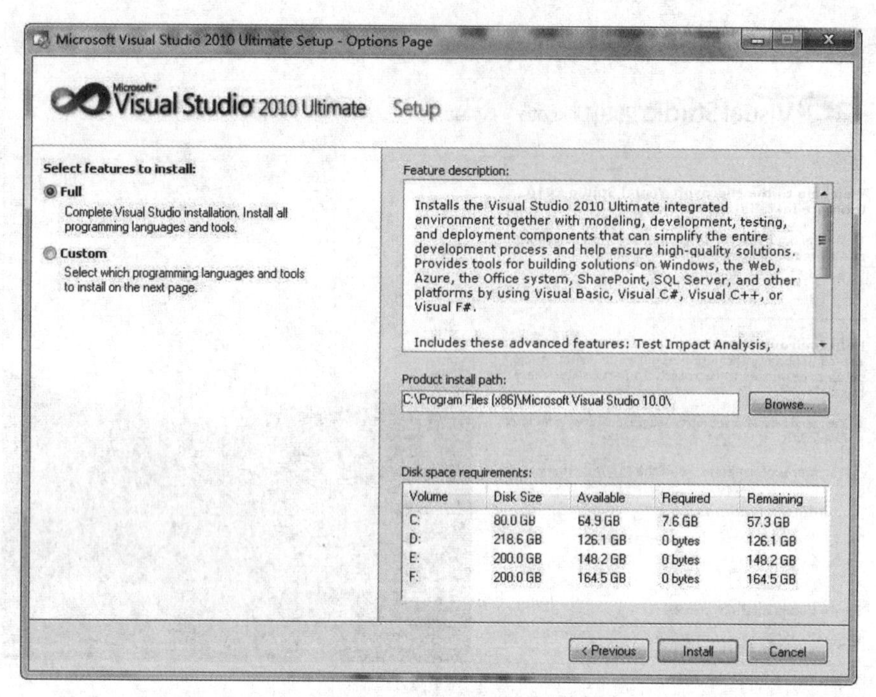

图 1.5　VS2010 安装 4

⑤两种选择，可这个根据每个人的开发需求进行选择。选择“完全”后，根据个人需求设置安装路径，单击“安装”按钮就开始进行完全安装，然后等待安装完成。因为我们不需要用到 Visual Studio 2010 的所有功能组件，所以选择“自定义”，如图 1.6 所示。

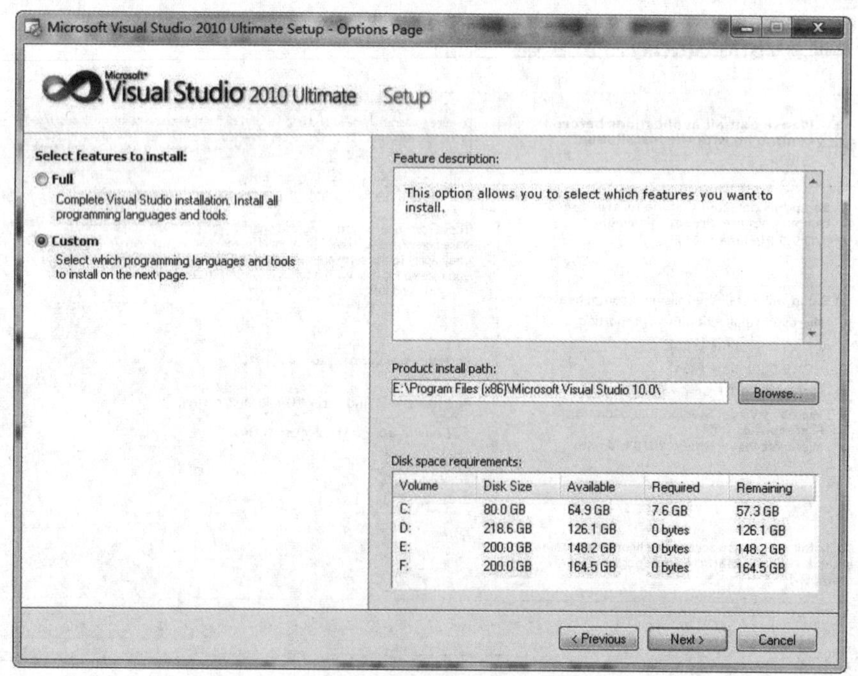

图 1.6　VS2010 安装 5

⑥单击“浏览”按钮设置产品安装路径，然后单击“下一步”按钮。无论应用程序的安装位置在哪里，安装过程都将在系统驱动器上安装一些文件。因此，应确保系统驱动器有必需的空间，这里选择将应用程序安装到 E 盘，如图 1.7 所示。

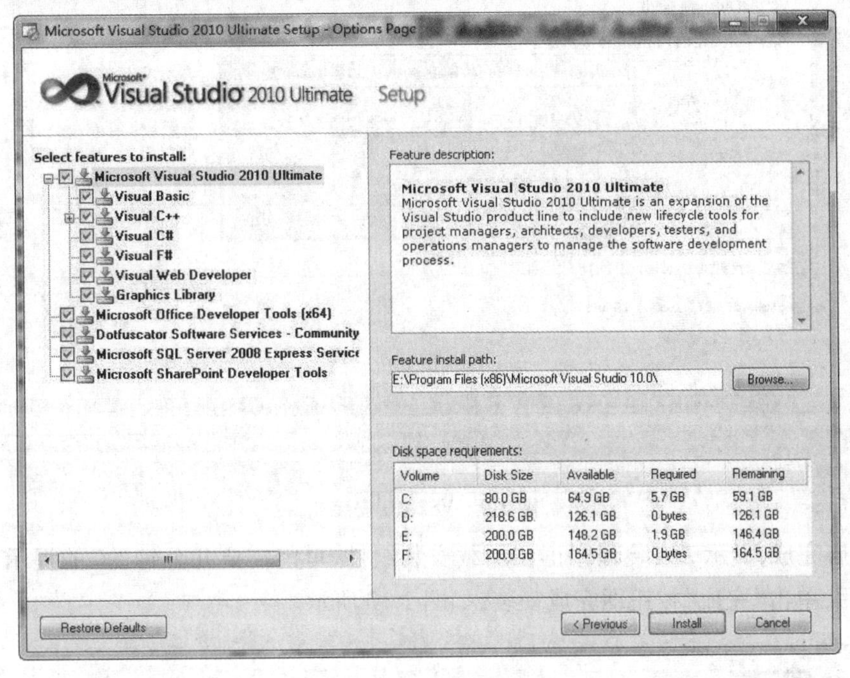

图 1.7　VS2010 安装 6

⑦选择要安装的功能，然后单击“安装”按钮，出现安装进度条如图 1.8 所示。在安装过程中将多次出现如图 1.9 所示要求重新启动电脑的对话框，这时选择“立即重启电脑”即可。

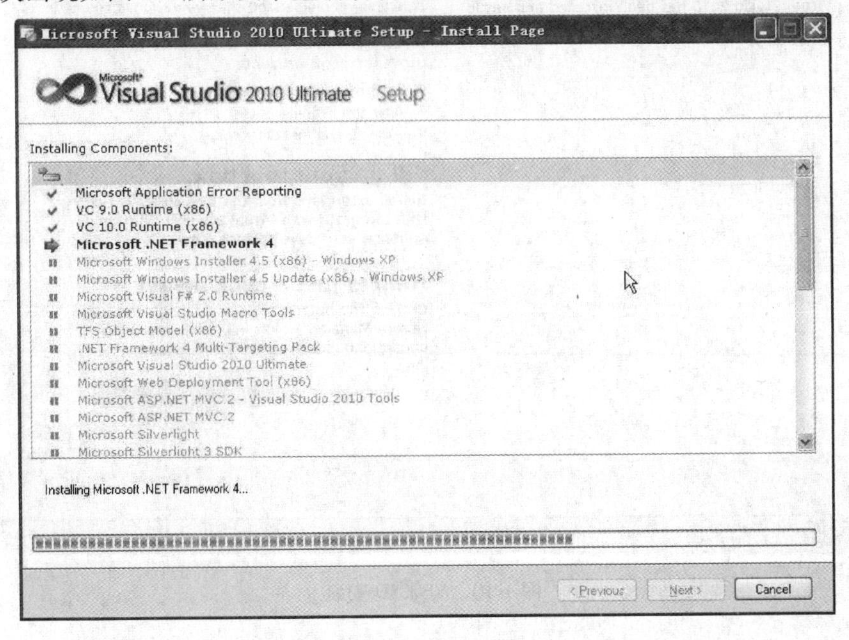

图 1.8　VS2010 安装 7

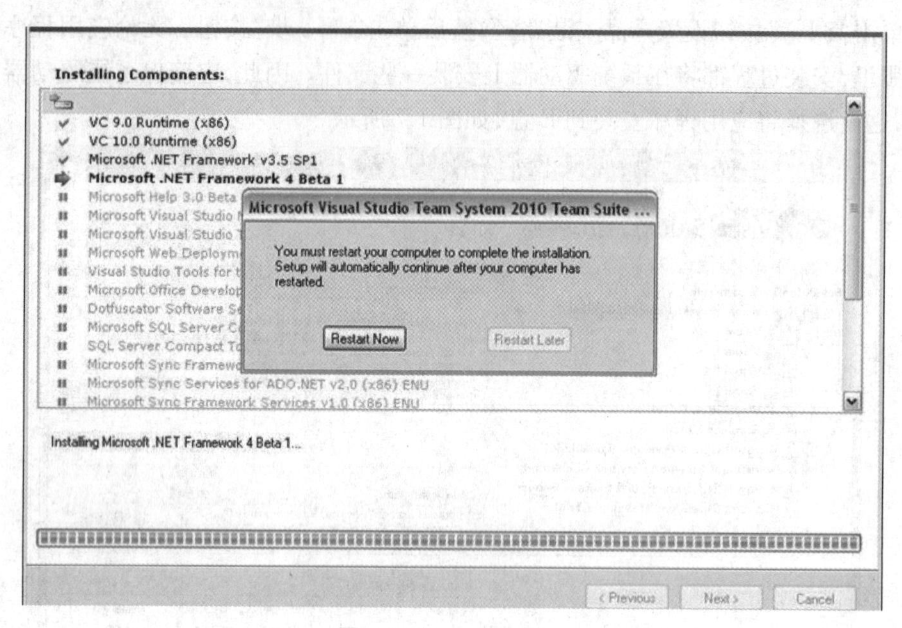

图 1.9　VS2010 安装 8

⑧重启完成,显示“安装程序正在加载安装组件,可能需要几分钟的”的提示框。进度条 100%后,单击“完成”按钮即完成安装,如图 1.10 所示。

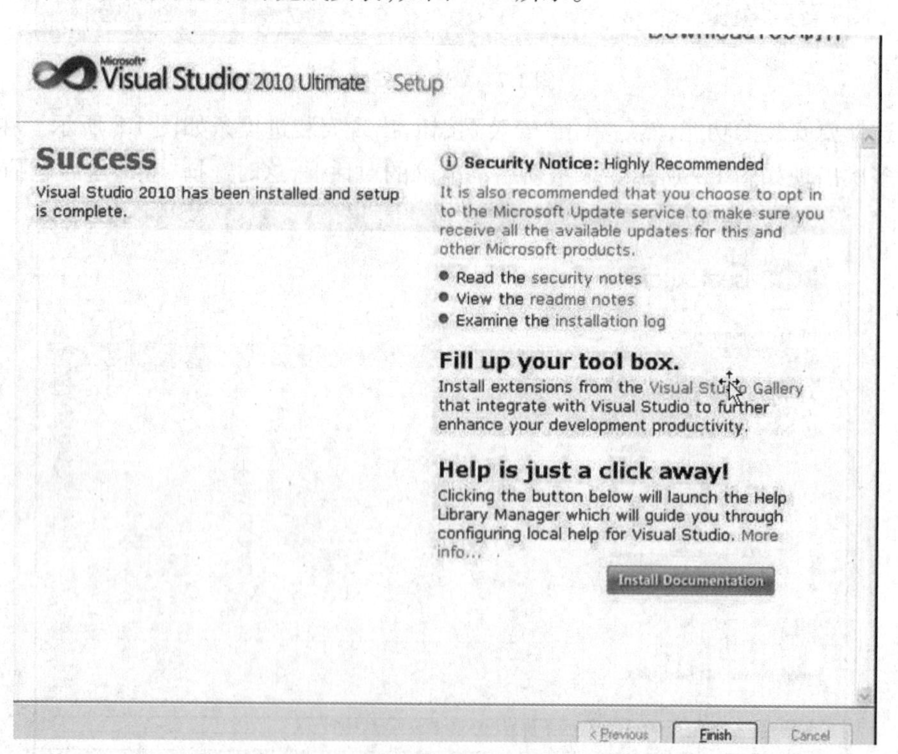

图 1.10　VS2010 安装 9

⑨第一次启动 Visual Stdio 2010,如图1.11所示。

图1.11 VS2010启动1

选择默认环境,选择"Visual C#开发设置"或"常规开发设置",如图1.12所示。

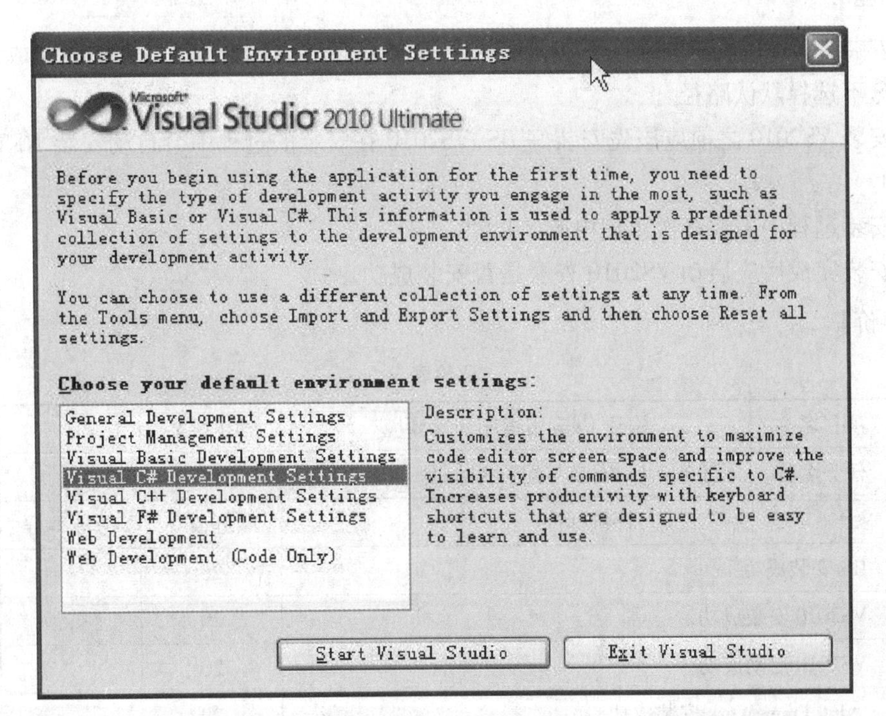

图1.12 VS2010启动2

然后单击"启动 Visual Studio"按钮,等待几分钟后进入IDE工作界面,如图1.13所示。

至此，Visual Studio 2010 启动成功。

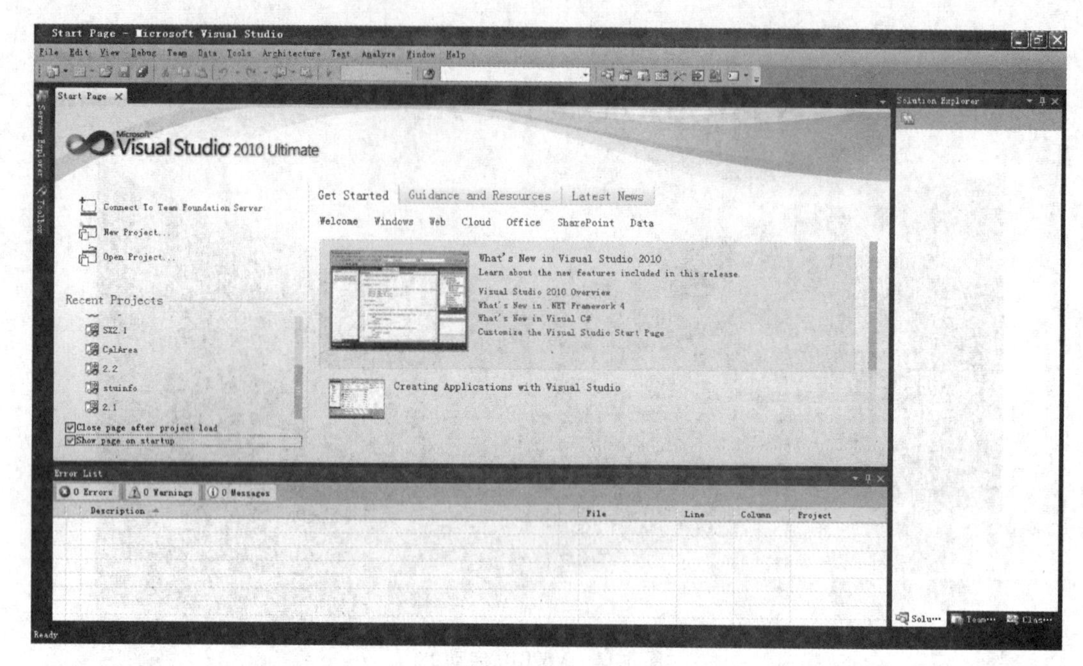

图 1.13 VS2010 启动 3

【任务小结】

①安装 VS2010 之前应确保 C 盘及安装目录盘有足够空间，保证安装顺利完成，通常安装目录盘不选择默认路径。

②安装 VS2010 之前应该先安装好 IIS，VS2010 在安装的过程中会自动安装.NET Framework 4.0。

③安装过程中需要多次重启电脑。

④安装完成后应启动 VS2010 查看是否安装成功。

【效果评价】

评价表

项目名称	构建 C#应用程序开发环境	学生姓名	
任务名称	任务 1.1 安装与配置 Visual Studio 2010	分数	
评价标准		分值	考核得分
IIS 安装成功		20	
VS2010 安装成功		20	
VS2010 启动成功		20	
.NET FrameWork 安装成功		20	
SQL Server 数据库安装成功		20	

续表

总体得分	
教师简要评语： 教师签名：	

任务 1.2 欢迎来到 C#的世界（控制台应用程序）

【任务描述】

编制一个最基本的 C#控制台应用程序：在命令窗口输出“Hello world！”，如图 1.14 所示。

图 1.14 输入您的名字，显示“欢迎您来到 C#世界”

【知识准备】

1.2.1 控制台输入输出

控制台输入就是用户通过控制台干预程序的执行，从键盘将数据输入到程序中。控制台输出就是将程序执行的结果输出到控制台（即屏幕）并显示出来。在 C#的控制台应用程序中，由 Console 类完成控制台的输入输出。

输入有两种方式：Console.Read() 和 Console.ReadLine()。

输出有两种实现方式：Console.Write() 和 Console.WriteLine()。

（1）Console.Read

语法格式为：

int Console.Read()

该方法用于从键盘中输入一个字符。当程序运行到该句时暂停，等待用户输入任意字符，再按回车（Enter）键结束输入，将输入的字符以 int 数据返回给程序并继续运行。如果用户没有输入任何字符而直接按了回车键，则返回-1。如果用户输入多个字符，则只返回第一个字符。

例：从键盘输入任意字符并输出。

```
static void Main(string[] args)
```

```
{
    int i = Console.Read();
    Console.WriteLine(i);
    Console.Write("按任意键退出……");
    Console.ReadKey(true);
}
```

执行该段代码,如果输入字符“A”后按回车,则输出65,如图1.15所示。

可见输入字符“A”后,字符“A”对应的ASCII值65返回给程序。如果程序想得到输入后的字符“A”而不是ASCII值97,则要通过数据类型的显示转换,其代码如下:

```
static void Main(string[] args)
{
    char ch = (char) Console.Read();
    Console.WriteLine(ch);
    Console.Write("按任意键退出……");
    Console.ReadKey(true);
}
```

运行程序后,输出结果如图1.16所示。

图1.15 Console.Read()的使用

图1.16 Console.Read()的使用

特别提示

ASCII码:美国(国家)信息交换标准(代)码。ASCII码于1968年提出,用于在不同计算机硬件和软件系统中实现数据传输标准化。ASCII码划分为两个集合:128个字符的标准ASCII码和附加的128个字符的扩充和ASCII码。

常见的ASCII码表见表2.1:

表2.1 ASCII码表

字符	代码	字符	代码	字符	代码	字符	代码	字符	代码
回车	13	A	65	N	78	a	97	n	110
空格	32	B	66	O	79	b	98	o	111
0	48	C	67	P	80	c	99	p	112
1	49	D	68	Q	81	d	100	q	113
2	50	E	69	R	82	e	101	r	114

续表

字符	代码	字符	代码	字符	代码	字符	代码	字符	代码
3	51	F	70	S	83	f	102	s	115
4	52	G	71	T	84	g	103	t	116
5	53	H	72	U	85	h	104	u	117
6	54	I	73	V	86	i	105	v	118
7	55	J	74	W	87	j	106	w	119
8	56	K	75	X	88	k	107	x	120
9	57	L	76	Y	89	l	108	y	121
		M	77	Z	90	m	109	z	122

(2) Console.ReadLine

语法格式为:

```
string Console.ReadLine( )
```

该方法用于从键盘中输入多个字符,即一个字符串。当程序运行到该句时暂停,等待用户输入任意多个字符,再按回车(Enter)键结束输入,将输入的一行字符串以 string 数据返回给程序并继续运行,但输入的字符串不包括回车键和换行符“\n”。如果用户没有输入任何字符而直接按了回车键,则返回 null。

例如从键盘输入姓名并输出,代码如下:

```
static void Main( string[ ] args)
{
    string name = Console.Read( );
    Console.WriteLine( name+" ,欢迎您来到 C#世界!" );
    Console.Write( "按任意键退出……" );
    Console.ReadKey( true );
}
```

执行该段代码,如果输入姓名“李雷”后按回车,输出结果如图 1.17 所示。

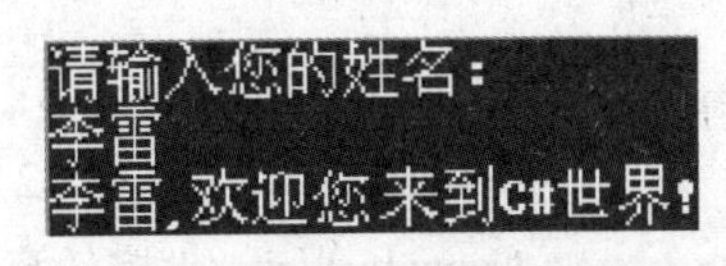

图 1.17　ReadLine

如果想输入一个其他类型的数据,则要进行数据类型的显示转换。

例:

```
int i = Convert.ToInt32 ( Console.ReadLine ( ) );
```

(3) Console.Write

该方法用于将指定的值以文本表示形式写入标准输出流,输出后不换行,下一个输出内容紧接其后。Console.Write()方法的主要使用形式有两种:一种是非格式输出,另一种是格式输出。

①非格式输出就是将数值直接输出,常见的用法见表 2.2。

表 2.2 Console.Write 的使用格式

格 式	实现功能	举 例
void Console.Write(bool value)	将布尔值以文本形式输出	Console.Write(true);
void Console.Write(char value)	将指定的字符输出	Console.Write('a');
void Console.Write(char[] value)	将指定的字符数组输出	char[] ca = {'a','b','c'}; Console.Write(ca);
void Console.Write(decimal value)	将指定的 decimal 值输出	decimal dd = 10; Console.Write(dd);
void Console.Write(double value)	将指定的 double 值输出	double du = 10; Console.Write(du);
void Console.Write(int value)	将指定的整数输出	int id = 10; Console.Write(id);
void Console.Write(string value)	将指定的字符串输出	Console.Write("Hello World");
……	……	……

②格式化输出,其格式如下:

void Console.Write(string format,object value)

实现功能:将 value 的值按照 format 规定的格式输出。关于 format 的使用方法见项目 9 的介绍。

例:

```
static void Main(string[] args)
{
    int id = 10;
    Console.Write("{0:C2}",id);
    Console.Write("按任意键退出……");
    Console.ReadKey(true);
}
```

(4) Console.WriteLine

该方法的使用与Console.Write的使用几乎相同,不同的是该方法将数据写入标准输出流,输出后自动增加换行,下一个输出位置为下一行。

1.2.2 C#程序的构成

打开控制台程序的代码文件Program.cs,可以看到以下默认结构:

```
using System;
using System.Collections.Generic;
using System.Linq;
using System.Text;
namespace first
{
    class Program
    {
        static void Main(string[] args)
        {


        }
    }
}
```

其中:

前4行语句为自动生成代码,在大家不懂得什么意思之前不要随意修改。而我们目前所编写的代码,应该写到

```
static void Main(string[] args)
        {


        }
```

这一对大括号中。

1.2.3 C#程序的编译和运行

程序编写完成后需要编译通过,然后运行查看结果。

①在菜单栏选择"Build"→"Rebuild Solution",如图1.18所示,程序开始编译过程。

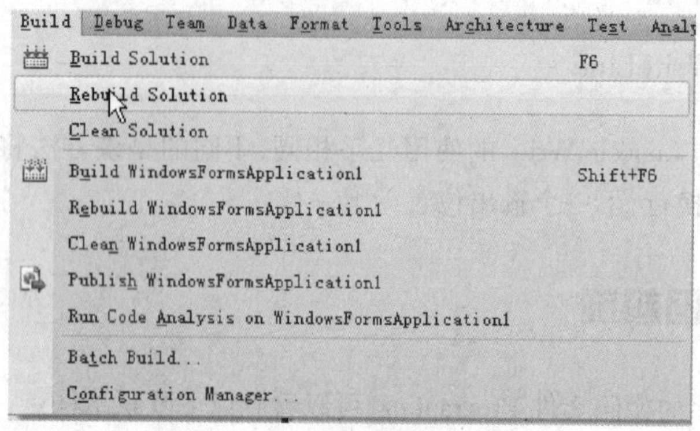

图 1.18　重新生成解决方案

②如果程序正确,会出现如图 1.19 所示"Rebuild All successed"的提示。编译的过程就是检查书写的代码语法是否正确从而生成应用程序的过程。

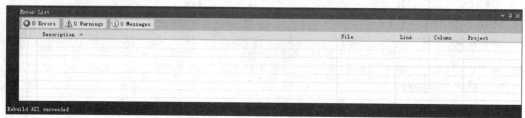

图 1.19　程序编译成功

如果语法有误,比如最后的分号没有写,则在应该有分号的位置会出现红色的波浪线的语法错误提示。如果进行编译,程序也会给出错误提示。

③单击工具栏上的"▶"图标(或者按 F5 快捷键)即可运行程序。

【任务实施】

目前只是对 C#控制台应用程序的编制方法和基本结构进行了解,初学者只需要按照下面步骤完成体验即可。

①启动 Visual Studio 2010。

②从"File"菜单中选择"New"→"Project"命令,打开"新建项目"对话框。

③在"Installed Templates"中选择"Visual C#",然后再选择"Console Application",如图 1.20所示。

④控制台应用程序默认的名字为:ConsoleApplication1,在"Name"文本框中输入项目名称(这里的项目名称是 first),在"Location"文本框中选择项目存放的目录,然后单击"OK"按钮。

⑤在"解决方案资源管理器"中单击 first 项目,双击 Program.cs 代码文件,完成如下代码:

```
using System;
using System.Collections.Generic;
using System.Linq;
```

```
using System.Text;

namespace first
{
  //第一个C#控制台程序
    class Program
    {
        static void Main(string[] args)
        {
            Console.WriteLine("请输入您的名字:");
            Console.ReadLine();
            Console.WriteLine("欢迎您来到C#世界!");
            Console.ReadLine();
        }
    }
}
```

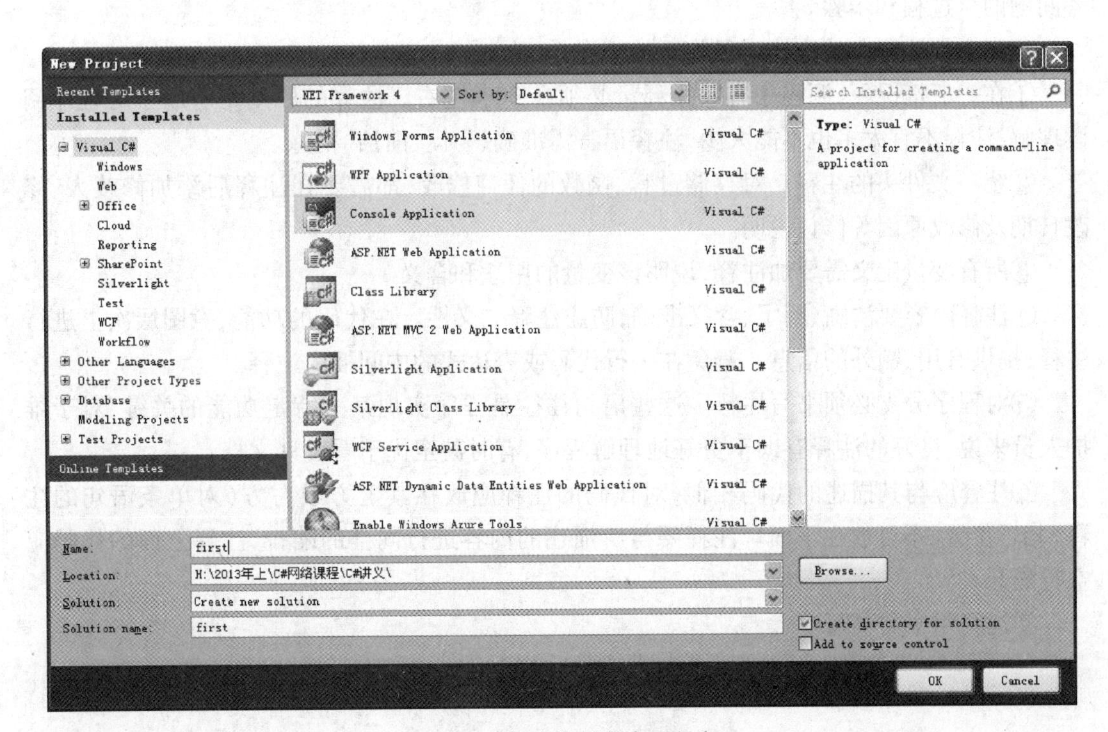

图1.20　新建控制台应用程序

【任务小结】

(1)代码注释

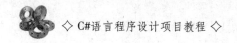

“//第一个 C#控制台程序”是代码注释,代码注释可以增加程序的可读性。分为以下两种方式:

- 单行注释。//这个是单行注释
- 多行注释。

```
/*
  这个是多行注释
  这里还可以添加一行注释
*/
```

(2)代码注释规范

因为各人编程的思维不同,要使别人能看懂自己的程序,必须要在程序中作必要的注释。注释规范是判断一个开发人员优劣和成熟度的重要标准。注释的书写体现了一个人思考问题的全过程和步骤。

程序中的注释必须应该满足如下的规则:

①在一般情况下,源程序有效注释量必须在 30%左右。注释的原则是有助于对程序阅读理解,注释不宜太多也不能太少,注释语言需准确、易懂、简洁、精炼。

②统一文件头的注释。对存储过程、函数的任何修改,都需要在注释后添加修改人、修改日期及修改原因等修订说明。

③所有变量定义需要加注释,说明该变量的用途和含义。

④注释内容要清晰、明了、含义准确,防止注释二义性。在代码的功能、意图层次上进行注释,提供有用、额外的信息。避免在一行代码或表达式的中间插入注释。

⑤对程序分支必须书写注释。这些语句往往是程序实现某一特定功能的关键,对于维护人员来说,良好的注释有助于更好地理解程序,有时甚至优于看设计文档。

⑥注释应与其描述的代码相似,对代码的注释应放在其上方或右方(对单条语句的注释)相近位置,不可放在下面。注释要与所描述的内容进行同样的缩排,注释上面的代码应空行隔开。

⑦注释用中文书写。

(3)Console. Readline()

第一句 Console.ReadLine();的作用是从键盘输入姓名,当然这里并没有把输入的姓名进行保存,后面我们将学到如何保存输入的内容。第二句 Console.ReadLine()的作用是使程序运行到这里停下来,方便查看运行结果。在本书以后程序中,每个程序结尾都会有这行代码。

【效果评价】

评价表

项目名称	构建 C#应用程序开发环境	学生姓名	
任务名称	任务 1.2　欢迎来到 C#世界(控制台应用程序)	分数	
评价标准		分值	考核得分
新建 C#控制台应用程序		20	
添加注释		20	
添加输出语句		20	
添加输入语句		20	
编译和运行正确		20	
总体得分			
教师简要评语： 教师签名：			

任务 1.3　欢迎来到 C#的世界(窗体应用程序)

【任务描述】

编制一个最基本的 C# Windows 应用程序:运行时跳出对话框显示“欢迎您来到 C#的世界!”,如图 1.21 所示;单击“确定”按钮后跳到图 1.22。

图 1.21　跳出对话框

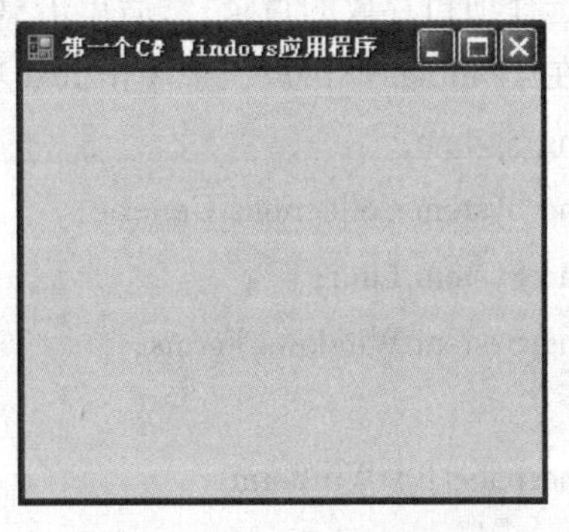

图 1.22　单击“确定”按钮后

【任务准备】

1.3.1 MessageBox 的简单使用

如何在消息框中显示信息。语法格式为：

MessageBox.Show("欢迎您来到 C#的世界!");

表示对类 MessageBox 中方法 Show 的调用,其作用是在对话框中显示双引号内的字符串。这条语句应该写在 Main 方法中。

1.3.2 属性窗口

属性窗口位于 VS 界面的右下方,可以通过依次选择"View"→"Properties Windows"来打开属性窗口,也可以直接按下组合键"Ctrl+W+P"。

单击需要修改属性的窗体,在属性窗口找到需要修改属性的名字,然后修改属性,如图 1.23 所示。

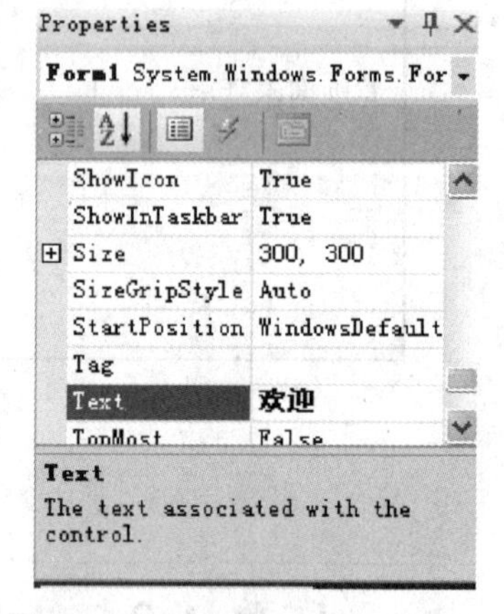

图 1.23 修改窗体的显示文本

【任务分析】

在 Main 方法中,添加语句 MessageBox.Show("欢迎您来到 C#的世界!");完成任务。当程序运行时跳出对话框。

【任务实施】

目前只是对 C# Windows 应用程序的编制方法和基本结构进行了解,初学者只需要按照下面步骤完成体验即可。

①启动 Visual Studio 2010,其新建 Windows 应用程序的方法与任务 1.1 中新建控制台应用程序方法类似,只不过在模板中应该选择"Windows Forms Application"。

②在"Name"文本框中输入项目名称(这里的项目名称是 firstWinForm),在"Location"文本框中选择项目存放的目录,然后单击"OK"按钮。

③在"Solution Explorer"中单击 first 项目,双击 Program.cs 代码文件,完成如下代码:

```
using System;
using System.Collections.Generic;
using System.Linq;
using System.Windows.Forms;

namespace firstWinForm
{
    static class Program
```

```
    {
        /// <summary>
        /// The main entry point for the application.
        /// </summary>
        [STAThread]
        static void Main()
        {
            MessageBox.Show("欢迎您来到C#的世界!");
            Application.EnableVisualStyles();
            Application.SetCompatibleTextRenderingDefault(false);
            Application.Run(new Form1());
        }
    }
}
```

【任务小结】

①程序自动生成的代码不需要删除。直接把代码 MessageBox.Show("欢迎您来到C#的世界!");添加到Main()方法中即可。

②重新打开应用程序编辑代码。如果需要打开已存在的应用程序进行代码比较,可进行以下步骤:

a.在硬盘上找到程序物理位置所在,如图1.24所示,单击"firstWinForm.sln"即可重新打开已经存在的应用程序。

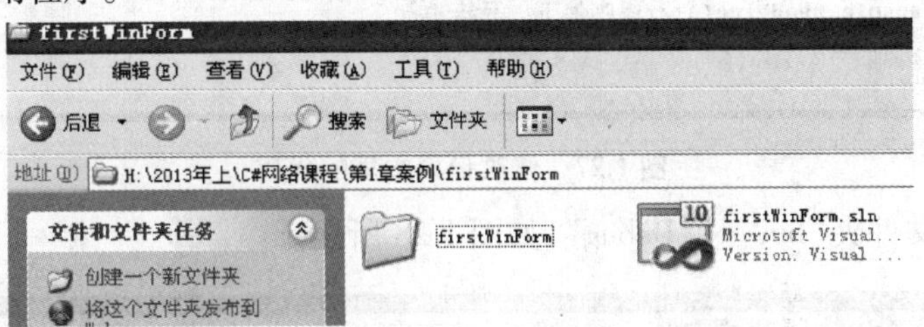

图1.24　打开应用程序

b.查看代码文件。查看代码文件只需要打开文件"firstWinForm",如图1.25所示,右键单击"Program.cs"文件,通过记事本方式打开,如图1.26所示。但是这里修改代码文件后不会改变程序的运行结果,需要重新编译程序才有效。

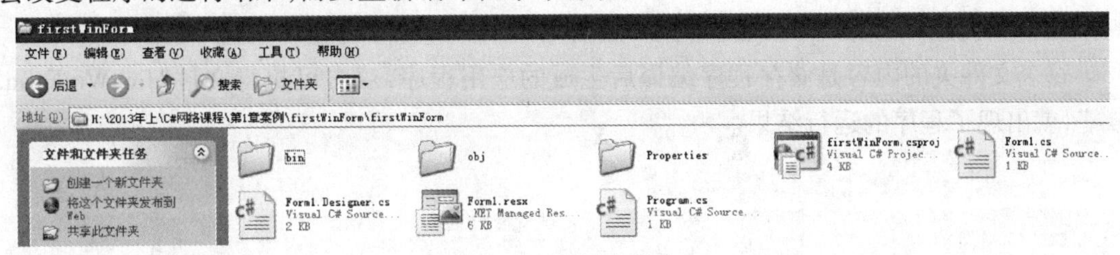

图1.25　项目文件夹

```
Program.cs - 记事本
文件(F) 编辑(E) 格式(O) 查看(V) 帮助(H)
using System;
using System.Collections.Generic;
using System.Linq;
using System.Windows.Forms;

namespace firstWinForm
{
    static class Program
    {
        /// <summary>
        /// The main entry point for the application.
        /// </summary>
        [STAThread]
        static void Main()
        {
            MessageBox.Show("欢迎您来到C#的世界! ");
            Application.EnableVisualStyles();
            Application.SetCompatibleTextRenderingDefault(false);
            Application.Run(new Form1());
        }
```

图 1.26　用记事本打开代码文件

```
Program.cs - 记事本
文件(F) 编辑(E) 格式(O) 查看(V) 帮助(H)
using System;
using System.Collections.Generic;
using System.Linq;
using System.Text;

namespace Hello
{
    class Program
    {
        static void Main(string[] args)
        {
            Console.WriteLine("欢迎你来到c#的世界");//输出内容
            Console.ReadLine();//程序停下，等待输入
        }
    }
```

图 1.27　修改记事本里的代码

c.继续选择文件夹"bin"→"Debug",如图 1.28 所示。

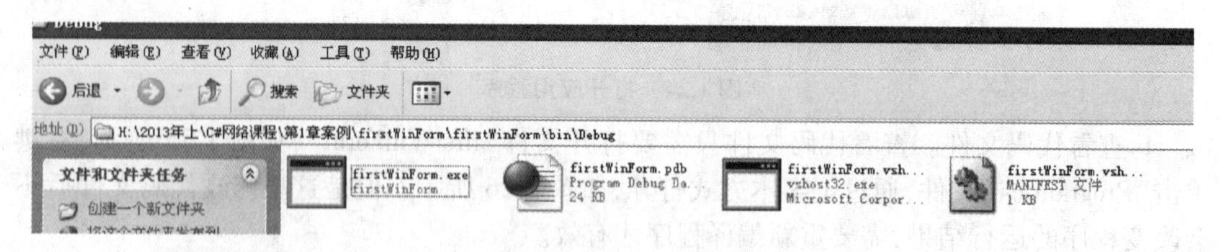

图 1.28　重新编译代码文件

这个文件夹的内容是储存程序编译后生成的应用程序,双击可执行文件"firstWinForm.exe",就出现了程序的运行结果。

【效果评价】

评价表

项目名称	构建 C#应用程序开发环境	学生姓名	
任务名称	任务 1.3　欢迎来到 C#的世界(窗体应用程序)	分数	
评价标准		分值	考核得分
创建 C#窗体应用程序		40	
添加 MessageBox 语句		30	
编译和运行程序		30	
总体得分			
教师简要评语： 教师签名：			

专项技能测试

选择题

1..NET 框架的两个主要组件是(　　)。

A.CTS　　B.CLR　　C.框架类库　　D.CLS

2.Console 的(　　)方法用于接受从键盘中输入的一个字符串。当程序运行到该句时暂停并等待用户输入,当用户按回车键结束输入后,将输入的数据以字符串的形式返回给程序,但输入的字符串不包括回车键和换行符“\n”。

A.ReadLine　　B.Read　　C.WriteLine　　D.Write

3.Console 的(　　)方法的使用与 Console.Write 的使用几乎完全相同,不同的是该方法将数据写入标准输出流,输出后自动增加换行,下一个输出位置为下一行。

A.ReadLine　　B.Read　　C.WriteLine　　D.Write

4.调用 MessageBox 的 Show 方法可以显示包含(　　)消息框。

A.文本　　B.按钮　　C.标题　　D.图标

5.解决方案与项目的对应关系是(　　)。

A.一对多　　B.多对一　　C.一对一　　D.没有确定的对应关系

拓展实训

实训 1.1　输出一行带姓名的字符

请输入您的姓名:
李雷
李雷,欢迎您来到C#世界!

图 1.29　项目运行效果

<实训描述>

改写任务 1.1,从键盘输入姓名:李雷,显示“李雷,欢迎您来到 C#世界!”,效果如图1.29所示。

<实训要求>

①提供界面让用户输入姓名。

②显示用户输入的名字和欢迎语。

<实训点拨>

①需要定义变量存放输入的姓名。

②变量和常量字符串可以通过“+”连接符连接输出。

实训 1.2　完整形式的对话框

<实训描述>

编写一窗体应用程序,运行效果如图 1.30 所示的对话框。

<实训要求>

①运行程序跳出消息框,消息框内显示“我自己的第一个 C#窗体应用程序!”。

②消息框的名字为“李雷提醒”。

③消息框出现警告三角形图标。

④消息中显示“确定”和“取消”按钮。

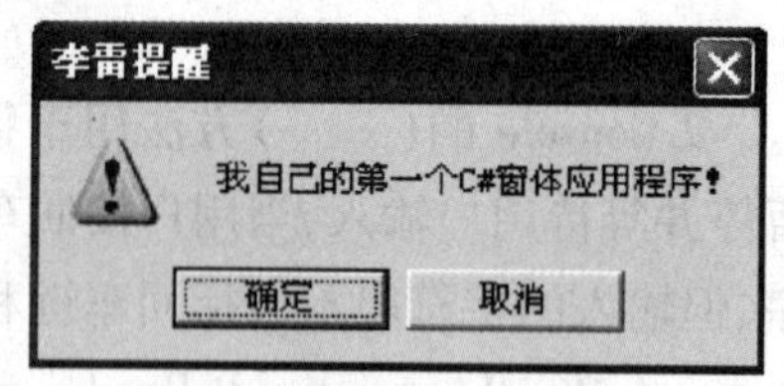

图 1.30　项目运行效果

<实训点拨>

①调用 MessageBox.Show( )方法弹出对话框。

②MessageBox.Show( )方法的参数可以为 0 个,也可以为多个,最多可以有 7 个。这里需要有 4 个参数,即 MessageBox.Show(“显示内容”,“消息框名称”,MessageBoxButtons, MessageBoxIcon)。其中,MessageBoxButtons 表示在消息框中显示哪些按钮,MessageBoxIcon 表示消息框中显示哪种图标。对于 MessageBox.Show( )方法的详细使用方式,有兴趣的同学可以自行查阅资料。

项目 2

查看学生登记信息

●项目描述

使用任何一种文本工具都可以编写 C#程序,Visual Studio 并不是编写 C#程序的唯一工具,但是是最好的工具之一。本项目通过完成一个窗体程序来查看学生已经登记的基本信息、成绩信息等,介绍有关 C#编程的一些准备知识,包括认识 C#的数据类型、运算符等。本项目的完成将后续项目完成奠定基础。

●学习目标

1.知道 C#中常用的数据类型。

2.认识变量和常量的概念。

3.认识格式化输出的方法。

4.知道基本数据类型之间的相互转换。

●能力目标

1.学会变量和常量的声明和使用。

2.学会各种数据类型的使用方法。

3.学会数据类型之间的转换方法。

4.学会算术运算符、关系运算符和赋值元算法的使用。

5.学会合理地利用表达式表示现实意义。

任务 2.1 查看学生基本信息

【任务描述】

编制一个 C# Windows 应用程序，运行时单击“点击查看学生信息”在文本框中显示学生基本信息。

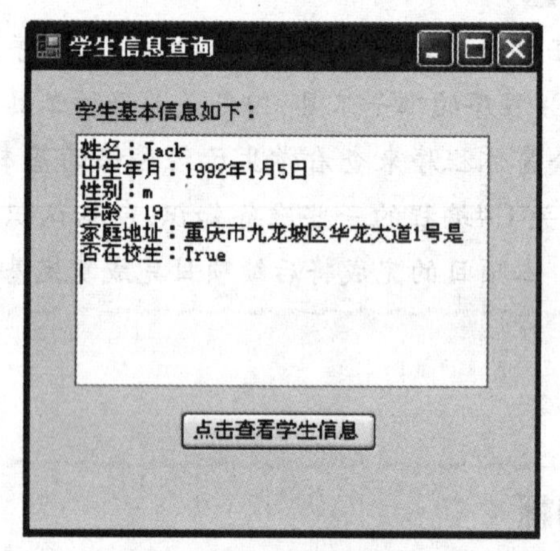

图 2.1 学生信息查询

【知识准备】

2.1.1 认识 C#中的数据类型

在进行学籍注册登记的时候，学生的基本信息大致包括姓名、出生年月、性别、年龄、家庭住址等。如果有一个学生的基本信息如下：

姓名：Jack；

出生年月：1992 年 1 月 5 日；

性别:男;

年龄:21;

家庭住址:“重庆市九龙坡区华龙大道1号”;

是否在校学生:是。

在进行数据的使用,第一步要做的便是考虑这些数据的类型,那么首先就来认识一下,在C#语言中用来表示数据的有哪些数据类型。

(1)值类型

值类型包括简单值类型和复合型类型。简单值类型分为整数类型、字符类型、实数类型和布尔类型。复合类型是简单类型的复合,包括结构(struct)类型和枚举(enum)类型。复合类型将在后面的章节详细讲解。

C#的值类型见表2.1。

表2.1 值类型

	数据类型	说 明	存储范围	缩 写	实 例
整数类型	byte	无符号8位整数	0~255	byte	byte byteSex=10;
	sbyte	有符号8位整数	-128~127	sbyte	sbyte sbyteStatus=10;
	ushort	无符号16位整数	0~65 535	usht	ushort ushtScore=10;
	short	有符号16位整数	-32 768~32 767	sht	short shtDeep=10;
	uint	无符号32位整数	$0\sim2^{32}-1$	uint	uint uintWidth=10;
	int	有符号32位整数	$-2^{31}\sim2^{31}-1$	int	int intMoney=10;
	ulong	无符号64位整数	$0\sim2^{64}-1$	ulng	ulong ulngValue=10;
	long	有符号64位整数	$-2^{63}\sim2^{63}-1$	lng	long lngPersons=10;
实数类型	float	32位单精度实数	$1.5\times10^{-45}\sim3.4\times10^{38}$	flt	float fltScore=1.5f;
	double	64位双精度实数	$5.0\times10^{-324}\sim1.7\times10^{308}$	dbl	double dblValue=1.5;
	decimal	128位高精度数	$1.0\times10^{-28}\sim7.9\times10^{28}$	dcl	decimal dclValue=1.5m;
字符型	char	字符	16位的Unicode字符	chr	char chrAnswer;
布尔型	bool	布尔类型	true或false	bl	bool blFlag;

1)整数类型

整数类型变量的值是整数。在数学中,整数是无限的,可以从负无穷大到正无穷大。但任何一种计算机语言里的整数都是有限的,因为计算机的存储单位是有限的。如果一个整数变量的值超出它的范围,则会报错。如:

short n = 32768;//声明一个整型变量,并赋值 32768

编译程序时出现下列错误信息:

Constant value '32768' cannot be converted to a 'short'

意思是常数值 32 768 不能被转换成 short 类型,也就是说,32 768 不能赋值给 short 类型的变量。因为根据表 2.1 可知,short 类型变量的值范围是-32 768~32 767,而这里为变量 *n* 赋值为 32 768,已经超出了 short 类型的最大数 32 767,所以报错了。

不仅整数类型如此,所有值类型都有一定的范围,在为其存储值时一定不能超出其值的范围。

2)实数类型

实数类型的变量的值可以是整数,也可以是小数,跟数学里的实数意义是相同的。根据表 2.1,可以发现 C#中的实数类型根据取值的范围和表示的精度分为 float,double,decimal 三种。一般情况下用 float 类型,如果对精度要求很高,可以用 double 类型。而 decimal 类型的取值范围比 double 小,但精度更高,所以在计算金融和货币方面的数据时可以用 decimal 类型。

在 C#中默认的实数类型为 double,因此当为 float 和 decimal 类型数据赋值时,要加后缀。float 类型添加后缀 f 或 F,decimal 类型添加后缀 m 或 M。如果不加后缀,将自动转换为 double 类型。例如:

float data = 1.5; //定义一个 float 变量,并赋值 1.5

编译程序,出现错误信息:

Literal of type double cannot be implicitly converted to type 'float'; use an 'F' suffix to create a literal of this type

意思是 double 类型的数据 1.5 不能自动转换为 float 类型,用后缀 F 创建 float 类型的数值。上面那句话是想将 1.5 这个小数赋给 float 类型的变量,但由于默认为 double 类型,所以 1.5 被认为是 double 类型的数据,因此将 double 数据赋值给 float 变量是错误的,正确的写法用为:

float data = 1.5f; //定义一个 float 变量,并赋值 1.5

3)字符类型

字符类型的变量的值为单个字符,在 C#中字符要用单引号括起来,如'a',注意不是双引号"a"。例:

char cha = 'a';

如果改为:

char cha = "a";

则报错:

Cannot implicitly convert type 'string' to 'char'

意思是不能自动将字符串类型转换为字符类型,因为等号右边的 a 用双引号括起来后就变成了字符串,而等号左边的变量 cha 是字符类型。

如果一个字符变量的值就是单引号这个字符,怎么定义呢?是用单引号括起来一个单引号吗?比如:

char ch =''';

这样对吗?当然不对,应该使用转义字符。

转义字符是一种特殊的字符常量,以反斜线"\"开头,后跟一个或几个不能显示的字符。由于它具有特定的含义,不同于字符原有的意义,因此称为"转义"字符。C#中的转义字符对应关系见表2.2。

表2.2　转义字符表

转义序列	表示的字符
\'	单引号
\"	双引号
\\	反斜杠
\b	退格
\f	换页
\n	换行
\r	回车
\t	水平制表符

因此如果要将单引号赋值给一个字符变量,就使用代码:

char ch ='\'';

4) bool 类型

bool 类型的变量的值只有 true 和 false,true 表示逻辑"真",false 表示逻辑"假"。例:

bool flag = false;

(2)引用类型

C#的引用类型包括类、字符串 string、object、接口、数组,其中 string、object 是预定义的引用类型。

C#的 object 类型是所有类型的父类型,所有的内置类型和自定义类型是由它派生而来的。也就是说,所有的类型都最终派生于 System.Object 类。

string 类型也称为字符串类型,这种类型的变量的值是一个用双引号括起来的零个或多个字符序列。如:

string name = "Mike";

如果一个字符串里包含着引号,如下面这样的字符串:

He said: " I'm a student."

这个字符串中有两个双引号和一个单引号,如果将这个字符串赋值给一个字符串变量,

就会出错,所以应该将这两个双引号和一个单引号用转义字符的形式,正确的用法如下:

```
string strLan = "He said: \" I\'m a student.\"";
```

2.1.2 什么是变量

变量是在程序运行过程中随时会改变值的量,用于程序中存放各种类型的数据。在 C#中,变量在使用前必须先定义,说明该变量将存放何种类型的数据,程序运行时就会给该变量分配相应的内存单元,所以当在程序中要使用某个数据时,应先定义一个变量,然后将该数据存入这个变量中,即为变量赋值。

(1)变量的定义和赋值

在 C#中定义一个变量时,必须先指明变量存储的数据类型,然后为变量取一个名字,其格式如下:

数据类型名 变量名;

例:

```
string name;//姓名是字符串
int year, month, day;//出生年月是整型
char sex;//性别是字符型
int age;//年龄是整型
string address;//家庭住址是字符串
bool onschool;//是否为在校生是布尔类型
```

变量定义后,就可以为变量赋值了,其格式如下:

变量名 = 值;

例:

```
name = "Jack";
year = 1992;
month = 1;
day = 5;
sex = 'm';
age=19;
address = "重庆市九龙坡区华龙大道1号";
onschool = true;
```

也可以在定义变量的同时给变量赋值,其格式如下:

数据类型名 变量名 = 值;

例:

```
string name = "Jack";//姓名是字符串
```

```
int year = 1992, month = 1, day = 5;//出生年月是整型
char sex = 'm';//性别是字符型
int age=19;//年龄是整型
string address = "重庆市九龙坡区华龙大道1号";//家庭住址是字符串
bool onschool = true;//是否为在校生是布尔类型
```

(2)变量的命名规范

从软件工程的角度来说,质量高的代码应该具有很强的可读性、调试性、重用性,并易于与工具集成,编写出的代码让人更容易看懂。因此为了编写出高效可靠的C#代码,在对变量进行命名时必须讲究一定的规范。变量名应该短而准确并便于记忆,例如姓名变量可以取名为 name 或者 xm。

变量名由字母、数字、下划线组成,但必须以英文字母开头,不能包含下横线"_"以外的符号。如 strname、iage、flscore、strname2、s_p 就是合法的变量名,而 23、ss.i 就是错误的变量名。

2.1.3 什么是常量

常量就是值不常发生变化的量,它的值是在程序编译时就确定了,在使用过程中的任何情况下都不会发生变化。

常量的声明格式:

```
const 数据类型 常量名=值;
```

例:

```
const float pi = 3.14;          //定义一个实数型的常量 pi
const int max = 100;            //定义一个整数型的常量 max
```

在C#中,常量必须在声明的同时就赋初值,但该值一旦确定后就不能再修改了。由于常量的值在编译程序时就确定了,所以常量的初始值不能来自一个变量,否则将报错。如:

```
float flData = 3.14;
const float pi = flData;
```

编译程序时报错:

An object reference is required for the non-static field, method, or property

意思是说一个 object 引用应该赋给非静态的字段、方法或属性。因为常量总是静态的,所以不能将一个变量赋值给常量。

2.1.4 数据类型转换

C#要求一个表达式中的所有变量类型必须一致,如果类型不一致,就必须对变量的类型

进行转换。类型转换分为隐式类型转换、显式类型转换。

(1)隐式转换

隐式转换也称为自动类型转换,由 C#自动将低类型转换为高类型。这种转换是安全的,不会导致数据的丢失,比如将较小整数类型转换成较大整数类型,从派生类转换成基类等,C#都会自动进行转换,不需要额外的语法。

例:

```
int i = 1000;
long l = i;
```

这个语句中,将 int 型的变量 i 赋值给 long 型的变量 l,就是自动将变量 i 由 int 型转换成 long 型。

(2)显式转换

显式转换也称为强制类型转换,是程序员强制性地将某种类型转换为其他类型,这种类型可能导致数据的不正确。常见的强制类型转换有下面两种写法:

- Convert。将一种类型转换为另一种类型,如下面将 string 类型转换为 double 型。

```
double r;
r = Convert .ToDouble( textBox1.Text) ;
```

- Parse。将一种类型转换为另一种类型,如下面将 string 类型转换为 int 型。

```
double r;
r = double.Parse ( textBox1.Text) ;
```

【任务分析】

①分析学生信息查询需要以下变量,见表 2.3。

表 2.3 变量声明说明表

序号	变量名称	变量类型	变量作用
1	name	string	保存姓名
2	year,month,day	int	保存出生年月日
3	age	int	保存年龄
4	sex	char	标志是男性或女性
5	address	string	保存地址
6	onschool	bool	标志是否在校

②窗体上各控件的属性及功能见表 2.4。

表 2.4　控件属性功能说明表

对　象	属性设置	功　能
Form1	Text:学生信息查询	
Lable1	Text:学生基本信息如下:	文本提示
TextBox1	AcceptsReturn = True AcceptsTab = True	显示学生信息
Button1	Text:点击查看学生信息	单击此按钮可以将学生信息按照图 2.1 格式显示在 TextBox1 中

③修改窗体的标题。窗体的默认标题为:Form1、Form2、…修改窗体标题为“学生信息查询”,可以在“属性”窗口中修改窗体的 Text 属性。

④向窗体添加控件。这里讲解最简单的“在窗体上绘制控件”的方式添加控件:

a.打开工具箱,单击要添加到窗体的控件。

b.将鼠标移动到窗体,单击控件左上角位于的位置,然后拖动到该控件右下角位于的位置。

c.然后释放鼠标即可看到控件添加完毕。

⑤添加按钮的 Click 事件。可以通过直接双击按钮的方式为按钮添加一个默认的 Click 事件。

【任务实施】

①启动 Visual Studio 2010,建立名为“stuinf”的窗体应用程序。

②拖动控件制作如图 2.1 所示的界面。

③在“解决方案资源管理器”中,如图 2.1 所示,单击 Fom1 窗体,右键选择“查看代码”,打开 Fom1.cs 代码文件,对各变量进行定义并赋初值:

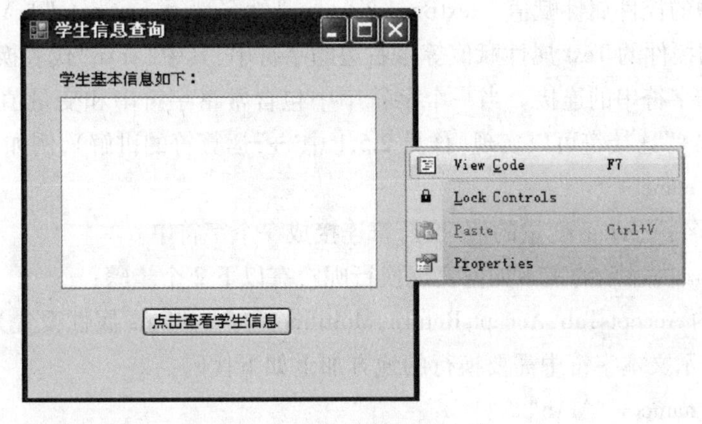

图 2.2　打开窗体代码文件

```
public partial class Form1 : Form
    {
```

```
string name = "Jack";
int year = 1992, month = 1, day = 5;
char sex = 'm';
  int age=19;
string address ="重庆市九龙坡区华龙大道1号";
bool onschool = true;
public Form1()
{
    InitializeComponent();
}
}
```

④单击按钮"点击查看学生信息",为按钮添加 Click 事件,编写代码如下:

```
private void button1_Click(object sender, EventArgs e)
    {
        textBox1.Text = "姓名:" + name + "\r\n";
  textBox1.Text=textBox1 .Text+"出生年月:" + year + "年" + month + "月" + day + "
日" + "\r\n";
        textBox1.Text = textBox1.Text + "性别:" + sex+"\r\n";
        textBox1.Text = textBox1.Text + "年龄:" + age+ "\r\n";
        textBox1.Text = textBox1.Text + "家庭地址:" + address+ "\r\n";
        textBox1.Text = textBox1.Text + "是否在校生" +onschool + "\r\n";
    }
```

【任务小结】

①为窗体中的控件属性赋值。textBox1.Text = "姓名:" + name + "\r\n";的功能是为名为 textBox1 的控件的 Text 属性赋值等号右边的字符串,其中"\r\n"代表换行。

②变量值和字符串的连接。当一个字符串中包含常量字符串和变量值时,需要将两者进行连接,使用"+"连接符可以实现(详见 2.5.1 中"+"运算符的讲解),例如:

"姓名:" + name

表示把"姓名:"、name 变量的值、换行符连接成一个字符串。

③在 TextBox 内显示的文本如何实现换行呢?有以下 2 个步骤:

a.TextBox 的 AcceptsTab, AcceptsReturn, Multiline 和 ScrollBars 属性设置为 true。

b.然后在显示文本字符中需要换行的地方加上如下代码:

"姓名:" + name + "\r\n"

【效果评价】

评价表

项目名称	查看学生登记信息	学生姓名	
任务名称	任务 2.1 查看学生基本信息	分数	
评价标准		分值	考核得分
窗体界面制作		10	
变量定义并赋值		30	
按钮的 Click 事件		40	
编译和运行		20	
总体得分			
教师简要评语： 教师签名：			

任务 2.2 查看学生期末成绩情况

【任务描述】

本学期结束后，学生的各科成绩被登记，包括大学语文、高等数学、大学英语、C#程序设计、数据库基础这 5 门课的成绩。本任务在任务 2.1 的基础上，添加按钮“点击查看学生成绩”，单击该按钮时，在显示区显示学生的期末各科成绩、成绩总分及平均分，如图 2.3 所示。

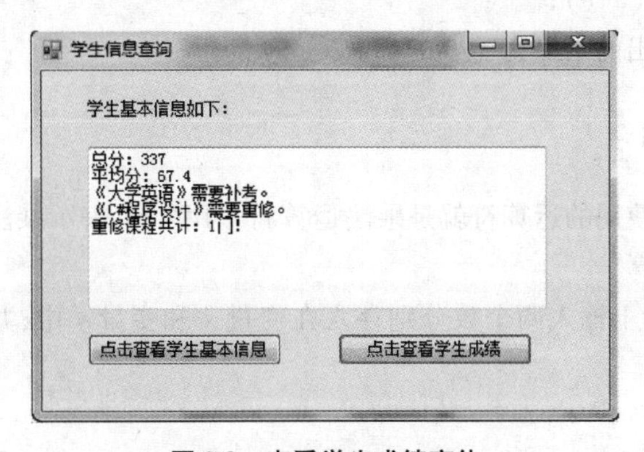

图 2.3 查看学生成绩窗体

当某科成绩小于 60 分时，提示该门课程需补考。当某科成绩小于 50 分时，提示该门课需要重修。统计重修课程总门数。

【任务准备】

2.2.1 算术运算符

在 C#语言中，算术运算与数学意义上的算术运算基本类似，主要包括加、减、乘、除、取余。但在计算机中表示算术运算的符号与数学中的表示方法有所不同。

(1)加法运算符或正值运算符

进行加法运算所使用的运算符就是加法运算符。通常用“+”表示加法运算符，表示将两个数字加起来。如 c1+c2+c3+c4+c5，其结果就是这 5 个变量值的和。加法运算还可以应用于字符串间的连接，如“重庆工商职业学院”+“软件技术专业”，就可以形成“重庆工商职业学院软件技术专业”。例如任务 2.1 中："性别：" + sex 的结果就是将前后两个字符串和变量的值连接起来，结果显示为："性别：m"。

(2)减法运算符或负值运算符

进行减法运算所使用的运算符就是减法运算符。用“-”表示减法运算符，这就表示将两个数字做减法运算。

例 2.1　现有变量 a，其值为 700，而另外一个数 b，其值为 325，现在要求输出 a-b 后的结果。

```
int a,b;
a=700;
b=325;
Console.WriteLine(a-b);
```

以上的程序段输出的结果为 a-b 的值。

(3)乘法运算符

进行乘法运算所使用的运算符就是乘法运算符。用“ * ”表示乘法运算符，这就表示将两个数字做相乘的运算。

例 2.2　请从键盘上输入两个数分别存入在变量 x 和变量 y 中，并且求出其乘积，输出其结果：

```
int x,y,z;
x=int.parse(Console.ReadLine());
y= int.parse(Console.ReadLine());
```

```
z=x * y
Console.WriteLine("{0} * {1} = {2}",x,y,z);
```

以上程序段输出的结果是将输入的值 x 和 y 进行相乘，并将乘积做显示输出处理。

(4)除法运算

进行除法运算所使用的运算符就是除法运算符。用“/”表示除法运算符，这就表示将两个数字做相除运算，要注意两个整数相除，结果为整数。如果需要得到带有小数的结果，需要对数据进行处理：例如 3/5 可以写成 3.0/5 或者 3/5.0，也可以进行强制类型转换(double) 3/5。

例 2.3 将 999/3，这表示 999 除以 3。

```
int x,y,z1;
double z2;
x=3;
y= 5;
z1=x/y;
z2=(double)x/y
```

以上程序段 z1 的结果为 0，而 z2 的结果为 0.6。

(5)模运算符

在算术运算符中，“%”表示取余，形如 a%b，该表达式的意思为 a 除以 b 后取余数的值。

例 2.4 对数字 98 进行余 3 处理，即是在 98 中进行除 3 取余法。

```
int x,y,z;
x=98;
y=3;
z=98%3
Console.WriteLine(z);
```

以上程序段的输出结果为 2。

2.2.2 逻辑运算符和逻辑表达式

在程序设计中，最常见的逻辑运算符有三种：逻辑非，逻辑与，逻辑或。本小节将讨论这三种运算符的一些特性。

这类运算符进行操作之后将会返回的值包括两种：逻辑真值，即值为 true；逻辑假值，即为 false。

(1)逻辑非

逻辑非用！表示。其含义是将返回某个逻辑值或逻辑表达式的相反的值。

例如：！（5>3）

上述表达式的值就是将 5>3 的逻辑结果取反操作。因为 5>3 的表达式值为真，即 true。而整个表达式的值就是将一个真值取反，那么其结果就变成了假，即 false。

(2)逻辑与

逻辑与用 && 表示。其含义是 && 连接的多个逻辑表达式或逻辑值全为真时，则整个逻辑表达式的值为真。当在 && 连接的多个表达式中有一个为假时，则整个逻辑表达式为假。

例如：true && （8>5）

上面的表达式的值为真。因为 && 连接的表达式有两个，一个是前面的 &&，一个是后面的 8>5，两个表达式的值为真。因此该式了的最终结果就为真。

下面再看一个例子：

（90>100） && （55<68）

上面的表达式的值为假。因为 && 连接的表达式有两个，一个是前面的 90>100，一个是后面的 55<68。前一个表达式的值为假，而后一个表达式的值为真。根据逻辑与的特性，只要有一个式子为假，那么最终结果也就为假了。

(3)逻辑或

逻辑或用||表示。其含义用||连接的多个表达式中只要有一个值为真，那么整个逻辑表达式的值就为真。下面看一个例子：

False || （9>=5）

那么，上述表达式的最终结果则为真。因为 or 后面的表达式 9>=5 为真，根据逻辑或的特性，则上述结果为真。

2.2.3 自增、自减运算符

自增、自减运算只能对一个数值进行操作，通常把一元运算符又称为单目运算符。

(1)自增运算符

自增运算符用“+”表示，其意义是将某个数字在原来数值的基础上加 1。

例 2.5　下面的实例体现了 x 和 y 如何进行自增自减的。

int x,y;

```
x=5;
y=x++;
Console.WriteLine("x="+x.ToString()+",y="+y.ToString());
```

按 Ctrl+F5 键后,执行结果如图 2.4 所示。

```
x=6,y=5
请按任意键继续. . .
```

图 2.4　自增运算执行效果图 1

由上例可知,可以看出当执行了 y=x++后,x 的值自增了,即由原来的 5 变成了 6。但是 y 的值却是 5,即 x 没有增长之前的值。从这里就可以看出当“++”在数字后面的时候,它的运算顺序是先取出 x 的值,然后进行自增。而上例中就是先将 x 的值 5 先取出来赋给 y,然后进行自增的。

还有一种情况是将“++”放在数字的前面,那么就是先执行自增运算然后再去执行其他的运算。

例 2.6　如下的程序段实现的是先将 x 进行自增然后将其进行赋值给 y 变量:

```
int x,y;
x=5;
y=++x;
Console.WriteLine("x="+x.ToString()+",y="+y.ToString());
```

按 Ctrl+F5 键后,执行结果如图 2.5 所示:

图 2.5　自增运算执行效果图 2

(2)递减运算符

与递增运算符相似,递减运算符用“--”表示。其意义是将某个数字在原来数值的基础上减 1。

例 2.7　如下的程序是将 x 的值先赋给 y,然后 x 自减。

```
int x=77,y;
   y=x--;
Console.WriteLine("x="+x.ToString()+",y="+y.ToString());
```

该程序段的运行结果如图 2.6 所示。

注意:上面的实例中 y=x--是先将 x 之前的值取出来赋给 y,然后再执行自减操作。因此,可以看出 x 的值就是在原来的基础上减 1,而 y 却是 x 原来的值。

当“--”号在变量前面的时候则是先执行自减操作,再进行其他的操作。

图 2.6　自减运算符执行效果 1

例 2.8　如下的实例实现将变量 x 进行自减后赋给变量 y。

```
int x =77,y;
    y=—x;
Console.WriteLine("x="+x.ToString()+",y="+y.ToString());
```

该程序段的运行结果如图 2.7 所示。

图 2.7　自减运算符执行效果 2

2.2.4　关系运算符和关系表达式

关系运算就是将该运算符两边的操作数进行比较,也可以理解为一种“判断”,即两边的条件满足就为“真”,如果不满足就为“假”。也就是说,关系运算所得到的返回值始终都会是一个布尔类型的值。

C#语言中所提供的关系运算符见表 2.5 所示。

表 2.5　关系运算符

运算符名称	运算符	第一操作数	第二操作数	结　果
等于	==	2	5-3	true
不等于	! =	x-y	(x2-y2)/(x+y)	false
大于	<	9	12	True
小于等于	<=	34	60-26	true
大于	>	54	32	false
大于等于	>=	22	16	true

关系运算符的两边都有表示式,因此,关系表达式是一个二元操作符。如表 2.5 中所有的运算符均分为两个操作数。

2.2.5　赋值运算符和赋值表达式

赋值运算符的优先级别低于其他的运算符,一般情况下是先进行其他运算,然后再进行赋值运算。赋值运算符分为简单赋值运算符和复合运算符两种。

(1)简单赋值运算符

简单运算符的符号是“=”。它的作用是将表达式的值或一个数值赋给某个变量,形如:a=123。“=”的左边是一个存放值的变量,此处只能是变量,不能是表达式或是数值;右边是一些表达式或是数值,也可以是一个变量。

例 2.9 定义 3 个变量 a、b、c,并将 a 和 b 分别赋 90 和 70,将 a 的值乘以 2 再加上 b 的平方。

```
int a,b,c;
a=90;
b=70;
c=2*a+b*b        //此处将一个表达式的值赋给变量 c
```

(2)复合赋值运算符

复合赋值运算是一组带有算术运算符的赋值符号。例如:i+=5,它与 i=i+5 意思等同。这里,“+=”即是赋值运算符。复合赋值运算符共有如表 2.6 所示的运算符。

表 2.6 赋值运算符

名 称	符 号	备 注
加赋值	+=	例如 x+=5 等价于 x=x+5
减赋值	-=	例如 x-=5 等价于 x=x-5
乘赋值	*=	例如 x*=5 等价于 x=x*5
除赋值	/=	例如 x/=5 等价于 x=x/5
求余赋值	%=	例如 x%=5 等价于 x=x%5
按位与赋值	&=	例如 x&=5 等价于 x=x&5
按位或赋值	|=	例如 x|=5 等价于 x=x|5
按位异或赋值	^=	例如 x^=5 等价于 x=x^5
左移位赋值	<<=	例如 x<<=5 等价于 x=(x<<5)
右移位赋值	>>=	例如 x>>=5 等价于 x=(x<<5)

例 2.10 现在有两个操作数,实现两个数的算术运算。

```
int op1 = 10;
int op2 = 20;
int result;
result = op1 + op2;
Console.WriteLine(result);
```

```
result = op1 = op2;
Console.WriteLine(result);
result = op1 + op2;
Console.WriteLine(result);
result += 10;
Console.WriteLine(result);
```

其运行的结果如图 2.8 所示。

图 2.8 赋值运算实例运行结果

注意:赋值运算符的操作遵循右结合性,即运算符是从右向左依次进行的。如上例中 result = op1 = op2 所进行赋值的顺序为先将 op2 赋值给 op1,然后将 result 赋值。即上述式子等价于 result = (op1 = op2)。

【任务分析】

①分析学生信息查询需要以下变量,见表 2.7。

表 2.7 变量声明说明表

序号	变量名称	变量类型	变量作用
1	c1,c2, c3, c4, c5	int	分别用于存放 5 门课程的成绩
2	sum	int	用于保存 5 门课程成绩之和
3	avg	double	用于保存学生的平均成绩

②窗体上各控件的属性及功能见表 2.8。

表 2.8 控件属性功能说明表

对 象	属性设置	功 能
Button2	Text:点击查看学生成绩	单击此按钮在文本框内显示学生的成绩基本信息

③当计算学生的平均成绩时,用到表达式 sum/5。因为 sum 变量为整型,而两个整数相除时结果为整型,所有需要对 sum 进行强制类型转换:avg=(double)sum/5。

④此实训需要判断各门课成绩是否小于 50 和是否小于 60,要用到判断语句,判断语句的使用方式请参考项目 3 中 if 语句的应用。

【任务实施】

①打开任务 2.1 中的项目。

②为项目添加按钮控件 Button2,如图 2.4 所示界面。

③打开 Fom1.cs 代码文件,对各变量进行定义并赋初值:

```
int c1,c2, c3, c4, c5,sum=0;//各门课成绩和总分
double avg=0;//平均成绩
```

④单击按钮“点击查看学生成绩”,为按钮添加 Click 事件,编写代码如下:

```
//显示学生成绩情况
        private void button2_Click(object sender, EventArgs e)
        {
            c1 = 75;
            c2 = 64;
            c3 = 56;
            c4 = 49;
            c5 = 93;
            string strdisplay="";
            int count=0;//统计重修课程的门数
            sum=c1+c2+c3+c4+c5;
            avg=(double)sum/5;
            strdisplay="总分:"+sum.ToString()+ "\r\n";
            strdisplay+="平均分:"+avg.ToString()+ "\r\n";
            //判断语文成绩
            if(c1<50)
            {
                strdisplay+="《大学语文》需要重修。"+ "\r\n";
                count++;
            }
            else if(c1<60)
            {
                strdisplay+="《大学语文》需要补考。"+"\r\n";
            }
            //判断高等数学成绩
            if(c2<50)
            {
                strdisplay+="《高等数学》需要重修。"+ "\r\n";
                count++;
            }
            else if(c2<60)
```

```
{
    strdisplay+="《高等数学》需要补考。"+"\r\n";
}
//判断大学英语成绩
if(c3<50)
{
    strdisplay+="《大学英语》需要重修。"+"\r\n";
    count++;
}
else if(c3<60)
{
    strdisplay+="《大学英语》需要补考。"+"\r\n";
}
//判断 C#程序设计成绩
if(c4<50)
{
    strdisplay+="《C#程序设计》需要重修。"+"\r\n";
    count++;
}
else if(c5<60)
{
    strdisplay+="《C#程序设计》需要补考。"+"\r\n";
}
//判断数据库基础成绩
if(c5<50)
{
    strdisplay+="《数据库基础》需要重修。"+"\r\n";
    count++;
}
else if(c1<60)
{
    strdisplay+="《数据库基础》需要补考。"+"\r\n";
}
strdisplay+="重修课程共计:"+count.ToString()+"门!"+"\r\n";
textBox1.Text = strdisplay;//在文本框显示结果
}
```

【任务小结】

①对不同类型数据进行混合运算时要注意必要时进行强制类型转换。

②在进行编程前应首先设计好程序流程。

③学会灵活使用各类运算符组合成表达式,学会利用 if 语句控制程序流程。

④利用“+”连接字符串时,对非字符串类型应该先转换为字符类型再进行连接:

a1.ToString( ) +op.ToString( ) +a2.ToString( ) +" =" +result.ToString( )

评价表

项目名称	新生入学信息登记	学生姓名	
任务名称	任务 2.2　查看学生期末成绩情况	分数	
评价标准		分值	考核得分
变量定义并赋值		30	
按钮的 Click 事件		10	
统计重修课程门数		30	
统计补考课程门数		30	
总体得分			
教师简要评语: 教师签名:			

专项技能测试

一、选择题

1.在 C#中,下列代码的运行结果是(　　)。

```
int a=30,b=20;
b=x;
a=10;
console.writeline(a);
console.writeline(b);
```

A. 10　10　　B. 10　30　　C. 30　20　　D. 10　20

2..NET 框架是.NET 战略的基础,是一种新的、便捷的开发平台。它具有两个主要组件,分别是(　　)和框架类库。

A. 公共语言运行时　　B. Web 服务

C. 命名空间　　D. Main()函数

3.在 Visual Studio.NET 窗口中,在(　　)窗口中可以察看当前项目的类和类型的层次信息。

A.解决方案资源管理器　　B.类视图

C.资源视图　　D.属性

4.C#中每个 int 类型的变量占用(　　)个字节的内存。

A.1　　B.2　　C.4　　D.8

5.在 C#中,表示一个字符串的变量应使用以下哪条语句定义?(　　)。

A.CString str;　　B.string str;

C.Dim str as string　　D.char * str;

6.在 C#编制的财务程序中,需要创建一个存储流动资金金额的临时变量,则应使用下列哪条语句?(　　)。

A.decimal theMoney;　　B.int theMoney;

C.string theMoney;　　D.Dim theMoney as double

7.C#中,新建一字符串变量 str,并将字符串"Tom's Living Room"保存到串中,则应该使用下列哪条语句?(　　)。

A.string str = "Tom\'s Living Room";

B.string str = "Tom's Living Room";

C.string str("Tom's Living Room");

D.string str("Tom"s Living Room");

8.为了将字符串 str="123,456"转换成整数 123456,应该使用以下哪条语句?(　　)。

A.int Num = int.Parse(str);

B.int Num = str.Parse(int);

C.int Num = (int)str;

D.int Num = int.Parse(str,Globalization.NumberStyles.AllowThousands);

9.关于 C#程序的书写,下列不正确的说法是(　　)。

A.区分大小写

B.一行可以写多条语句

C.一条语句可写成多行

D.一个类中只能有一个 Main()方法,因此多个类中可以有多个 Main()方法

10.在 C#语言中,下列能够作为变量名的是(　　)。

A.if　　B.3ab　　C.a_3b　　D.a-bc

11.在 C#语言中,下面的运算符中,优先级最高的是(　　)。

A.%　　B.+　　C./=　　D.>

12.能正确表示逻辑关系“a>=10 或 a<=0”的 C#语言表达式是(　　)。

A.a>=10 or a<=0　　B.a>=10|a<=0

C.a>=10&&a<=0　　D.a>=10||a<=0

13.以下标识符中,正确的是(　　)。

A._nName　　B.typeof　　C.6b　　D.x5#

14.以下类型中,不属于值类型的是(　　)。

A.整数类型　　B.布尔类型　　C.字符类型　　D.类类型

15.下列哪一项正确描述了 Visual Studio.NET 与 .NET Framework 之间的关系?(　　)

A.Visual Studio.NET 与 .NET Framework 之间没有关系

B.可以使用 Visual Studio.NET IDE 或者简单的文本编辑器创建应用程序,应用程序运行时需要使用.NET Framework

C.开发应用程序时需要.NET Framework,但是在运行 Visual Studio.NET 创建的应用程序时不需要它

D.都不对

16.下列各选项中,哪个选项不是.NET Framework 的组成部分?(　　)。

A.应用程序开发程序

B.公共语言规范和.NET Framework 类库

C.语言编辑器

D.JIT 编辑器和应用程序执行管理

17.下面哪一项是 System.Convent 类的有效方法?(　　)

A.ToInteger、ToBigger、ToData　　B.ToConvert、TocurrentData

C.ToInt32、ToInt64、Todouble　　D.都不对

18.下列给出的变量名正确的是(　　)。

A.int NO.1　　B.char use　　C.float Main　　D.char @ use

19.下面有关运算符的说法正确的是(　　)。

A.算术运算符不能对布尔类型,String *(字符串类型)和 Object *(对象类型)进行算术运算

B.关系运算中的“= =”和赋值运算符中的“=”是相同的

C.sizeof 运算符用来查询某种数据类型或表达式的值在内存中所占懂得内存空间大小(字节数)

D.括号在运算符中的优先级中是最高的,它可以改变表达式的运算顺序

20.执行下面的程序后,结果是(　　)。

```
class Test{
  Static void Main(){
      string s="Test";
      string t=string .Copy(s);
```

```
        Console.WriteLine(s==t);
        Console.WriteLine((object)s==t);
        Console.WriteLine(s==(object)t);
        Console.WriteLine((object)s==(object)t);
    }
}
```

A.True　False　False　False　　B.False　False　True　False

C.False　False　False　True　　D.True　True　False　False

21.在 C# 中可用作程序变量名的一组标识符是(　　)。

A.void　namespace　+word　　B.a3_b3　_123　YourName

C.for　-abc　Case　　D.2a　good　ref

22.下面代码的输出结果是(　　)。

```
int x = 5;
int y = x++;
Console.WriteLine(y);
y = ++x;
Console.WriteLine(y);
```

A.5　6　　B.6　7　　C.5　6　　D.5　7

23.逻辑运算符的优先次序是(　　)。

A.NOT, AND, OR　　B.OR, AND, NOT　　C.NOT, OR, AND　　D.AND, NOT, OR

24.每个 C#语句以(　　)结束。

A.右大括号}　　B.回车　　C.点号.　　D.分号;

25.在 C#中,程序注释正确的是(　　)。

A.{注释行 1
注释行 2
注释行 3}

B.//注释行 1
注释行 2
注释行 3//

C.(*注释行 1
注释行 2
注释行 3)

D./*注释行 1
注释行 2
注释行 3*/

26.在 C#程序中,以下哪个函数是要第一个执行的?(　　)。

A.Main(　)　　B.main(　)

C.Console.WriteLine(　)　　D.void Accept(　)

27.(　　)编译器用于 c#。

A.csc　　B.cs　　C.c++　　D.cc

28.以下哪个是 datatype 中 Console.WriteLine(　　)函数接受值?

A.char　　B.int　　C.float　　D.string

29.操作符—属于以下哪个类别?(　　)。

A.算术操作符　　B.算术赋值运算符

C.一元操作符　　D.比较操作符

30.以下哪个操作符仅当两个条件都是真时表达式的结果是真?(　　)。

A.&&　　B.||　　C.>=　　D.!=

31.有两个 double 类型的变量 x 和 y,分别取值为 8.8 和 4.4,则表达式(int)x-y/y 的值是(　　)。

A.7　　B.7.0　　C.7.5　　D.8.0

32.运行 int a=20,b=5,c=10,d=3;bool s,e=false;则表达式(s=a<c)&&(e=b-d>0)运算后,e 的值是(　　)。

A.0　　B.1　　C.true　　D.false

二、填空题

1.在使用 C#语言编写代码中,通常使用(　　)关键字来定义命名空间,使用(　　)关键字来引入命名空间。

2.基本数据类型包括(　　)和(　　)两大类。

3.C#有两个预定义类型,分别是(　　)类型和(　　)类型。

拓展实训

实训 2.1　判断三位的正整数是否是水仙花数

<实训描述>

编写一控制台程序,要求对于任意给定的一个三位正整数判断其是否是水仙花数。效果如图 2.9 所示。

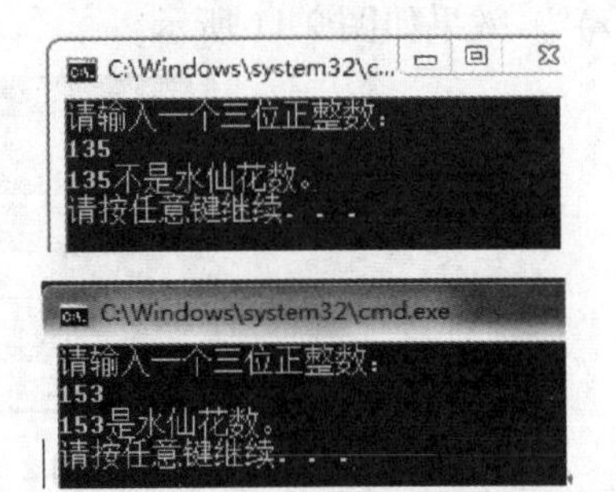

图 2.9　项目运行效果

<实训要求>

①提供界面让用户输入一个三位正整数。

②显示判定结果,指出该数是否是水仙花数。

<实训点拨>

三位数的水仙花数是指该数每个位上的数字 3 次幂之和等于它本身。例如:1^3+5^3+3^3=153。

实训 2.2　计算圆面积

<实训描述>

编制一个 C# Windows 应用程序:运行时在文本框中输入半径,单击计算弹出对话框显示圆的面积,如图 2.10 所示。

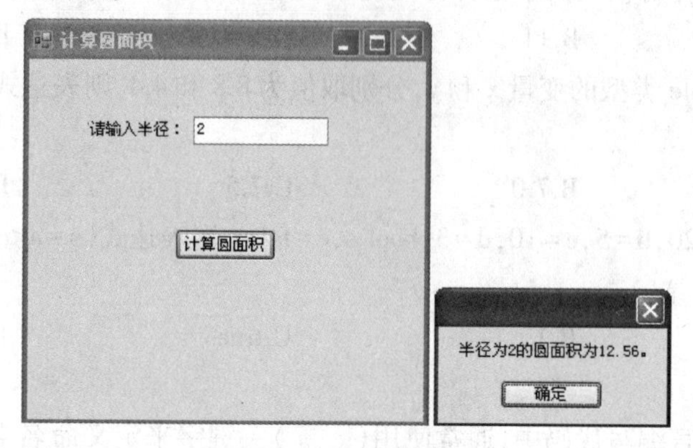

图 2.10　计算圆面积

<实训要求>

①提供界面让用户输入圆半径。

②单击“计算圆面积”按钮,弹出消息框显示圆面积。

<实训点拨>

计算圆面积时用到的 PI,应该定义为符号常量。

实训 2.3　定期存款收益器

<实训描述>

设计一个定期存款收益器,将 p 元存入银行中,年利率为 r,存 n 年后的总额为:$p*(1+r)^n$。效果如图 2.11 所示。

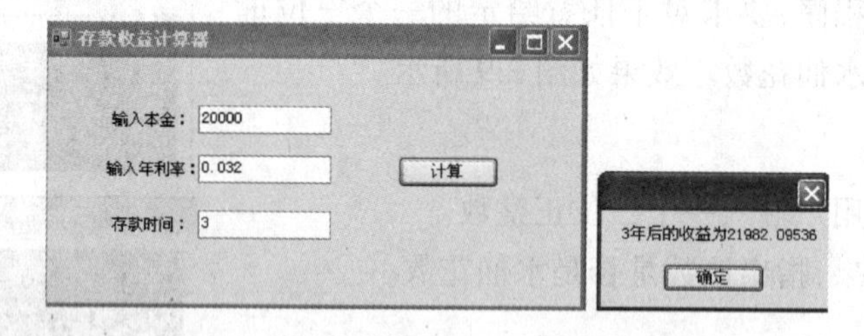

图 2.11　简易计算器 calculator 运行效果

<实训要求>

输入本金、年利率和存款时间,单击“计算”按钮弹出对话框显示收益。

<实训点拨>

求 m 的 n 次方的方法:Math .Pow (底,幂)

实训 2.4　BMI 检测器

<实训描述>

BMI 称为“身体质量指数”,用来判断与体重身高有关的健康问题。$BMI=w/h^2$,其中:w:代表以千克为单位的体重,h:代表以米为单位的身高。男性的 BMI 值在 20～25 被认为是正常的,而女性的 BMI 值在 19～24被认为是正常的。编写一个程序来判断 BMI 值是否正常,效果如图 2.12 所示。

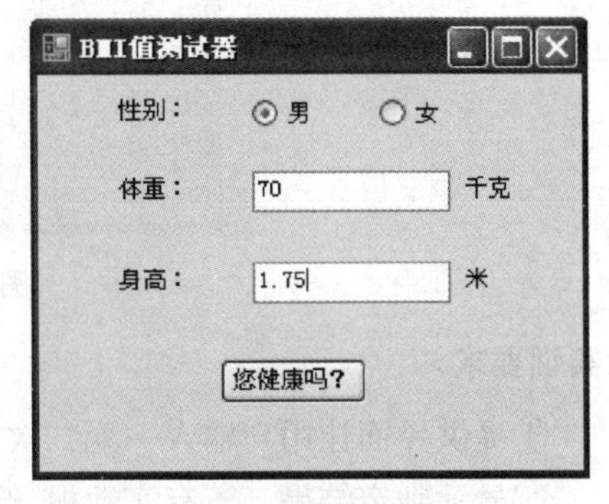

图 2.12　BMI 值检测器

<实训要求>

①进行判断前,需要正确选择性别,按照正确单位输入体重和身高。

②单击“您健康吗”按钮时,根据不同性别的 BMI 值正常范围分别给出提示或警告,如图 2.13 和图 2.14 所示。

图 2.13　BMI 值正常提示

图 2.14　BMI 值非正常警告

<实训点拨>

①求 m 的 n 次方的方法:Math .Pow(底,幂)

②性别选择采用 RadioButton 按钮,其属性值 Checked 如果为 true 表示选中,为 false 表示未选中。

实训 2.5　求一元二次方程的实数根

<实训描述>

编写一窗体应用程序,要求对任意给定的一个一元二次方程判断其是否有实数根。若

有实数根,给出每个根的答案。效果如图 2.15 所示。

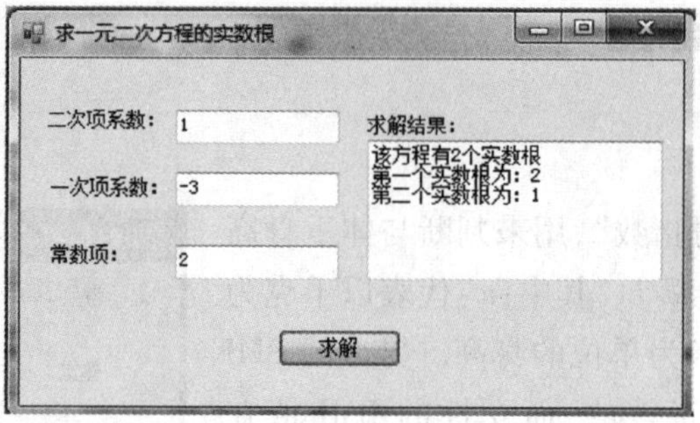

图 2.15　项目运行效果

<实训要求>

①提供界面让用户输入一元二次方程各项的系数。

②显示判定结果。若有实数根,给出每个根的答案;若无根,给出相应信息。

<实训点拨>

①任给一个一元二次方程 $ax^2+bx+c=0$,若 $b^2-4ac\geqslant 0$,则有实数根。其中,当 $b^2-4ac=0$ 时,有一个根;当 $b^2-4ac>0$ 时,有两个根。若 $b^2-4ac<0$,则无实数根。

②要在文本框控件 TextBox 中显示多行数据,则应该将其 MutiLine 属性设置为 true。

③求平方根:Math 类的 sqrt( )方法。

④构建格式化的字符串:String 类的 Format( )方法。

实训 2.6　闰年判定器

<实训描述>

输入一个年份,判断其是否为闰年。如果是闰年,则弹出消息框显示"×××年是闰年!",否则弹出消息框显示"×××年不是闰年!"。效果如图 2.16 所示。

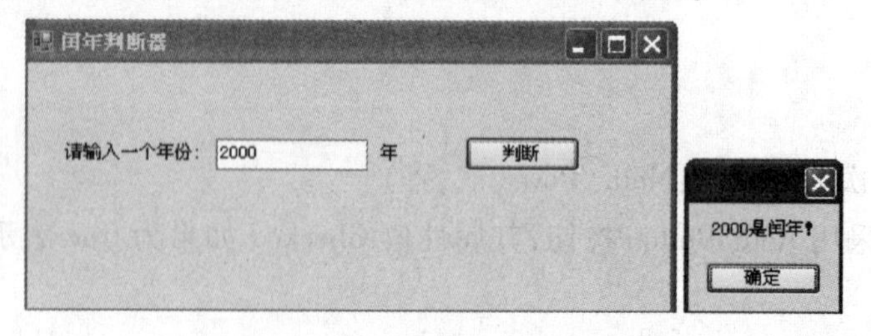

图 2.16　闰年判断器项目运行效果

<实训要求>

①提供界面让用户输入一个年份。

②单击"判断"按钮显示判定结果。

<实训点拨>

①判断闰年有两个条件:

- 能够被 400 整除;
- 能够被 4 整除,但是不能被 100 所整除;

②逻辑 && 的优先级高于逻辑或,所以逻辑表达式:year % 400 == 0 || year % 4 == 0 && year % 100 != 0 可以省略括号。但是为了防止错误,可以适当地给表达式加上括号来指定运算顺序:(year % 400 == 0) || (year % 4 == 0 && year % 100 != 0),这样可以避免很多不必要的错误。

项目 3

制作 Windows 计算器

●项目描述

通常情况下，程序里的所有语句是按照从上到下依次执行的。也就是说，按照从第一条语句到最后一条的顺序，每条语句一定会被执行且只会被执行 1 次，这种情况叫作顺序结构。但有些事务的流程通常比顺序结构要复杂，例如大多数的销售人员的工资跟销售业绩挂钩，销售额越高，提成的比例也相应增高；再例如自动售货机，当所购买的商品有货时，人们就可以反复实施购买这个操作，一旦商品缺货就不能再进行购买。在前面所描述的事务中，只用顺序结构的语句就无法完成。C#提供了分支语句和循环语句来控制程序代码执行的顺序，提高了编程的灵活性。在本项目中，将通过制作 Windows 模拟计算器，如图 3.1 所示，来引导大家学习如何利用条件语句来来灵活的控制程序的流程。该 Windows 模拟计算器具有以下功能：

①能实现两个数的加、减、乘、除运算功能；

②能实现对一个数求倒数和相反数功能。

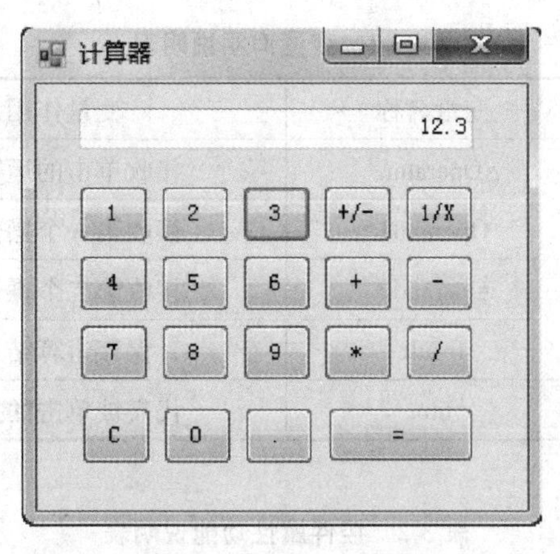

图 3.1　Windows 计算器

●**学习目标**

①知道什么情况下用分支语句。

②知道如何选择 if 和 switch。

③认识 break 语句。

●**能力目标**

①学会使用 if 语句来控制程序的选择流程。

②学会使用 switch 语句控制程序的多分支流程。

③学会 break 语句在 switch 中的使用。

任务 3.1　绘制计算器界面

【任务描述】

新建一个窗体应用程序，绘制如图 3.1 所示的计算器界面，设置窗体和控件的相关属性，并对项目所需用到的变量进行定义。

【任务分析】

①分析奖金计算器需要的变量，见表 3.1。

②窗体上各控件的属性及功能见表 3.2。

表 3.1 变量声明说明表

序号	变量名称	变量作用
1	Operator	接收单击的运算符
2	Operand1	接收第一个操作数
3	Operand2	接收第二个操作数
4	result	保存运算结果
5	btn	代表被单击的按钮

表 3.2 控件属性功能说明表

对 象	属性设置	功 能
Form1	Text:计算器	
TextBox1	Name:tb_display TextAlign::Right	操作数及结果显示区
Button1~ Button19	Text:图 3.1 按钮所显示数字	单击该数字按钮和小数点按钮,在显示区显示相应数字和小数点; 单击运算符按钮和等号按钮,实现相应运算和显示功能。

【任务实施】

①启动 Visual Studio 2010,建立名为“MathCalc”的窗体应用程序。

②创建如图 3.1 所示窗体,并按表 3.1 进行控件属性设置。

③单击窗体从快捷菜单中选择“查看代码”命令,打开代码编辑器,声明以下变量:

```
private string Operator = "";
private double Operand1 = 0;
private double Operand2 = 0;
private double result = 0;
private Button btn;
```

【任务小结】

①希望在文本框中输入的内容右对齐时,需要设置 TextBox 控件的 TextAlign 属性为 Right。

②变量的定义应该在如下位置:

```
namespace MathCalc
{
    public partial class Form1: Form
```

```
{
    private string Operator = " ";
    private double Operand1 = 0;
    private double Operand2 = 0;
    private double result = 0;
    private Button btn;
    public Form1( )
    {
        InitializeComponent( );
    }
}
```

【效果评价】

评价表

项目名称	制作 Windows 计算器	学生姓名	
任务名称	任务 3.1 绘制计算器界面	分数	
评价标准		分值	考核得分
计算器界面制作		30	
窗体和控件属性设置		40	
变量定义和初始化		30	
总体得分			
教师简要评语： 教师签名：			

任务 3.2 实现按钮"C"和数字按钮的功能

【任务描述】

按钮"C"的功能是清空文本显示区。数字按钮及小数点按钮的功能是：当单击该按钮时，在显示区显示该数字。

【任务分析】

①清空文本显示的功能实现很简单，即是使 TextBox 控件的 Text 属性为空字符串。

```
tx_display.Text = "";
```

②单击数字按钮 0~9、小数点按钮“.”的功能都是在显示框内显示按钮所代表的符号，所以没有必要对每一个数字按钮和小数点按钮都添加不同的 Click 事件处理程序，可以采取对这些按钮添加相同的事件处理程序 handleDigits( )来实现功能。

【任务实施】

①打开任务 3.1 中新建的“MathCalc”窗体应用程序。

②在“Windows 窗体设计器”上选中“C”按钮，修改 Name 属性为“btn_clear”。双击“C”按钮。鼠标指针位于新创建的默认事件处理程序内，加入如下代码：

```
private void btn_clear_Click(object sender, EventArgs e)
        {
            tx_display.Text = "";
        }
```

③为按钮“1”创建 Click 事件处理程序。单击选中按钮“1”，单击“属性”窗口中“事件”按钮，单击“Click”事件，在“Click”事件右边输入事件处理程序名称 handleDigits，如图 3.2 所示，然后回车。在 handleDigits 方法中添加如下代码：

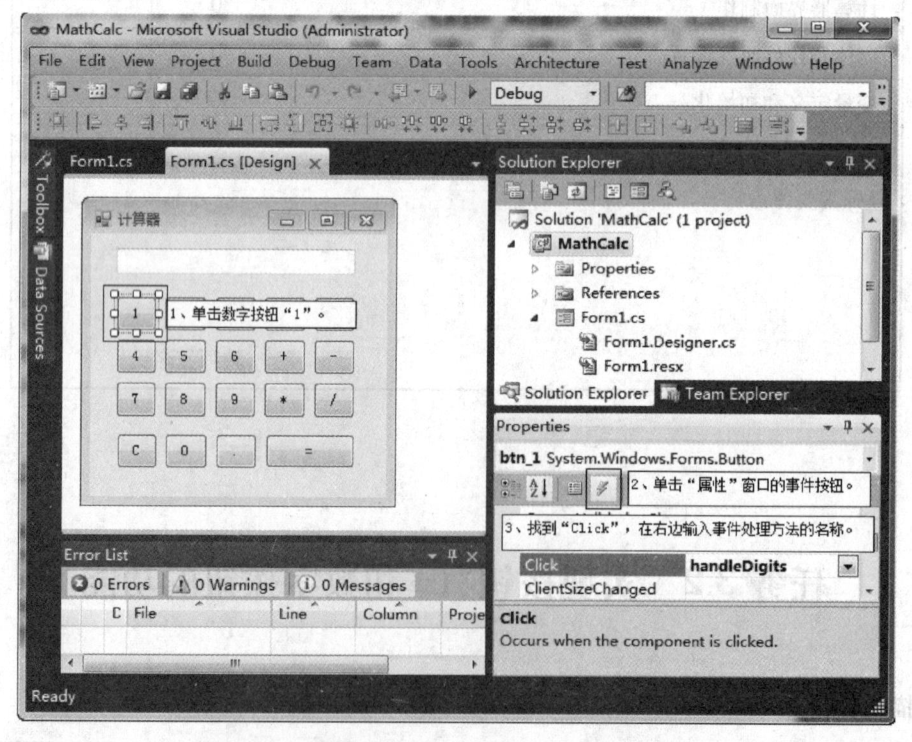

图 3.2　为数字按钮添加 handleDigits 事件处理方法

```
private void handleDigits(object sender, EventArgs e)
{
    btn = (Button)sender;
    tx_display.Text += btn.Text ;
}
```

语句 tx_display.Text += btn.Text ;的作用是使输入的数字连续。

④选中数字按钮 0,2~9,小数点按钮,按照图 3.3 所示为它们添加同样的 handleDigits 事件处理方法。添加的方法为:单击数字按钮->找到 Click 事件->在右边的下拉菜单中选择 handleDigits 方法。

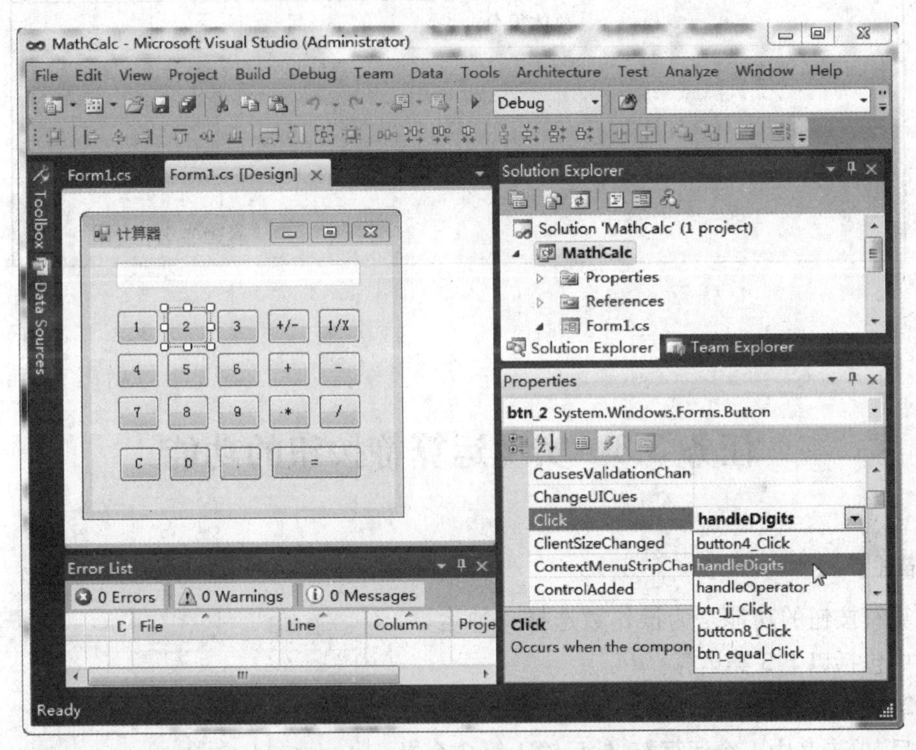

图 3.3　为其他按钮添加同样的时间处理方法 handleDigits

【任务小结】

为按钮创建 Click 事件处理程序的两种方法:

①创建默认事件处理程序。

方法:双击控件。默认事件处理程序名称为:控件名_默认事件名称。

②将多个按钮绑定到同一个事件处理程序。

方法:为需要的按钮在 Click 事件处理程序中,直接输入方法名。

【效果评价】

评价表

项目名称	制作 Windows 计算器	学生姓名	
任务名称	任务 3.2　实现按钮"C"和数字按钮的功能	分数	
评价标准		分值	考核得分
为"C"按钮添加 Clidk 事件		30	
为"1"按钮添加 Clidk 事件		30	
为其他数字按钮添加 Clidk 事件		40	
总体得分			
教师简要评语： 教师签名：			

任务 3.3　实现运算符按钮的功能

【任务描述】

运算符按钮的功能是为操作数选择一种运算，本项目中包括以下 3 类运算：

①2 个操作的运算：加、减、乘、除。输入 1 个操作数过后，单击其中 1 个运算符，然后输入第 2 个操作数，单击"="显示运算结果。

②对 1 个操作数取相反数运算。输入 1 个操作数后，单击取相反数运算符，显示其相反数。例如：输入 2，单击取相反数运算符后，显示-2，如图 3.4 所示。

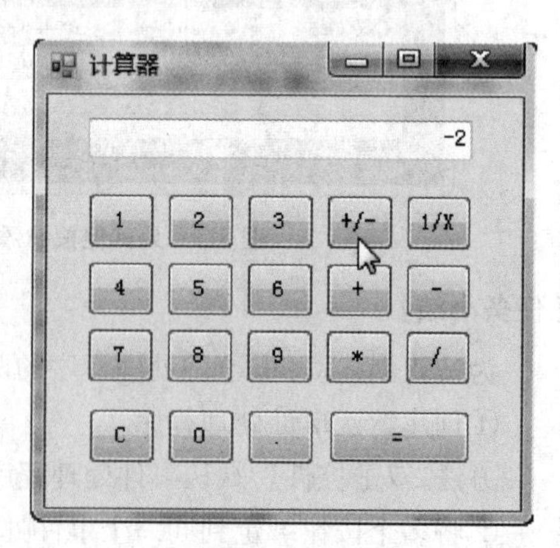

图 3.4　求相反数

③对 1 个操作数取倒数运算。输入 1 个操作数后，单击取倒数运算符，显示其倒数。例如：输入 2，单击取相反数运算符后，显示 0.5。

【知识准备】

3.3.1　if 语句

if 语句根据表达式的值选择要执行的语句。if 语句的一般表示形式为：

```
if(表达式)
{
    语句块;
}
```

if 语句的执行过程是：当表达式为 true 时，则执行语句块，否则不会执行语句块。语句块为 1 条或多条语句。

使用 if 语句还可以实现双分支选择结构，其形式为：

```
if(表达式)
{
    语句块 1;
}
else
{
语句块 2;
}
```

if-else 语句的执行过程是：当表达式为 true 时，则执行语句块 1，否则执行语句块 2。语句块 1 和语句块 2 为 1 条或多条语句。

3.3.2　if 语句的嵌套

if 语句的嵌套是 if 语句和 if…else 语句的组合，其一般形式如下：

```
if(表达式 1)
{
    语句块 1;
}
else if(表达式 2)
{
语句块 2;
}
…
else if(表达式 n)
```

```
{
语句块 n;
}
```

以上语法格式说明:如果表达式 1 的值为 true,则执行语句块 1;否则判断表达 2,如果表达式 2 的值为 true,则执行语句块 2,否则判断下一个表达式。if 语句的嵌套用于控制程序有多个分支语句的情况。

【任务分析】

①在对 1 个操作数求倒数时,要注意以下 3 种情况:

a.显示区为空,应该给出提示:不能求相应倒数。

b.显示区显示数据为 0,应该给出提示:除数不能为 0。

c.显示区为非空非零数时,显示出其倒数。

同时,还应该注意,例如:3 的倒数应该为 0.333。不能单纯地对原数字做倒数运算,因为两个整数相除,其结果应为整数。

②在输入运算符之前应该保存当前单击的运算符,同时记录下第一个操作数,清空显示区,为第二个操作数的输入做准备。

【任务实施】

①打开任务 3.2 中未完成的"MathCalc"窗体应用程序。

②为运算符按钮创建事件处理程序,其基本方法跟任务 3.2 中的步骤④一样。单击选中运算符按钮"+",找到 Click 方法,输入事件处理程序名称 handleOperator。在 handleOperator 方法中添加如下代码:

```
private void handlOperator( object sender, EventArgs e)
        {
            btn = (Button)sender;//btn 代表被单击的运算符
            Operator = btn.Text;//记录下单击的按钮代表的运算符
            Operand1 = Convert .ToDouble( tx_display.Text) ;//记录下第一个操作数
            tx_display.Text = "" ;//清空显示区
        }
```

③按照任务 3.2 中步骤⑤同样的方法,为运算符减、乘和除按钮的 Click 事件添加 handleOperator 事件处理方法。

④编写"+/-"按钮的事件处理程序。"+/-"按钮用于逆转显示数字的符号,为此双击按钮添加默认事件处理程序,代码如下:

```
private void btn_jj_Click( object sender, EventArgs e)
        {
            result = -Convert.ToDouble( tx_display.Text) ;
            tx_display.Text = result.ToString( ) ;
        }
```

⑤编写"1/X"按钮的事件处理程序。"1/X"按钮用于求某个数的倒数,直接双击为此按

钮添加默认事件处理程序,代码如下:

```
private void btn_daoshu_Click(object sender, EventArgs e)
        {
            if (tx_display.Text == "")//显示区为空
            {
                MessageBox.Show("还没有输入操作数!");
            }
            else if (tx_display.Text == "0")//显示区输入为0
            {
                MessageBox.Show("除数不能为零,请重新输入除数!");
            }
            else if (tx_display.Text ! = "")//显示区非空非零
            {
                result = 1.0 / Convert.ToDouble(tx_display.Text);
                tx_display.Text = result.ToString();
            }
        }
```

【任务小结】

①if 语句的使用要注意判定表达式的准确表述。

②if 语句的嵌套使用,要注意配对问题。

③TextBox 控件中显示的文本是 String 类型,需要进行算术运算时,需要将其进行类型转换。

【效果评价】

评价表

项目名称	制作 Windows 计算器	学生姓名	
任务名称	任务 3.3　实现运算符按钮的功能	分数	
评价标准		分值	考核得分
为“+/-”按钮添加 Click 事件		20	
为“1/X”按钮添加 Click 事件		20	
为“+”按钮添加 Click 事件		30	
为“-”、“*”和“/”按钮添加 Clidk 事件		30	
总体得分			
教师简要评语: 教师签名:			

任务 3.4　实现等号运算符的功能

【任务描述】

本任务的功能是在输入第二个操作数过后，单击等号，在显示区显示运算结果。操作数的输入在任务 3.2 中已经实现，所以本任务的重点是为等号添加 Click 事件处理程序。

【知识准备】

switch 语句

```
switch(表达式)
{
    case 常量表达式 1:
        语句块 1;
        break;
    case 常量表达式 2:
        语句块 2;
        break;
        ……
    case 常量表达式 n:
        语句块 n;
        break;
    default:
        语句块 n+1;
        break;
}
```

switch 语句的执行过程是：判断 switch 括号里表示式的值，然后把表达式的值跟 case 后面常量表达式做比较，找到与表示式值相等的常量表达式作为入口，执行其后的语句块，然后使用 break 语句跳出整个 switch 语句。如果没有一个常量表达式的值与 switch 括号里表示式的值相等，则执行 default 后的语句块 n+1。

【任务分析】

根据计算机的工作过程，当单击“等号”按钮时，需要做以下 3 件事情：

①保存第二个操作数；

②根据运算符计算结果；

③显示运算结果。

【任务实施】

(1)打开任务 3.3 未完成的计算器项目。

(2)双击“=”按钮,为其添加一个 Click 事件处理程序,代码如下:

```
private void btn_equal_Click(object sender, EventArgs e)
        {
          //保存第二个操作数
           Operand2 = Convert.ToDouble(tx_display .Text);
          //根据选择的不同运算符,进行计算
            switch (Operator)
            {
                case '+':
                      result=Operand1+Operand2;
                      break;
                case '-':
                      result=Operand1-Operand2;
                      break;
                case '*':
                      result=Operand1 * Operand2;
                      break;
                 case '/':
                      if (Operand2==0)
                      {
                          MessageBox.Show("除数不能为 0");
                      }
                      else
                          result = Operand1 /Operand2;
                      break;
            }
            //显示计算结果
             tx_display.Text = result.ToString();
        }
```

【任务小结】

①switch 语句的每个 case 语句后面必须有 break 语句,用于跳出该分支。

②switch 语句中的 default 语句可以省略。

③本任务中使用到的 break 语句,将在项目 4 中讲到。

评价表

项目名称	制作 Windows 计算器	学生姓名	
任务名称	任务 3.4　实现等号运算符的功能	分数	
评价标准		分值	考核得分
保存第二个操作数		20	
计算结果		60	
显示计算结果		20	
总体得分			
教师简要评语： 教师签名：			

专项技能测试

选择题

1.下列说法不正确的是(　　)。

A.在一个 switch 语句中不能有相同标记的 case 语句。

B.如果某个 case 语句块为空,则会直接跳到下一个 case 块上。

C.case 块的最后一句必须是 break 语句。

D.如果 case 后有语句,则此 case 的顺序可以任意甚至可以将 default 语句放到最上面。

2.使用 if-else 语句时,规定 else 总是和(　　)配对。

A.其之前最近的 if　　B.第一个 if

C.缩进位置相同的 if　　D.跟它最近且未与其他 else 配对的 if

3.请选择应该填入小括号的内容:

```
int a=3,b=4;
if(____)
Console.WriteLine("a 和 b 的值相等");
else
Console.WriteLine("a 和 b 的值不相等");
```

A. a=b　　B. a==b

C. a<b　　D. b>a

拓展实训

实训 3.1　学生成绩考核器

<实训描述>

本实训完成一个学生成绩考核器,项目效果如图 3.5 所示。

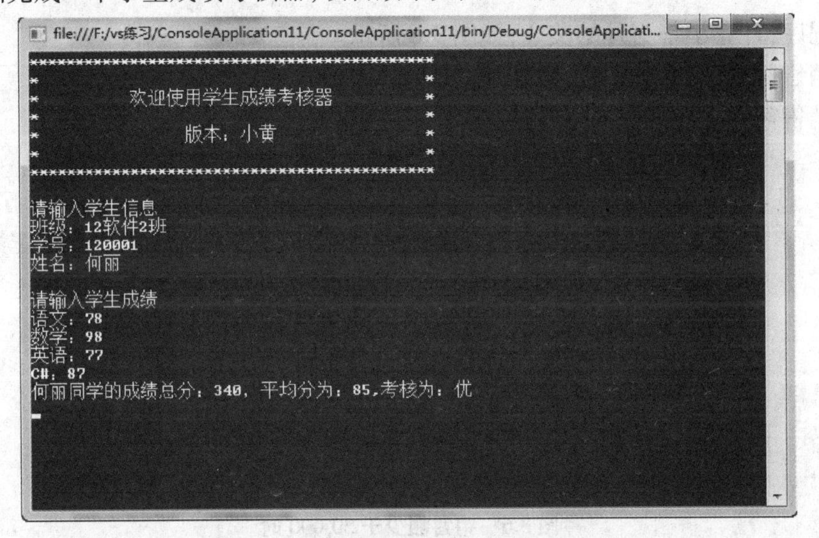

图 3.5　学生成绩考核器项目运行效果

用于对用户所输入的学生各科成绩的评价分进行考核,考核标准参考见表 3.3。

表 3.3　成绩考核标准

分数范围	等　级
90 以上	优
80~89	良
70~79	中
60~69	及格
0~59	不及格
0~100 以外	输入错误

<实训要求>

①提供界面让用户输入学生班级、学号、姓名等基本信息,以及各科成绩。

②计算学生 4 科总成绩和平均成绩,并输出。

③根据表的规则对学生的成绩进行等级判定,并输出。

<实训点拨>

①注意接受成绩时需要进行类型转换,将其转换成浮点型。

②计算学生 4 科总成绩和平均成绩,需要用到加法和除法运算符进行运算。

③对学生的成绩进行等级的判定可以使用嵌套的 if 语句和 switch 实现。

实训 3.2 奖金计算器

<实训描述>

编写程序,计算小华当月的奖金,如图 3.6 所示。

①当销售额少于 30 000 时,奖金为销售额的 5%;

②当销售额多于 30 000 时,奖金为销售额的 10%。

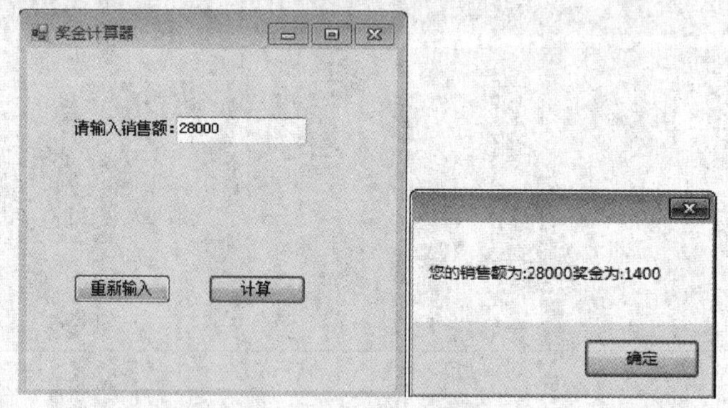

图 3.6 销售额少于 30 000 时

<实训要求>

①提供界面让用户输入销售额;

②按钮“重新输入”的功能是清空输入区;

③单击“计算”按钮,弹出对话框显示应得奖金。

<实训点拨>

①清空输入区实质是让 TextBox 的控件的 Text 属性为空字符串;

②弹出对话框的方法是使用 MessageBox。

实训 3.3 判断水仙花数

<实训描述>

水仙花数是指一种特殊的 3 位数,该 3 位数的个位、十位和百位的立方之和等于它本身。例如 153=1×1×1+5×5×5+3×3×3。输入任意一个 3 位数,单击“判断”按钮,显示判定结果。

<实训要求>

①提供界面让用户输一个 3 位数；

②单击按钮“判断”的功能是对输入的 3 位数进行判定；

③可以通过弹出消息框的方式显示判定结果。

<实训点拨>

对输入的 3 位数 *x* 进行个、十、百位的分离，可以采取以下方法：

g = *x* % 10;

s = *x* % 100 / 10;

b = *x* / 100;

注意：对数取低位用模运算，取高位用除法运算。

项目 4

猜数字游戏

●项目描述

程序的 3 种基本结构是:顺序结构、选择结构和循环结构。项目 3 已经介绍了使用 if 和 switch 语句来控制选择结构。循环结构主要是用来控制程序的循环流程,例如:当需要反复做一个事情的时候,或者这个事情有一定规律的时候,就考虑使用循环结构。控制循环结构的循环语句有:while 循环、do-while 循环、for 循环、foreach 循环等。我们不仅要掌握常见循环语句的使用,更应该根据实际情况学会选择合适的循环语句。

```
待猜数已经生成，范围是：1至100

你猜?
50
继续:50~100
你猜?
75
继续:75~100
你猜?
86
继续:75~86
你猜?
80
继续:75~80
你猜?
78
恭喜你，猜对了!
```

图 4.1　猜数字游戏

本项目将用 C#编程模拟猜数字游戏。游戏中先随机生成一个待猜数字,范围是 1~100,然后玩家输入所猜数字,如果正确则提示“恭喜您！猜对了!”,如果猜错了,则提示新的数字范围,逐渐缩小数字范围,最后帮助玩家猜到数字。游戏运行过程如图 4.1 所示。本游戏适合多个玩家一起玩,不幸猜中的玩家给予处罚。

●学习目标

①知道什么情况下用分支语句和循环语句。
②知道如何使用 while、do-while、for 和 foreach 语句。
③认识 break、continue 和 goto 跳转语句。

●能力目标

①学会使用循环语句控制程序的循环流程。
②学会使用跳转语句来结束循环或跳出选择语句。
③学会联合使用选择语句和循环语句来控制程序流程。

任务 4.1　构建游戏界面

【任务描述】

游戏界面需要使用基本输出命令进行构建。分析猜数字游戏的规则流程，得出需要定义的变量。

【任务分析】

分析猜数字游戏的规则流程得知需要以下 5 个变量，见表 4.1。

表 4.1　变量声明说明表

序号	变量名称	变量作用
1	guess	保存待猜数字
2	min,max	保存提示当前数范围
3	input	玩家输入的猜测数字
4	tmp	由于控制台输入的是字符串，需要临时字符串变量来接受玩家输入的内容
5	r	本任务需要产生的随机待猜数字，范围是 1~100。C#提供了一个强大的随机类 Random，使用该类定义随机对象 r

【任务实施】

①启动 Visual Studio 2010，建立名为“Guess”的窗体应用程序。

②打开 Fom1.cs 代码文件,对各变量进行定义并赋初值:

```
// 声明变量
    int guess;                      // 待猜数
    int min;                        // 范围最小值
    int max;                        // 范围最大值
    int input;                      // 保存玩家输入值
    Random r = new Random( );       // 随机对象,用于产生随机数
// 变量初始化
    guess = r.Next(1, 100);         // 产生 1~100 的随机整数
    min = 1;                        // 初始范围最小值为 1
    max = 100;                      // 初始范围最大值为 100
```

③游戏提示信息:

```
Console.WriteLine("待猜数已经生成,范围是:1 至 100\n");
```

【任务小结】

产生 1 个随机数的方法如下:

```
Random r = new Random( );     // 随机对象,用于产生随机数
r.Next(1, 100);               // 产生 1~100 的随机整数
```

【效果评价】

评价表

项目名称	猜数字游戏	学生姓名	
任务名称	任务 4.1　构建游戏界面	分数	
评价标准		分值	考核得分
声明变量		30	
变量赋初值		40	
产生随机数		30	
总体得分			
教师简要评语: 教师签名:			

任务 4.2 游戏竞猜

【任务描述】

游戏竞猜过程如下，运行效果如图 4.1 所示：

①先随机生成一个待猜数字，范围是 1~100。

②然后玩家输入所猜数字，如果正确则提示“恭喜您！猜对了！”，如果猜错了，则提示新的数字范围。

③逐渐缩小数字范围，最后帮助玩家猜到数字。

【知识准备】

4.2.1 while 语句

while 语句又叫直到型循环语句，通常用于循环次数不确定但循环条件非常明确的循环控制语句中。while 语句的基本结构如下：

```
while(条件表达式)
{
    循环体语句;
}
```

while 语句的执行过程如下：

首先判定条件表达式，如果为真，则执行循环体语句，然后再重复这个过程；如果为假，则退出循环。

while 循环语句适用于当条件满足时就执行某件事情的循环。

4.2.2 do-while 语句

do-while 语句与 while 语句类似，不同的是 do-while 在进行条件表达式判定之前会先执行一次循环体语句。

```
do
{
    循环体语句;
}while(条件表达式);
```

4.2.3 for 语句

for 语句通常用于循环次数比较确定的循环流程控制语句,它的基本格式如下:

```
for (初始化表达式;条件表达式;循环表达式)
{
    循环语句块//执行语句
}
```

for 语句的执行步骤如下:

①如果有初始化表达式,则先执行初始化表达式。

②然后进行条件表达式判定,如果为真则执行循环语句块,然后执行步骤③;如果为假则退出循环。

③执行循环表达式,然后再重新进行步骤②,直到表达式为假而退出。

for 循环语句比较适用于循环次数确定的循环。

4.2.4 foreach 语句

foreach 循环语句用于对数组和集合类型中的每个元素进行只读访问。

```
foreach (迭代类型 迭代变量名 in 集合)
{
    //foreach 循环体
}
```

使用 foreach 循环依次序输出字符串"我是 C#程序员"的每一个字,程序如下:

```
string str = "我是 C#程序员";
foreach (char c in str)
{
    Console.WriteLine(c);
}
Console.ReadLine();
```

4.2.5 跳转语句

(1) break 语句

语句形式: break;

break 语句只能在 switch 分支语句和循环语句中使用,通常配合 if 语句一起使用,当条件满足(或不满足)时,强制退出循环。如果循环体中使用 switch 语句,而 break 出现在

switch 语句中,则它只用于结束 switch 而不影响循环。break 语句只能结束包含它的最内层循环,而不能跳出多重循环。

(2)continue 语句

语句形式:continue;

语句功能:它只能出现在循环体中,其功能是立即结束本次循环,即遇到 continue 语句时,不执行循环体中 continue 后的语句,立即转去判断循环条件是否成立,即终止当次循环进入下一次循环。

continue 与 break 语句的区别:continue 只是结束本次循环,而不是终止整个循环语句的执行;break 语句则是终止当前整个循环语句的执行,转到当前循环语句后的下一条语句去执行。

(3)goto 语句

语句形式:goto 语句标号;

注:goto 语句往往用来从多重循环中跳出。它在解决一些特定问题时很方便,但由于 goto 语句难于控制,应尽量少用。goto 语句在任务 2.3 简易计算器中已经使用过,这里不再举例说明。

【任务分析】

游戏的竞猜可以要经过多次才能结束。对于循环结构的程序设计,一般首先考虑 1 次循环如何进行,在本项目中就应该考虑 1 次竞猜如何完成,然后再对竞猜部分代码加上循环语句使得程序循环。

【任务实施】

①打开任务 4.1 中未完成的"Guess"控制台应用程序。

②输入玩家所猜数字,并判断是否正确。

因为本游戏无论如何都需要先猜测一次,所以选择的是 do-while 循环。

```
do{
        Console.WriteLine("你猜?");
        input = Convert.ToInt32(Console.ReadLine());
        if (input == guess)
        {
            Console.WriteLine("恭喜你,猜对了! \n");
            Console.ReadLine();
            break;
        }
        else if (input < guess)
        {
```

```
                min = input;
                Console.WriteLine("继续:" + min + "~" + max);

            }
            else
            {
                max = input;
                Console.WriteLine("继续:" + min + "~" + max);
            }
        } while (true);
```

③当玩家所猜数字不正确时,给出缩小数字范围,让玩家继续猜数字,修改程序段为:

```
Console.WriteLine("你猜?");
input = Convert.ToInt32(Console.ReadLine());
if (input == guess)
{
    Console.WriteLine("恭喜你,猜对了! \n");
    Console.ReadLine();
    break;
}
else if (input < guess)
{
    min = input;//修正数字的最小值
    Console.WriteLine("继续:" + min + "~" + max);
}
else
{
    max = input;//修正数字的最大值
    Console.WriteLine("继续:" + min + "~" + max);
}
```

【任务小结】

①一个程序的灵魂在于算法。在进行复杂流程程序编程时,最好的方式是事先画出流程图。流程图的画法可以参考相关书籍。

②while(true)表示循环条件为真,只有当遇到 break 语句时,才会退出循环。

③3 个循环语句之间通常可以相互替换。在实际编程时,要根据需要选择适合的循环语句。利用 while 语句修改程序段:

```
while(true)
{
```

```
        Console.WriteLine("你猜?");
        input = Convert.ToInt32(Console.ReadLine());
        if (input == guess)
        {
            Console.WriteLine("恭喜你,猜对了! \n");
            Console.ReadLine();
            break;
        }
        else if (input < guess)
        {
            min = input;//修正数字的最小值
            Console.WriteLine("继续:" + min + "~" + max);
        }
        else
        {
            max = input;//修正数字的最大值
            Console.WriteLine("继续:" + min + "~" + max);
        }
    }
```

因为循环条件是"true",是一个常量值,所以这里 while 语句和 do-while 语句的使用区别不大。只有当第一次循环条件不满足时,while 语句和 do-while 语句在控制循环流程上才有区别。

【效果评价】

评价表

项目名称	猜数字游戏	学生姓名	
任务名称	任务 4.2 游戏竞猜	分数	
评价标准		分值	考核得分
人机交互界面设计		20	
判断所猜数字是否正确		30	
继续竞猜范围		20	
循环竞猜		30	
总体得分			
教师简要评语: 教师签名:			

专项技能测试

一、选择题

1.先判断条件的当循环语句是(　　)。

A. do…while　　B. while　　C. while…do　　D. do…loop

2.不用于循环结构的关键字是(　　)。

A. for　　B. do　　C. while　　D. switch

3.(　　)关键字是用来跳出循环结构的。

A. if　　B. for　　C.break　　D. switch

4.下列使用 for 语句遍历整个数组正确的是:(　　)。

A.
```
for(int i;i<arr.Length;i++)
{Console.WriteLine(i);}
```
B.
```
for(int i=0;i<arr.Length-1;i++)
{Console.WriteLine(i);}
```
C.
```
for(int i=0;i<arr.Length;i++)
{Console.WriteLine(arr[i]);}
```
D.
```
for(int i=0;i<arr.Length-1;i++)
{Console.WriteLine(arr[i])}
```

5.下列使用 foreach 语句遍历整个数组正确的是(　　)。

A.
```
foreach(int i in arr)
{Console.WriteLine(i);}
```
B.
```
foreach(int i in arr)
{Console.WriteLine(arr[i]);}
```
C.
```
foreach(int arr[i] in arr)
{Console.WriteLine(arr[i]);}
```
D.
```
foreach(int arr[i] in arr)
{Console.WriteLine(i);}
```

二、写出下列程序段的运行结果

1.以下程序段:

```
int i, sum=0;
i=Convert.ToInt32(Console.ReadLine());
while(i<=10)
{ sum+=i; i++;}
```

```
Console.WriteLine(sum);
```

当输入数值 11 时,输出结果为____________。

2.以下程序段:

```
int i, sum=0;
i=Convert.ToInt32(Console.ReadLine());
do
{ sum+=i;
i++;} while(i<=10);
Console.WriteLine(sum);
```

当输入数值 11 时,输出结果为____________。

3.以下程序段:

```
int i;
for(i=1;i<10;i++)
{
if(i%2==0)
break;
}
Console.WriteLine(i);
```

该程序的执行结果为____________。

4.以下程序段:

```
int i, sum=0;
for(i=1;i<10;i++)
{
if(i%2==0)
continue;
sum+=i;
}
Console.WriteLine(sum);
```

程序运行的结果为:____________。

5.以下程序段:

```
int i=1,sum=0;
while(i<10)
{sum+=i;
i++;}
```

代码中循环结束后 i 的值为:____________。

三、程序填空题

1.下列程序的功能是求 1~100 奇数之和。

```
int sum=0;
for(int i=1;i<100;i++)
{
________;
}
Console.WriteLine(sum);"
```

2.以下程序的功能是求 1~100 所有数的倒数之和。

```
float sum=0;
for(int i=1;i<=100;i++)
{________}
Consoe.WriteLine(sum);
```

3.以下程序的功能是求 100 以内能被 3 整除的最大的整数。

```
for(int i=100;i<1;i--)
{
if(________)
break;
}
Console.WriteLine(i);
```

拓展实训

实训 4.1　输出所有水仙花数

<实训描述>

创建一个 C#控制台应用程序,输出所有的水仙花数。水仙花数是指一种特殊的 3 位数,该 3 位数的个位、十位和百位的立方之和等于它本身。例如 153=1×1×1+5×5×5+3×3×3。程序运行结果如图 4.2 所示。

```
水仙花数有:
153
370
371
407
```

图 4.2　输出所有水仙花数

<实训要求>

运行该程序,显示出所有的水仙花数。对水仙花数判断在项目 3 的拓展实训中已经给出，这里将不再赘述。

<实训点拨>

该实训可以采用 for 循环来完成，因为可能水仙数的范围很确定，即 100~999。对于次数确定的循环，通常选择 for 语句来完成。

实训 4.2　输出 1 000 以内完数

<实训描述>

创建一个 C#控制台应用程序，输出 1 000 以内的所有完数，并统计完数的个数。所谓"完数"，是指一个数恰好等于它的所有因子之和。例如 6，因为 6=1+2+3。

<实训要求>

运行该程序，显示出所有的完数，并统计完数的总个数。

<实训点拨>

该实训可以采用 for 循环来完成，因为可能完数的范围很确定，即 1~1 000。对于次数确定的循环，通常选择 for 语句来完成。

项目 5

有趣的中国古诗

●项目描述

程序开发时，经常会用到字符和字符串。字符使用 Char 对象来存储，而字符串使用 String 对象来存储。例如用一个字符来存储一个字母，用一个字符串来存储一个书名等。字符串由零个或多个字符组成，如“abc123”，是由双引号括起来的字符序列，这些字符可以是数字、符号、汉字、英文字母等。字符串通常用来表示文本数据类型，操作时将整个字符串作为一个整体，如在串中查找某个子串、在串中删除一个子串等。

.NET 中表示字符串的关键字为 String，是 String 类的别名。String 类的功能很强大，但是它有一个最大的缺点是一旦创建了 String 类的对象，就不能修改。所以当需要对大量字符串进行修改时，通常使用可变的字符串类 StringBuilder 来实现。

本项目将通过对《清明》这首古诗进行变换，来介绍字符和字符串的使用方法。

●学习目标

1.知道字符和字符串类。

2.知道字符串的声明及使用。

3.知道常用的字符串处理方法。

4.知道格式化字符串的处理方法。

5.知道字符串与其他数据类型的转换方法。

6.认识可变字符串类 StringBuilder。

7.知道可变字符串类 StringBuilder 的定义及使用。

8.知道字符串类和可变字符串类的区别。

●能力目标

1.学会字符串的声明和使用。

2.学会常见字符串的操作方法。

3.学会可变字符串类 StringBuilder 的定义及使用。

任务 5.1　按行输出古诗《清明》

【任务描述】

创建一个控制台应用程序，按行打印出古诗《清明》：清明时节雨纷纷，路上行人欲断魂。借问酒家何处有？牧童遥指杏花村。每行诗中的每个字用制表符隔开，效果如图 5.1 所示。

图 5.1　将古诗分行输出

【知识准备】

Char 在 C#中表示一个 Unicode 字符，多个 Unicode 字符构成字符串。Unicode 字符是目前计算机中通用的字符编码，它对不同语言中的每个字符设定了统一的二进制编码，用于满足跨语言、跨平台的文本转换、处理的要求。Char 定义如下：

```
char ch1 = 'A';
char ch2 = '2';
```

Char 类为开发人员提供了多种方法来操控字符。常用方法及说明见表 5.1,还有一些方法没有全部列举,需要时请查阅相关资料。

表 5.1 Char 类的常用方法及说明

方 法	说 明
IsDigit	字符是否属于十进制数字类别
IsLetter	字符是否属于字母类别
IsLetterOrDigit	字符是否属于字母类别或者数字类别
IsLower	字符是否属于小写字母类别
IsNumber	字符是否属于数字类别
IsPunctuation	字符是否属于标点符号类别
IsUpper	字符是否属于大写字母类别
IsSeparator	字符是否属于分隔符类别

【任务分析】

①分析按行输出古诗需要的变量,见表 5.2。

表 5.2 变量声明说明表

序号	变量名称	变量类型	变量作用
1	poem	string	用于存放古诗
2	item	char	foreach 中的循环变量

②可以使用 foreach 语句对诗词的每一个字进行循环访问。

③分行显示可以通过 IsPunctuation 方法判断当前字符为标点符号类型时输出换行符实现。

④制表符使用转义字符"\t"表示。

【任务实施】

①创建一个名为 Poem 的控制台应用程序。

②在 main 函数中定义变量 Poem 用于存放古诗:

```
string poem = "清明时节雨纷纷,路上行人欲断魂。借问酒家何处有?牧童遥指杏花村。";
```

③添加代码对古诗按行输出,每个字中间用制表符"\t"分隔:

```
foreach (char item in poem)
    {
        Console.Write(item);
        Console.Write("\t");
```

```
        if (Char.IsPunctuation(item))
            Console.Write("\n");
    }
```

④运行程序。

【任务小结】

①foreach 语句通常用于对字符的逐个访问，一个中文字也是一个字符。

②Char 类的常见方法返回值为 true 或者 false。

【效果评价】

评价表

项目名称	有趣的中国古诗	学生姓名	
任务名称	任务 5.1　按行输出古诗《清明》	分数	
评价标准		分值	考核得分
变量声明和赋值		20	
foreach 语句使用正确		30	
if 语句判断		30	
输出语句		20	
总体得分			
教师简要评语： 教师签名：			

任务 5.2　古诗听写

【任务描述】

本任务创建一个控制台应用程序，逐行输入古诗，如果正确，则提示通过；若错误，则显示正确古诗。效果如图 5.2 所示。

【知识准备】

在 C#中，比较字符串通常有 Compare、CompareTo 和 Equals 这三种方法。这三种方法都属于 String 类。

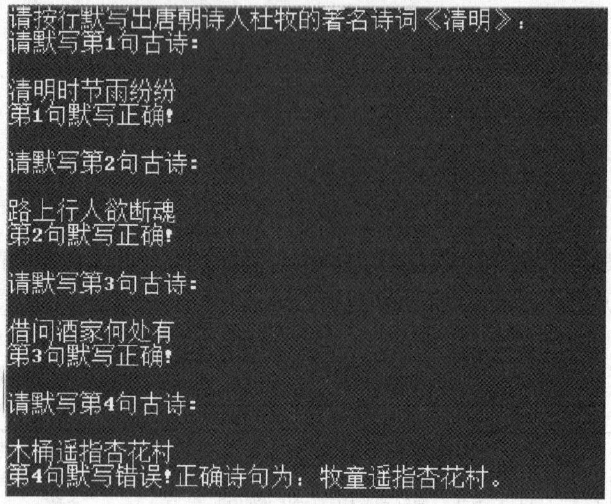

```
请按行默写出唐朝诗人杜牧的著名诗词《清明》：
请默写第1句古诗：

清明时节雨纷纷
第1句默写正确!

请默写第2句古诗：

路上行人欲断魂
第2句默写正确!

请默写第3句古诗：

借问酒家何处有
第3句默写正确!

请默写第4句古诗：

木桶遥指杏花村
第4句默写错误!正确诗句为：牧童遥指杏花村。
```

图 5.2　诗词默写

(1) Compare 方法

Compare 方法用于比较两个字符串是否相等。有很多种重载方法，下面列出最常用的两种：

int Compare(stirng A,string B)

int Compare(stirng A,string B,bool ignorCase)

参数说明见表 5.3。

表 5.3　Compare 方法参数及说明

编　号	参　数	说　明
1	stirng A	要比较的字符串 A
2	string B	要比较的字符串 B
3	bool ignorCase	如果为 true,表明比较时忽略大小写

Compare 方法会返回一个整型值，为 0 表示两个字符串相等，为 1 表示 A 比 B 大，为-1 表示 A 比 B 小。

(2) CompareTo 方法

CompareTo 方法与 Compare 方法含义类似，不同的是 CompareTo 方法是以实例本身与指定字符串做比较。语法：

public int CompareTo(string B);

(3) Equals 方法

Equals 方法用于比较两个字符串是否相同。如果相同，返回 true;不同，则返回 false。有以下两种常用方法。假设有两个待比较字符串 string a,b。

1)实例方法

语法:

```
public bool Equals(string value)
```

用实例方法比较字符串 a 和 b:a. Equals(b);

2)静态方法

语法:

```
public static bool Equals(string A,string B)
```

用静态方法比较字符串 a 和 b:Equals(a,b);

【任务分析】

①分析古诗听写任务需要以下变量,见表 5.4。

表 5.4　变量声明说明表

序号	变量名称	变量作用
1	sentence	用于存放输入的古诗语句
2	poem	用于存放全部古诗语句
3	i	循环变量

②因为对古诗的听写是按行判断,所以需要将整个古诗存放在一个字符串数组里,以方便按行比较。string[ ] poem;数组的定义将在项目 6 中详细讲解,此处只需要同学们理解即可。

【任务实施】

①创建 1 个名为"PoemEqual"的控制台应用程序。

②变量定义:

```
String sentence = "";
//利用字符串数组存放古诗
string[ ] poem = new string[ ] { "清明时节雨纷纷","路上行人欲断魂","借问酒家何处有","牧童遥指杏花村" };
```

③添加如下代码完成诗词按行默写:

```
for (int i = 0; i < poem.Length; i ++)
    {
        Console.WriteLine("请默写第{0}句古诗:\n",i+1);
        sentence = Console.ReadLine();
        if (sentence.Equals(poem[i]))
          Console.WriteLine("第{0}句默写正确! \n", i + 1);
        else
```

```
Console.WriteLine("第{0}句默写错误！正确诗句为:{1}。\n",i+1,poem[i]);
    }
```

【任务小结】

任务中的 if(sentence.Equals(poem[i]))可以修改 if (string.Compare(sentence, poem[i])== 0)。

【效果评价】

评价表

项目名称	有趣的中国古诗	学生姓名	
任务名称	任务 5.2　古诗听写	分数	
评价标准		分值	考核得分
变量声明和赋值		20	
for 语句使用正确		30	
Equals 语句使用正确		30	
if 语句使用正确		20	
总体得分			
教师简要评语： 教师签名：			

任务 5.3　提取古诗关键字

【任务描述】

创建一个控制台应用程序，输入所要提取关键字所在第几句，起始位置和关键字长度，运行程序，显示出指定关键字。运行效果如图 5.3 所示。

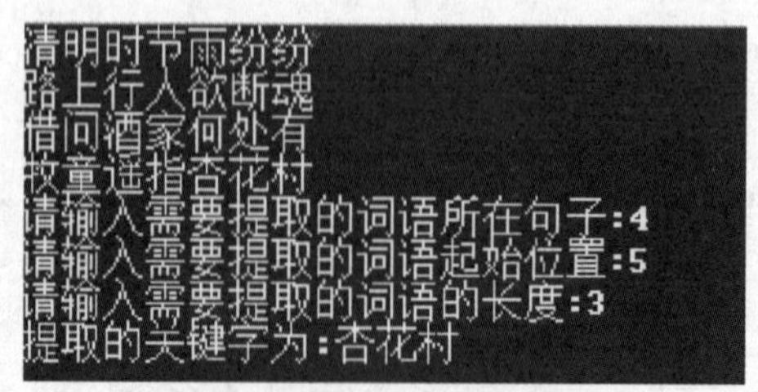

图 5.3　提取诗词中的关键字

【任务准备】

5.3.1 截取字符串

String 类提供了一个 Substring 方法,可以截取字符串中指定位置开始、指定长度的子字符串。语法格式为:

string Substring(int start, int length)

上述语句从一个字符串中 start 位置开始取长度为 length 的一个子串,如果省略 length,表示子串从字符串中 start 位置开始直到最后一个字符。

例:分别从字符串"Hello World!"中取子串"Hello"和"World!"。

```
string strHello = "Hello World!";
string strH = strHello.Substring(0,5); //从字符串变量 strHello 的第 1 个字符开始取 5 个字符
string strW = strHello.Substring(6);//从变量 strHello 中取出从第 7 个字符开始的所有字符
```

例 5.1 计算一个整数各个数位上的数字之和。

方案一:用 for 循环和 SubString 方法实现。

```
static void Main(string[] args)
        {
            Console.Write("请输入要计算的一个整数:");
            string strdata = Console.ReadLine();
            int sum = 0;
            for (int i = 0; i < strdata.Length;i++ )
            {
                sum += Convert.ToInt32 ( strdata .Substring (i,1));
            }
            Console.WriteLine("{0}这个整数所有数位上的数字之和为:{1}",strdata,sum );
            Console.Write("按任意键退出......");
            Console.ReadKey(true);
        }
```

方案二:用 foreach 循环实现。

```
static void Main(string[] args)
        {
            Console.Write("请输入要计算的一个整数:");
            string strdata = Console.ReadLine();
```

```
            int sum = 0;
            foreach (char dig in strdata)
            {
                sum += Convert.ToInt32(dig.ToString());
            }
            Console.WriteLine("{0}这个整数所有数位上的数字之和为:{1}",strdata
,sum );
            Console.Write("按任意键退出……");
            Console.ReadKey(true);
        }
```

思考:试用其他方式实现这个功能。

例 5.2　判断一个整数是否为水仙花数。(利用 SubString 方法)

```
static void Main(string[] args)
        {
            Console.Write("请输入要判断的一个整数:");
            string strdata = Console.ReadLine();
            int sum = 0;
            for (int i = 0; i < strdata.Length; i++)
            {
                int id = Convert.ToInt32(strdata.Substring(i, 1));
                sum += id ^ 3;
            }
            if (sum == Convert.ToInt32(strdata))
            {
                Console.WriteLine("{0}是水仙花数", strdata);
            }
            else
            {
                Console.WriteLine("{0}不是水仙花数。", strdata);
            }
            Console.Write("按任意键退出……");
            Console.ReadKey(true );
        }
```

5.3.2　字符串的转义字符

前面在介绍字符串的时候介绍了转义字符“\”。例如需要字符串用来表示 test.txt 文件的路径时,可以做如下定义:

string path="D:\temp1\temp2\test.txt";

但是,如果需要定义有很多转义字符的字符串时,这样做会显得非常麻烦,而且容易出错。实际上,.NET 提供了一个很好用的运算符"@"来简化字符串的转义字符。

上面的文件路径可以做如下定义,与上面的定义等价:

string path=@"D:\temp1\temp2\test.txt";

以@开头用双引号引起来的这种定义方式优点在于换码序列"不"被处理。如果需要用@引起来的字符串中包含一个双引号,可以使用两对双引号的方法,如下所示:

string str=@"""Hello""World!";

此时,字符串 str 的值为"Hello"World!。

【任务分析】

①本任务需要以下变量,见表5.5。

表5.5　变量声明说明表

序号	变量名称	变量类型	变量作用
1	poem	string	存放诗句的字符串数组
2	line	int	关键字所在行
3	start	int	关键字开始位置
4	length	int	关键字长度
5	sentence	string	foreach 的循环变量

②在程序设计中,位置的编号都是从0开始,例如 line=3,用户意指第3行,实则指字符串数组 poem 是编号为2的行(3-1)。

【任务实施】

①建立一个名为"PoemSunstring"的控制台应用程序。

②定义变量如下:

```
int line=0;
int start = 0;
int length = 0;
string[] poem = new string[] { "清明时节雨纷纷", "路上行人欲断魂", "借问酒家何处有", "牧童遥指杏花村" };
```

③输出古诗词。利用 foreach 语句输出字符数组 Poem 里面的古诗词:

```
foreach (string sentence in poem)
    {
        Console.WriteLine(sentence);
    }
```

④输入关键字所在行号、起始位置和长度。

```
Console.Write("请输入需要提取的词语所在句子:");
line = int.Parse(Console.ReadLine()) - 1;
Console.Write("请输入需要提取的词语起始位置:");
start = int.Parse(Console.ReadLine())-1 ;
Console.Write("请输入需要提取的词语的长度:");
length = int.Parse(Console.ReadLine());
```

⑤提取关键字并输出。关键字的提取实际上是对指定的诗句进行字符串的截取。

```
Console.WriteLine("提取的关键字为:"+poem[line].Substring(start,length));
```

⑥运行程序。

【任务小结】

①截取子字符串的方法 Substring 语法格式为:

string Substring(int start, int length)

从一个字符串中 start 位置开始取长度为 length 的一个子串,如果省略 length,表示子串从字符串中 start 位置开始直到最后一个字符。

在应用此方法时,要注意 start 和 length 值的计算。

②学会灵巧应用 LastIndexOf 方法计算 length 的值。

评价表

项目名称	有趣的中国古诗	学生姓名	
任务名称	任务 5.3　提取古诗关键字	分数	
评价标准		分值	考核得分
变量声明和赋值		20	
foreach 语句使用正确		30	
SubString 语句使用正确		20	
int.Parse 语句正确		30	
总体得分			
教师简要评语: 教师签名:			

任务 5.4　古诗分割成句

【任务描述】

将古诗《清明》从标点符号处分隔成诗句,程序运行效果如图 5.4 所示。

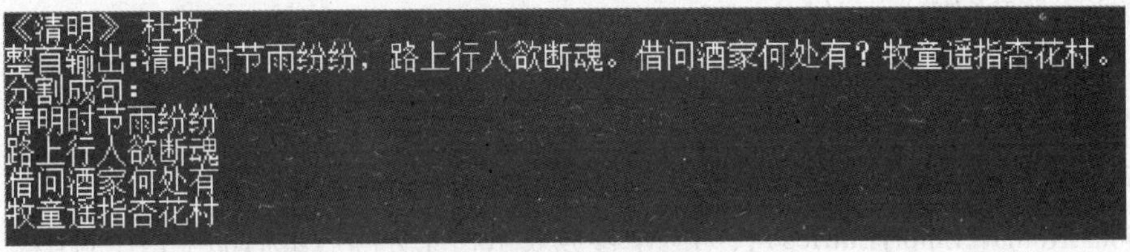

```
《清明》 杜牧
整首输出:清明时节雨纷纷，路上行人欲断魂。借问酒家何处有？牧童遥指杏花村。
分割成句:
清明时节雨纷纷
路上行人欲断魂
借问酒家何处有
牧童遥指杏花村
```

图 5.4　古诗分隔成句

【任务准备】

分割字符串

String 类提供了一个 Split 方法,可以将字符串按照指定的分隔符分割。语法:

public string [ ] Split(params char[ ] separator)

separator 是一个数组,包含分隔符。

【任务分析】

分析需要以下变量,见表 5.6。

表 5.6　变量声明说明表

序号	变量名称	变量类型	变量作用
1	poem	string	保存完整古诗
2	inputs	string 数组	保存分隔成句古诗的字符串数组

【任务实施】

①建立 1 个名为"PoemSplit"的控制台应用程序。

②变量定义如下:

string poem = " 清明时节雨纷纷,路上行人欲断魂。借问酒家何处有? 牧童遥指杏花村。" ;

//利用 Split 方法按照指定符号分隔诗词

string[ ] inputs = poem.Split(',', '。', '?', '。') ;

③诗词的整句输出:

Console.WriteLine("《清明》 杜牧") ;

```
Console.WriteLine("整首输出:" + poem);
```

④利用 foreach 语句对诗词分割成句:

```
Console.WriteLine("《清明》杜牧");
Console.WriteLine("整首输出:" + poem);
Console.WriteLine("分割成句:");
foreach (string item in inputs)
{
    Console.Write(item);
}
```

【任务小结】

代码可以替换为 string[] inputs = poem.Split(new char[]{',','。','?','。'}, StringSplitOptions.RemoveEmptyEntries);,第二个参数表示移除分隔后最后的空白字符串。

【效果评价】

评价表

项目名称	有趣的中国古诗	学生姓名	
任务名称	任务 5.4　古诗分割成句	分数	
评价标准		分值	考核得分
inputs 数组定义正确		30	
Split 语句使用正确		40	
foreach 语句使用正确		30	
总体得分			
教师简要评语: 教师签名:			

任务 5.5　古诗的有趣断句

【任务描述】

古诗:"清明时节雨纷纷,路上行人欲断魂。借问酒家何处有?牧童遥指杏花村"。向其中插入标点符号,变成另外一句意境:"清明时节雨,纷纷路上行人,欲断魂。借问酒家,何处有牧童，遥指杏花村。”创建一个 C#控制台应用程序，对古诗重新断句，效果如图 5.5 所示。

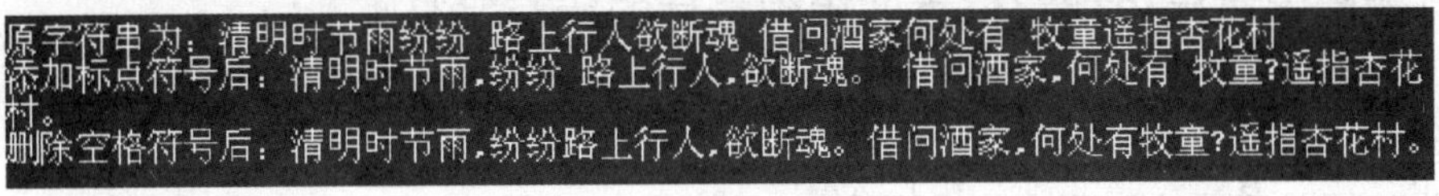

```
原字符串为：清明时节雨纷纷 路上行人欲断魂 借问酒家何处有 牧童遥指杏花村
添加标点符号后：清明时节雨，纷纷 路上行人，欲断魂。 借问酒家，何处有 牧童?遥指杏花
村。
删除空格符号后：清明时节雨，纷纷路上行人，欲断魂。借问酒家，何处有牧童?遥指杏花村。
```

图 5.5　改变后的古诗

【知识准备】

5.5.1　插入和填充字符串

(1)插入字符串

String 类提供了一个 Insert 方法，用于向字符串的任意指定位置插入字符串。语法：

public string Insert(int startIndex,string value);

表 5.7　Insert 方法参数及说明

编号	参　数	说　明
1	int startIndex	要插入字符串的索引位置
2	string value	要插入的字符串

(2)填充字符串

String 类提供了 PadLeft 和 PadRight 方法，用于向字符串的左侧或右侧进行字符填充。语法：

public string PadLeft (int totalsWidth,char paddingChar);

public string PadRight (int totalsWidth,char paddingChar);

表 5.8　PadLeft 和 PadRight 方法参数及说明

编号	参　数	说　明
1	int totalsWidth	填充后的字符长度
2	char paddingChar	填充字符

5.5.2　删除字符串

String 类提供了一个 Remove 方法，用于从字符串的指定位置开始删除指定个数的字符。它有两种重载方法。

(1)删除字符串中指定位置开始到最后的所有字符

语法：

public string Remove(int startIndex)；

(2)删除从字符串指定位置开始指定个数的字符

语法：

public string Remove(int startIndex,int count)；

表 5.9 Remove 方法参数及说明

编号	参　数	说　明
1	int startIndex	删除字符串开始的位置
2	int count	删除的字符个数

【任务分析】

分析对古诗进行插入和删除字符,需要的变量见表 5.10。

表 5.10 变量声明说明表

序号	变量名称	变量类型	变量作用
1	str	string	保存原有古诗

【任务实施】

①启动 Visual Studio 2010,建立名为“InterestPoem”的控制台应用程序。

②打开“Program.cs”代码文件,输入以下代码：

```
static void Main(string[] args)
    {
        string str = "清明时节雨纷纷 路上行人欲断魂 借问酒家何处有 牧童遥指杏花村"；
        Console.WriteLine("原字符串为:{0}",str)；
        str = str.Insert(5,",")；
        str = str.Insert(13, ",")；
        str = str.Insert(17, "。")；
        str = str.Insert(23, ",")；
        str = str.Insert(30, "?")；
        str = str.Insert(36, "。")；
        Console.WriteLine("添加标点符号后:{0}", str)；
```

```
    Console.ReadLine();
}
```

运行结果如图 5.6 所示。

```
原字符串为：清明时节雨纷纷 路上行人欲断魂 借问酒家何处有 牧童遥指杏花村
添加标点符号后：清明时节雨，纷纷 路上行人，欲断魂。 借问酒家，何处有 牧童?遥指杏花
村。
```

图 5.6　重新断句后的古诗

③如图 5.6 所示，可以看到添加字符后的诗句里有很多多余的空格。通过 Remove 来删除这些字符，变成一首工整的诗句，运行结果如图 5.5 所示。修改代码如下：

```
static void Main(string[] args)
    {
        string str = "清明时节雨纷纷 路上行人欲断魂 借问酒家何处有 牧童遥指杏花村";
        Console.WriteLine("原字符串为:{0}",str);
        //添加字符
        str = str.Insert(5,",");
        str = str.Insert(13, ",");
        str = str.Insert(17, "。");
        str = str.Insert(23, ",");
        str = str.Insert(30, "?");
        str = str.Insert(36, "。");
        Console.WriteLine("添加标点符号后:{0}", str);
        //删除字符
        str = str.Remove(8,1) ;
        str = str.Remove(17,1);
        str = str.Remove(25, 1);
        Console.WriteLine("删除空格符号后:{0}", str);
        Console.ReadLine();
```

【任务小结】

①在给字符串添加字符时要注意，添加 1 个字符后，字符串的长度会增加 1。

②在给字符串删除 1 个字符后，字符串的长度会减少 1。

【效果评价】

评价表

项目名称	有趣的中国古诗	学生姓名	
任务名称	任务 5.5　古诗的有趣断句	分数	
评价标准		分值	考核得分
使用 Insert 语句插入符号正确		40	
使用 Remove 语句删除符号正确		40	
输出语句		20	
总体得分			
教师简要评语： 教师签名：			

任务 5.6　错乱古诗的拼接

【任务描述】

一个字符串 string 类对象被赋值后，其内容的更改就显得不太灵活。StringBuilder 类是可变字符串类，表示值为可变字符序列的对象。创建 1 个 StringBuilder 对象，使用 StringBuilder 类的 Append、AppendFormat、Insert、Remove 和 Replace 方法，组织并输出古诗《清明》，运行结果如图 5.7 所示。

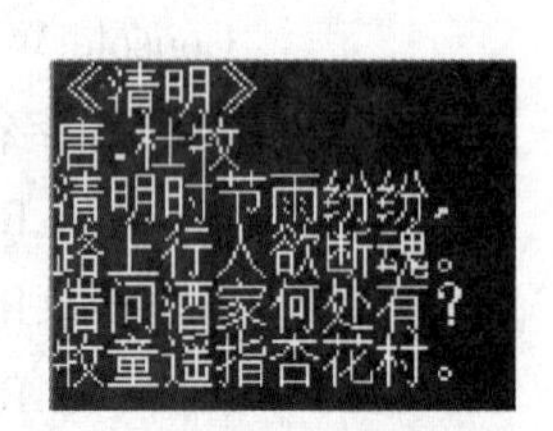

图 5.7　使用 StringBuilder 类构建学生信息

【任务准备】

5.6.1　StringBuilder 类的定义

StringBuilder 类有 6 种不同的构造方法，这里只介绍最常用的一种。语法：

public StringBuilder(string value, int cap)

表 5.11　ringBuilder 构造方法参数及说明

编号	参　数	说　明
1	string value	StringBuilder 对象引用的字符串
2	int cap	StringBuilder 对象的初始大小

5.6.2　StringBuilder 类的使用

要使用 StringBuilder 类,必须引用 Syatem.Text 命名空间。下面列出 StringBuilder 类几个操作字符串的常见方法,见表 5.12。

表 5.12　StringBuilder 操作字符串的常见方法

编号	方　法	说　明
1	Append	将文本或字符串追加到指定对象的末尾
2	AppendFormat	自定义变量的格式,并追加到指定对象的末尾
3	Insert	将字符串或对象添加到 StringBuilder 对象的指定位置
4	Remove	从 StringBuilder 对象中移除指定个数的字符
5	Replace	用另一个指定字符替换 StringBuilder 对象内的字符

【任务分析】

初始信息录入后,有时由于情况的变更经常会要求对信息进行修改。StringBuilder 提供一些很好的方法,可对大量字符串进行拼接,大大提高了程序效率。

【任务实施】

①创建 1 个名为 PoemStringBuilder 的控制台应用程序。

②打开"Program.cs"代码文件,输入以下代码:

```
static void Main(string[] args)
        {
            StringBuilder Strb = new StringBuilder("《清明》\n");//实例化 StringBuilder
对象
             Strb.Append("唐.杜甫\n");//追加作者
             Strb.Append("借问酒家何处有? \n 牧童遥指杏花村。\n");//追加诗词
后两句
        Strb.Insert(9, "\n 清明时节雨纷纷,\n 路上行人欲断魂。");//在位置 9 插入
诗词前两句
             Strb.Replace("杜甫", "杜牧");//将作者名字替换成"杜牧"
```

```
        Console.WriteLine(Strb);
        Console.ReadLine();
    }
```

【任务小结】

①要注意 StringBuilder 类各方法的参数及使用方式。

②由于 String 类型中存放的是只读的 Char 数组,因此,在使用"+"对字符串进行拼接时,系统会在内存中重新分配内存来存放拼接后的字符串,在时间和空间上会造成很大的浪费。

【效果评价】

评价表

项目名称	有趣的中国古诗	学生姓名	
任务名称	任务 5.6　错乱古诗的拼接	分数	
评价标准		分值	考核得分
StringBuilder 对象定义和赋值		10	
Append 追加诗句		30	
Insert 插入诗句		30	
Replace 替换诗句		30	
总体得分			
教师简要评语: 教师签名:			

任务 5.7　变化多样的字符串

【任务描述】

生活中的字符串有多种多样的形式,例如"＄2.000""1.20E+001""10"都是一个字符串,但是它们又各自有自己的意义。比如:"＄2.000"表示的是货币,"1.20E+001"表示的是科学计数法,"10"表示字符串 10,同时有时候它也是数值 10。本任务就来认识字符串表现形式的多样化。

【任务准备】

5.7.1 格式化字符串

通过前面的学习大家已经知道,为了显示给定变量的值,往往要用到 ToString()方法,但如果用户要用不同的格式来显示变量的值,这时就要将字符串进行格式化,然后再显示。

Format(string format,object orgs);

可以将任何数值、日期时间、枚举等类型的数据表示为字符串,并将该字符串按照规定的格式显示出来。

Format 指定要使用的格式字符串,其格式为“{占位符:格式说明符宽度}”。.NETFramework 中规定的格式说明符见表 5.13。

表 5.13 格式化字符串格式说明

字符	说 明	示 例	输 出
C	货币	string.Format("{0:C3}", 2)	$ 2.000
D	十进制	string.Format("{0:D3}", 2)	002
E	科学计数法	string.Format("{0:E2}"	1.20E+001
G	常规	string.Format("{0:G}", 2)	2
N	用分号隔开的数字	string.Format("{0:N}", 250000)	250,000.00
X	十六进制	string.Format("{0:X000}", 12)	C

5.7.2 字符串与其他数据类型的转换

(1)字符串与数字类型的转换

1)使用 Convert 将字符串转换成数字

Convert.To 数据类型(字符串)

该方法将数字字符串转换为指定的数字类型,但字符串一定是数字字符串。

2)使用 Parse 将字符串转换成数字

数字类型.Parse(字符串)

该方法用于将数字字符串转换为指定的数字类型,但字符串一定是数字字符串。

3)使用 TryParse 将字符串转换成数字

数字类型.TryParse(字符串)

这个方法用于将数字字符串转换为数字,并返回一个布尔值,以表明转换是否成功,从而可以免去添加异常处理代码的麻烦。

(2)字符串与时间类型的转换

1)使用 Parse 将字符串转换成日期时间类型

DateTime.Parse(字符串)

该方法将日期时间字符串转换成日期时间类型,要求字符串必须是正确的格式,能够转换成日期时间类型的字符串。

2)使用 Convert 将字符串转换成日期时间类型

Convert.ToDateTime(字符串)

同样要求字符串必须是合法的能够转换成日期时间类型的字符串。

【任务分析】

在实际操作中,应根据情况合理选择字符串的转换形式。

【任务实施】

①建立 1 个控制台应用程序。

②打开"Program.cs"代码文件,将数字字符串 10 转换成整型数字 10,输入以下代码:

```
static void Main(string[ ] args)
   {
        int ip = Convert.ToInt32 ("10");
        Console.WriteLine(ip);
        Console.ReadLine ();
   }
```

③将字符串 10 转换成短整型:

```
static void Main(string[ ] args)
{
     short shresult;
     bool blOk = Int16.TryParse("10", out shresult);
     if (blOk)
     {
          Console.WriteLine (shresult);
     }
     else
     {
          Console.WriteLine ("转换失败,请检查字符串!");
     }
     Console.Read();
}
```

④将日期时间字符串转换成日期时间类型:

```
static void Main(string[] args)
{
    DateTime dtToday = DateTime.Parse("2010-5-1 10:21:30" );
    Console.WriteLine (dtToday );
    Console.ReadLine ( );
}
```

这段代码将字符串“2010-5-1 10:21:30”转换成日期时间类型,赋值给变量 dtToday。运行程序时,显示结果如图 5.8 所示。

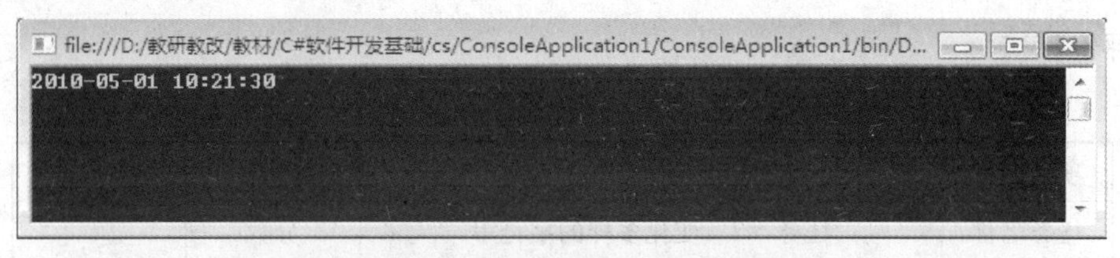

图 5.8 将相应格式的字符串转换成日期时间类型

⑤使用 Convert 将字符串转换成日期时间类型:

```
static void Main(string[] args)
{
    DateTime dtToday = Convert.ToDateTime ("2010-5-10 10:21:30" );
    Console.Write(dtToday );
    Console.Read( );
}
```

【任务小结】

①如果待转换的字符串不是数字字符串,则无法进行数据类型的转换,如:

```
static void Main(string[] args)
{
    short shp = Int16.Parse("abc");
    Console.Write(shp);
    Console.Read( );
}
```

运行程序时,将显示下列错误信息:

Input string was not in a correct format.

其含义是:输入的字符串格式不正确。

②如果将字符串“2010-5-1 10:21:30”修改成“2010-5-100 10:21:30”,如下面的代码所示:

```
static void Main(string[] args)
```

```
{
    DateTime dtToday = DateTime.Parse("2010-5-100 10:21:30");
    Console.Write(dtToday);
    Console.Read();
}
```

这段代码希望得到2010年5月100日这样的日期,所以这个字符串是没法转换成一个日期时间类型的,所以在运行程序时出现下面的错误信息:

String was not recognized as a valid DateTime.

其含义是:字符串不是一个合法的日期时间字符串。

【效果评价】

评价表

项目名称	有趣的中国古诗	学生姓名	
任务名称	任务5.7　变化多样的字符串	分数	
评价标准		分值	考核得分
数字字符串转换成数字		50	
日期时间字符串转换成日期时间		50	
总体得分			
教师简要评语: 教师签名:			

专项技能测试

选择题

1.不可用作转义字符前缀的是(　　)。

A.十六进制　　B.十进制

C.Unicode字符　　D.八进制

2.分割字符串可以用(　　)。

A.string.Split　　B.string.Remove

C.string.Insert　　D.string.Format

3.对 str1 和 str2 两个字符串大小的比较,下列哪种方法是错误的?(　　)。

A.string.Compare(str1,str2)　　B.str1.CompareTo(str2)

C.Equals(str1,sr2)　　D.CompareTo(str1,str2)

4.下列程序的运行结果为(　　)。

```
string[] arr={"中国","重庆","工商职业学院"};
string str = string.Join(",",arr);
Console.WriteLine (str);
```

A.中国　　B.中国重庆工商职业学院

C.工商职业学院　　D.重庆工商职业学院

5.下列程序的运行结果为(　　)。

```
StringBuilder strResult = new StringBuilder();
strResult.Append("This is ");
strResult.Append(1);
strResult.Append(" book ");
strResult.Append('!');
Console.WriteLine(strResult);
```

A.This is　　B.book　　C.This is 1 book　　D.报错

拓展实训

实训 5.1　字符串压缩

<实训描述>

编写一控制台程序,将输入的任意字符串按如下规则进行压缩:

如果该字符串中有连续多个相同的字符,就把它们写作“字符+出现次数”的形式。例如:aaagbbbbaac 压缩成 a3gb4aac。项目运行效果如图 5.9 所示。

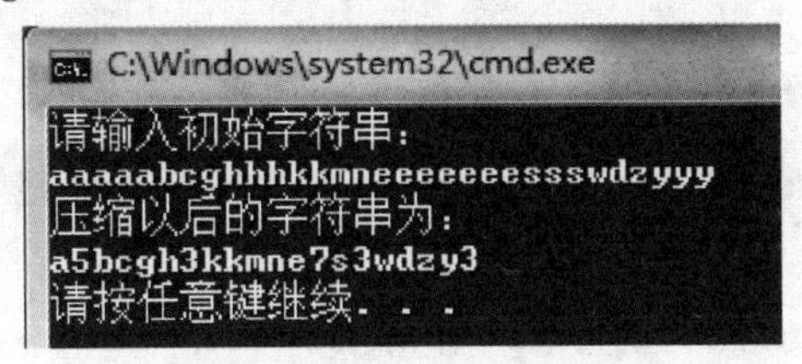

图 5.9　项目运行效果

<实训要求>

字符单个或连续相邻出现 2 次的不作改变,只有连续相邻出现 2 次以上才进行压缩。

<实训点拨>

此程序需要使用 String 类的 Chars 属性。该属性用于获取字符串中位于指定位置的字符,其语法为:

```
public char this [ int index ] { get; }
```

其中,参数 index 表示想要获取的字符在字符串中的位置序号(索引),该位置序号从 0 开始到字符串长度减一(字符串 Length 属性值-1)。

实训 5.2　笨小猴

<实训描述>

笨小猴的词汇量很小,所以它常常不清楚自己所写的英语单词是否正确。为此它找到了一种方法,经试验证明,用这种方法去判断,正确的几率非常大!

这种方法的具体描述如下:假设 maxn 是单词中出现次数最多的字母的出现次数,minn 是单词中出现次数最少的字母的出现次数,如果 maxn-minn 是一个质数,那么就认为这个单词是正确的,输出“It's right.”,否则输出“I don't know!”。

例如:单词 error 中出现最多的字母 r 出现了 3 次,出现次数最少的字母出现了 1 次,3-1=2,2 是质数,因此输出“It's right.”。单词 olympic 中出现最多的字母出现了 1 次,出现次数最少的字母出现了 1 次,1-1=0,0 不是质数,因此输出“I don't know!”。

根据上述描述,编写一控制台程序,实现上述功能。项目运行效果如图 5.10 所示。

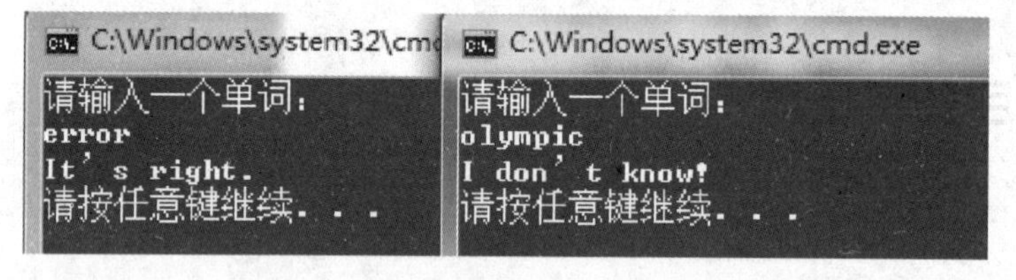

图 5.10

<实训要求>

单词中只能出现小写字母。

<实训点拨>

①质数又称素数,指在一个大于 1 的自然数中,除了 1 和此整数自身外不能被其他自然数整除的数。

②设置一个 bool 变量。该变量为 true 时,表示 maxn - minn 的差不能被除 1 和其自身以外的自然数整除;该变量为 false 时,表示 maxn - minn 的差可以被除 1 和其自身以外的自然数整除。

实训5.3　字符屏蔽

<实训描述>

模拟聊天对话框,将发言中的脏话用相等数目的星号“＊”屏蔽掉,项目效果如图5.11所示。

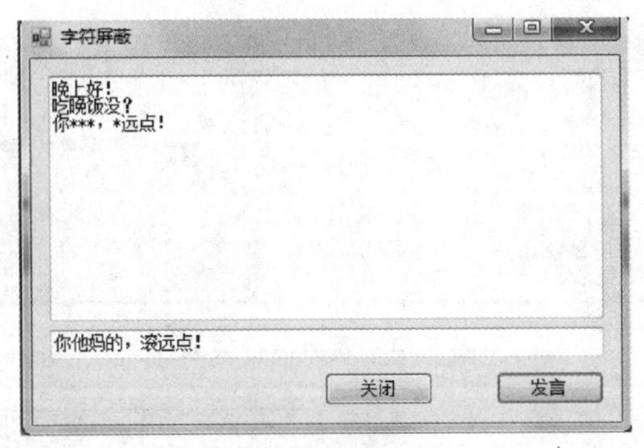

图5.11　项目运行效果

<实训要求>

提供界面让用户输入聊天信息,显示屏蔽结果。

<实训点拨>

①定义字符串数组来存放应被屏蔽的关键词。

②使用String类的Replace方法来进行字符串替换。

实训5.4　使用异常处理输入错误

<实训描述>

编写一窗体应用程序。当用户输入了姓名和Email,单击“录入”按钮后,程序判断输入的Email格式是否正确,若错误,给出相应的提示信息。项目运行效果如图5.12至图5.17所示。

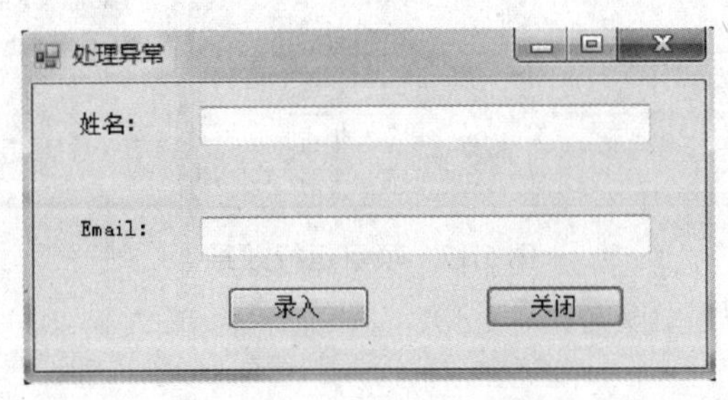

图5.12　项目运行效果

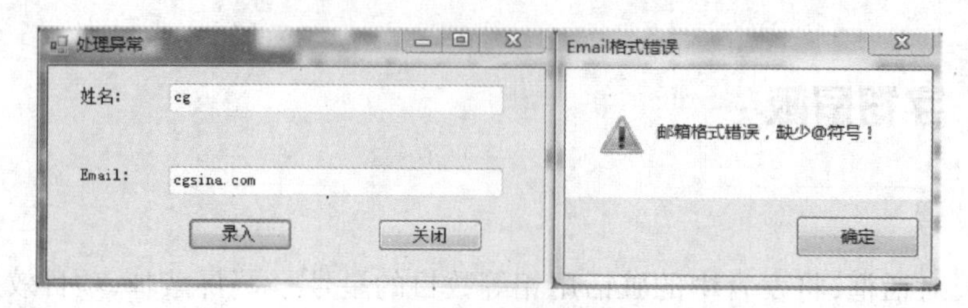

图 5.13　项目运行效果

图 5.14　项目运行效果

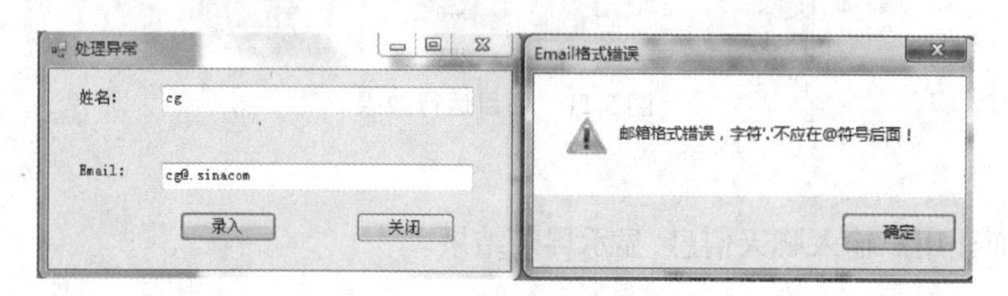

图 5.15　项目运行效果

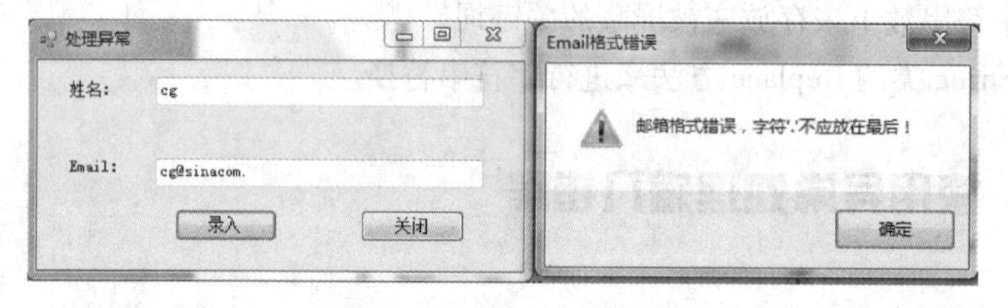

图 5.16　项目运行效果

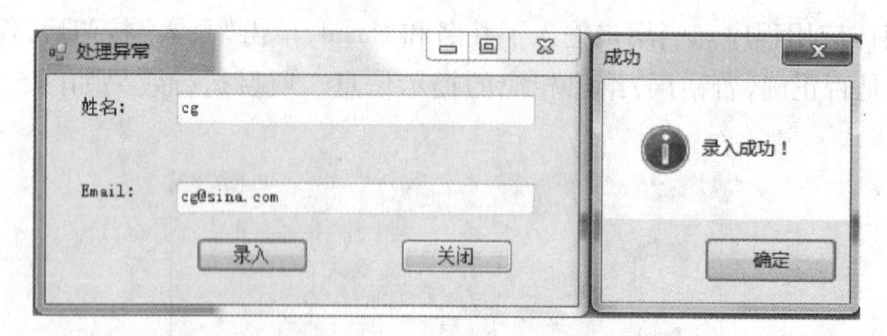

图 5.17　项目运行效果

<实训要求>

①"录入"按钮应具有如下功能：

a.判断姓名和 Email 后面的 2 个文本框内容是否为空，若为空，给出相应的提示信息。

b.判断输入的 Email 格式是否正确,若错误,给出相应的提示信息。

②“关闭”按钮的功能:单击该按钮,关闭当前窗体。

<实训点拨>

①使用 String 的 Split 方法对 Email 字符串进行分割。

②使用异常处理 Email 输入格式的错误:用 throw 语句抛出异常,用 try…catch 语句处理异常。

③相关的提示信息用 MessageBox 显示。

项目 6

学生成绩单

●项目描述

在期末考试后,需要对每个学生的多门成绩进行录入,然后计算出总分和平均分,最后根据学生的平均分来判定奖学金的等级,班级期末成绩表大致如表 6.1 的样式。

表 6.1 学生期末成绩表

姓名	学号	英语	C#	数学	数据结构	总分	平均分	奖学金等级
张三	001	85.5	90	72.5	83.5	331.5	82.875	二等
李四	002	78	69.5	86.5	77	311	77.75	三等
王五	003	89.5	95	87	90	361.5	90.375	一等

奖学金判定规则:

- 90 分及其以上:一等奖学金;
- 80~90 分:二等奖学金;
- 70~80 分:三等奖学金。

本项目将介绍一维数组和二维数组的定义及使用,以及对数组的各种操作,最终完成学生期末成绩表的输出。

●学习目标

1.知道数组的基本概念。

2.知道一维数组和二维数组的定义及使用。

3.知道动态数组的声明及使用。

4.知道数组的各种操作。

5.知道 ArrayList 集合类的使用及各种操作。

●能力目标

1.学会使用一维数组和二维数组来表示数据集合。

2.学会数组的各类操作。

3.学会动态数组的声明及使用。

4.学会 ArrayList 集合类的使用及各种操作。

任务 6.1 打印学生成绩单

【任务描述】

编制一个 C#控制台应用程序：从键盘依次输入学生的 4 门课成绩，计算出学生的总分和平均分，并根据规则判断该学生所得奖学金等级，项目运行效果如图 6.1 所示。

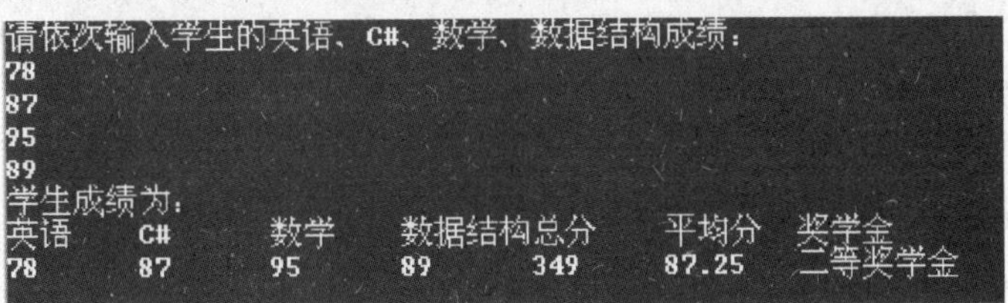

图 6.1 学生成绩单

【知识准备】

6.1.1 一维数组的声明和使用

(1)一维数组的声明

变量在使用前必须声明。一维数组也是一种变量，所以在使用一维数组之前也必须先声明。声明一维数组的格式为：

数组类型[ ] 数组名；

例如：

float[ ] scores;//定义 float 型的一维数组用于存放 1 个学生的各门课成绩、总分和平均分

int[ ] nums;

string[ ] names;//定义 string 型的一维数组用于存放所有学生的姓名

(2)一维数组的初始化

数组在声明之后必须为数组分配内存空间，即必须对数组进行初始化。在 C#中有下面三种方法对数组进行实始化：

①声明数组的同时给出一组用“,”分隔开的元素列表，并用 { } 括起来，如张三的成绩一维数组定义为：

float[ ] scores = { 85.5,90,72.5,83,0,0 };

该代码定义了一个 float 类型的一维数组，数组名为 scores，里面存放了 6 个实型数，依次为 85.5,90,72.5,83,0,0。因为总分和平均分还未计算，所以暂时赋值为 0。

数组的这种初始化方式必须与声明数组同时进行，如上面的代码不能分开，写成下面的两句话就会报错：

float[ ] scores

scores = { 85.5,90,72.5,83,0,0 };

②使用 new 关键字显示初始化数组，只确定数组的长度，即数组元素的个数，格式为：

数组名=new 数组类型[数组长度]；

如：

float [ ] scores = new float [6];

或者

float [ ] scores;

scores = new float [6];

③使用 new 关键字显示初始化数组，不仅确定了数组的长度，而且为所有的数组元素赋了初始值，如：

float [ ] scores = new float [6] { 85.5,90,72.5,83,0,0 };

或者

float [ ] scores;

scores = new float [6] { 85.5,90,72.5,83,0,0 };

注意数组的这种初始化方式要求给出的数组长度值必须与[ ]内的初始值个数一致，如上面的 scores 确定了其长度为 6，则后面的花括号内就必须给出 6 个实型数值，否则将会报错。

⚠特别提示

数组定义后如果没有进行初始化就直接使用，系统将不会为数组元素分配内存空间，而没有分配内存空间的数组是不能存取数据、不能进行使用的。例如：

```
float[ ] scores;
int len= scores.Length;
```

编译器将提示下面的错误信息：

Use of unassigned local variable ' scores '

意思是：使用了没有分配内存空间的局部变量 scores。

(3)一维数组的元素的引用，输入及输出

数组初始化后就可以通过下标访问其中的所有元素了，其使用格式为：

数组名[下标]

“下标”就是数组中元素的顺序号，从0开始，到数组的长度减1为止(数组的长度就是数组中元素的个数)。下标为0时，表示数组的第一个元素，数组的最后一个元素的下标为数组的长度减1。

通常使用 for 语句或 foreach 语句通过一维数组的下标访问数组元素，下面就通过 for 语句对数组元素进行输入，通过 foreach 对数组元素进行输出。

6.1.2 数组的常见属性及方法

C#自带了数组的一些属性和方法。在程序设计中，如果知道数组的这些属性和方法，往往可以简化程序的设计，提高开发效率。

(1)数组的常见属性

Length 属性表示数组所有维数中元素的总数，即数组的长度。

例如：

```
float[ ] scores = new float[6];
```

则 scores.Length 的值为6，表示数组 scores 的长度为6，可以存放6个元素。

Rank 属性表示数组的维数。

例如：

```
float[ ] scores = new float[6];
```

则 scores.Rank 的值为1，表示数组 scores 的维数为1，scores 是一维数组

例如：

string[,] names = new strng[3,5];

则 names.Rank 的值为 2,表示数组 names 的维数为 2,names 是二维数组

(2)数组的常见方法

①Sort 方法:对一维数组排序。它是 Array 类的静态方法,使用格式为:

Array.Sort(数组名);

例 6.1　将常见的中国百家姓升序排列后输出。

```
static void Main(string[ ] args)
{
    string [ ] nameFirst={"li","zhou","zhang","wang","xia","liu"};
    Array.Sort(nameFirst);
    foreach (string n in nameFirst)
    {
        Console.WriteLine(n);
    }
    Console.ReadLine();
}
```

思考:去掉语句"Array.Sort(nameFirst);"后,数组中的元素顺序如何? 程序输出什么样的结果?

②Reverse 方法:反转一维数组,即第一个元素变为最后一个元素,最后一个元素变为第一个元素。它是 Array 类的静态方法,使用格式为:

Array.Reverse(数组名);

例 6.2　数组存放顺序。

```
static void Main(string[ ] args)
{
    int [ ] num={10,20,30,40,50,60,70,80,90,100};
    Array.Reverse(num);
    foreach (int n in num)
    {
        Console.WriteLine(n);
    }
    Console.ReadLine();
}
```

思考:有了语句"Array.Reverse(num);"后,数组的元素存放顺序是怎样的? 如果删除该句,程序输出什么样的结果?

③GetLowerBound 与 GetUpperBound 方法:获取数组指定维度的下限与上限。使用格

式为:

数组名. GetLowerBound(维度)

数组名. GetUpperBound(维度)

例 6.3 获取数组指定维度的下限与上限。

```
static void Main(string[] args)
{
    int[] num = { 10, 20, 30, 40, 50, 60, 70, 80, 90, 100 };
    int lowerBound = num.GetLowerBound(0);
    int upperBound = num.GetUpperBound(0);
    Console.WriteLine("数组 num 的下界为:" + lowerBound + "\n 上界为:" + upper-
Bound);
    Console.ReadLine();
}
```

④IndexOf 方法:在数组中根据元素值获取该元素的第一个索引号,如果数组中不存在该元素值,则返回-1。它是 Array 类的静态方法,使用格式为:

Array.IndexOf(数组名,元素值)

例 6.4 获取指定元素值的第一个元素的索引号。

```
static void Main(string[] args)
{
    int[] num = { 10, 20, 30, 40, 50, 30, 70, 80, 90, 100 };
    int indexNo = Array.IndexOf(num, 30);
    Console.WriteLine("数组 num 中最后一个值为 30 的元素的索引号为:" + index-
No);
    Console.ReadLine();
}
```

这段代码中,一维数组 num 中有两个值为 30 的元素,但程序运行后输出第一个 30 的索引号,即 2,而不是 5。

⑤LastIndexOf 方法:在数组中根据元素值获取该元素的最后一个索引号,如果数组中不存在该元素值,则返回-1。它是 Array 类的静态方法,使用格式为:

Array.LastIndexOf(数组名,元素值)

例 6.5 获取指定元素值的最后一个元素的索引号。

```
static void Main(string[] args)
{
    int[] num = { 10, 20, 30, 40, 50, 30, 70, 80, 30, 100 };
    int indexNo = Array.LastIndexOf(num, 30);
    Console.WriteLine("数组 num 中最后一个值为 30 的元素的索引号为:" + index-
```

```
No);
        Console.ReadLine();
    }
```

这段代码中,一维数组 num 中有 3 个值为 30 的元素,但程序运行后输出最后一个 30 的索引号,即 8,而不是 2 或 5。

⚠特别提示

数组的这些属性和方法对多维数组也同样适用,所以后面将不再单独讲述二维数组的属性和方法。

【任务分析】

分析输出学生成绩需要以下变量,如表 6.2 所示。

表 6.2 变量声明说明表

序号	变量名称	变量类型	变量作用
1	scores	float	一维数组,用于存放各门课成绩、总分和平均分
2	i	int	循环变量,同时代表数组索引
3	score	float	foreach 循环变量

对学生的四门课成绩利用 for 循环通过数组索引(索引号 0~3)进行输入,索引为 4 的数组元素用于存放总分,索引为 5 的数组元素用于存放平均分,步骤如下:

①输入四门课成绩;

②计算总分和平均分;

③输出成绩;

④判断并输出奖学金等级。

【任务实施】

①启动 Visual Studio 2010,建立名为"stuscore"的控制台应用程序。

②在 Program.cs 文件中输入相关代码。

首先是变量的定义:

```
float[] scores = new float[6];
```

一维数组部分元素的初始化。因为 scores[4]和 scores[5]元素存放的是学生的总分和平均分,所以需要对其进行初始化,便于计算:

```
scores[4] = scores[5] = 0;
```

a.输入四门课成绩。

```
Console.WriteLine("请依次输入学生的英语、C#、数学、数据结构成绩:");
```

```
for (int i = 0; i < 4; i++)
{
    scores [i] = Convert.ToSingle(Console.ReadLine());//强制转换为 float 型
}
```

b.计算总分和平均分。

计算总分的过程可以在输入成绩的时候同时进行,在上面的循环体最后加入1句代码:

```
scores[4] += scores[i];
```

计算平均分必须在总分计算完成之后,所以在循环体外后面加入代码:

```
scores[5] = scores[4]/4;
```

c.利用 foreach 语句输出成绩:

```
foreach (float score in scores)
    {
        Console.Write(score+" \t");
    }
```

也可以同样利用 for 语句输出数组元素:

```
for(i=0;i<scores.Length;i++)
    {
        Console.Write(scores[i]+" \t");
    }
```

d.判断并输出等级:

```
if (scores[5] >= 90)
        {
            Console.WriteLine("一等奖学金");
        }
        else if (scores[5] >= 80&&scores [5]<=90)
        {
            Console.WriteLine("二等奖学金");
        }
        else if (scores[5] >= 70 && scores[5] <= 80)
        {
            Console.WriteLine("三等奖学金");
        }
        else
        {
            Console.WriteLine("无奖学金");
        }
```

③运行程序。

【任务小结】

①对使用 Console.ReadLine()输入的字符串要经过强制类型转换才能赋值给数组元素：scores [i] = Convert.ToSingle(Console.ReadLine())

②通常通过 for 和 foreach 语句来对数组元素进行输入和输出,使用时要注意两种方式的区别。

③数组的 Length 属性表示取数组的长度。

【效果评价】

评价表

项目名称	学生成绩单	学生姓名	
任务名称	任务 6.1　打印学生成绩单	分数	
评价标准		分值	考核得分
数组的定义和初始化		20	
数组元素的输入赋值		20	
计算总分		20	
计算平均分		10	
判断并输出等级		30	
总体得分			
教师简要评语： 教师签名：			

任务 6.2　打印多名学生的成绩单

【任务描述】

编制一个 C#控制台应用程序:从键盘依次输入 3 名学生的姓名和学号,然后输入学生的 4 门课成绩,计算出每名学生的总分和平均分,并根据规则判断该学生所得奖学金等级,最后输出整个成绩表。项目运行效果如图 6.2 所示。

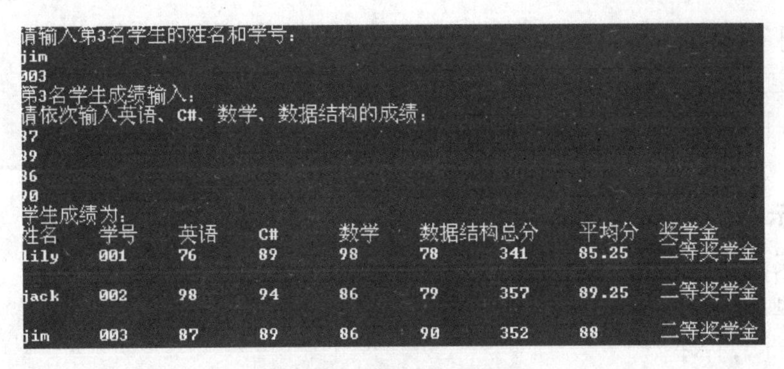

图 6.2　完整学生成绩单

【知识准备】

二维数组的声明和使用

(1)什么是二维数组

C#中的数组除了一维数组外,还有二维数组、三维数组等多维数组,其中以二维数组最为常见。

表 6.1 中成绩部分就是一个二维数组结构,我们把它简化为表 6.3:

表 6.3　简化学生成绩表

英　语	C#	数　学	数据结构	总　分	平均分
85.5	90	72.5	83.5	331.5	82.875
78	69.5	86.5	77	311	77.75
89.5	95	87	90	361.5	90.375

它可以用一个二维数组来表示,有 3 行 6 列,一共有 18 个元素。

二维数组可以看成是一个特殊的一维数组,该一维数组的每个元素是一个一维数组。如上面的成绩表可以看成是长度为 3 的一维数组:第一个元素是 1 个一维数组(85.5,90,72.5,83.5,331.5,82.875),第二个元素是 1 个一维数组(78,69.9,86.5,77,311,77.75),第三个元素是 1 个一维数组(89.5,95,87,90,361.5,90,375)。

(2)二维数组的定义

同一维数组一样,在使用二维数组前必须定义,格式为:

数组类型[,] 数组名;

其中,“数组类型”为该数组中元素的数据类型。

如果要定义一个二维数组来装下表 6.3 中 3 个学生的成绩,可以作如下定义:

flaot [,] scores;

如果要定义一个字符串类型的二维数组,可以作如下定义:

string [,] str;

特别提示

如果要定义三维数组,则格式为:

数组类型[, ,] 数组名;

例如:int [, ,] x;

(3)二维数组的初始化

跟一维数组相同,二维数组在声明之后必须为其分配内存空间,即必须对二维数组进行初始化。在 C#中有三种方法对二维数组进行初始化。

①声明二维数组的同时进行初始化,即将二维数组所有元素用一个"{}"括起来,该花括号里面是用逗号","隔开的多个"{}",有多少行就有几个花括号,每个花括号内又是一组用","分隔开的元素列表,将每行的元素全部写进去。

例如,上面行列式的初始化:

```
float[ , ] scores = {
                        {85.5,90,72.5,83.5,331.5,82.875},
                        {78,69.9,86.5,77,311,77.75},
                        {89.5,95,87,90,361.5,90,375}
                    };
```

该代码定义了一个 float 类型的 3 行 6 列的二维数组,数组名为 scores。

例如,表 6.4 是某学校课程授课信息。

表 6.4　授课信息

课程名称	授课教师	授课班级
C 语言程序设计	刘小华	13 软件 1 班
C+程序设计	张小友	12 软件 2 班
C#程序设计	郭小城	11 软件 3 班

为存放这些数据,可以这样声明一个 3 行 3 列的 sting 型二维数组:

```
string[ , ] teach ={
                        {"《C 语言程序设计》","刘小华","13 软件 1 班"},
                        {"《C+程序设计》","张小友","12 软件 2 班"},
                        {"《C#程序设计》","郭小城","11 软件 3 班"}
                    };
```

数组的这种初始化方式必须与声明数组同时进行,不能分开。下面的初始化方式是错误的:

```
string[,]teach;
teach ={
                {"《C 语言程序设计》","刘小华","13 软件 1 班"},
                {"《C+程序设计》","张小友","12 软件 2 班"},
                {"《C#程序设计》","郭小城","11 软件 3 班"}
        };
```

②使用 new 关键字显示初始化数组,只确定数组的长度,即数组元素的个数,格式为:

数组名=new 数组类型[第一维长度,第二维长度];

如:

```
int[,] datas = new int[3,5];
```

或者

```
int[,] datas;
datas = new int[3, 5];
```

该代码定义了一个 int 类型的 3 行 5 列的二维数组 datas,第一维的长度为 3,第二维的长度为 5,所以将为该数组分配 3×5=15 个 int 数据所能存放的内存空间,即 datas 中可以存放 15 个 int 类型的数据,其总长度为 15。

③使用 new 关键字显示初始化数组,不仅可确定数组的长度,而且为所有的数组元素赋了初始值,如:

```
int[,] datas = new int[3, 5]{
                                {1,2,3,4,5},
                                {2,3,4,5,6},
                                {3,4,5,6,7}
                            };
```

或者

```
int[,] datas;
datas = new int[3, 5]{
                        {1,2,3,4,5},
                        {2,3,4,5,6},
                        {3,4,5,6,7}
                    };
```

注意数组的这种初始化方式要求给出的数组长度值必须与{}内的初始值个数一致,如上面的 datas 确定了其第一维的长度为 3,第二维的长度为 5,总长度为 15,则后面的花括号内就必须给出 15 个整数值,否则将会报错。

④二维数组元素的引用、输入及输出

二维数组初始化后就可以通过下标访问其中的所有元素了。跟一维数组不同,一维数组的下标只有一个整数,而二维数组的下标为两个整数,其使用格式为:

数组名[行下标,列下标]

"行下标"就是二维数组中元素所在的行序号,从0开始,到数组的第一维的长度减1为止,即总行数减1为止。当行下标为0时表示二维数组的第一行,二维数组的最后一行的下标为数组的第一维长度减1,即总行数减1。

"列下标"就是二维数组中元素所在的列序号,从0开始,到数组的第二维的长度减1为止,即总列数减1为止。当列下标为0时表示二维数组的第一列,二维数组的最后一列的下标为数组的第二维长度减1,即总列数减1。

【任务分析】

分析本任务需要以下变量,见表6.5。

表6.5 变量声明说明表

序号	变量名称	变量类型	变量作用
1	scores	float	二维数组,用于存放3个学生4门课成绩、总分和平均分
2	names	string	一维数组,用于存放3个学生的姓名
3	no2	string	一维数组,用于存放3个学生的学号
4	i	int	循环变量,同时代表二维数组行索引
5	i	int	循环变量,同时代表二维数组列索引

利用双重for循环通过二维数组索引(行索引号0~3,列索引号0~3)进行输入,列索引为4的数组元素用于存放总分,列索引为5的数组元素用于存放平均分,步骤如下:

①分别输入3个人的姓名、学号和四门课成绩,同时计算3个人的总分和平均分。

②分别输出3个人的成绩。

③在输出成绩的同时判断并输出奖学金等级。

【任务实施】

①启动Visual Studio 2010,建立名为"newstuscore"的控制台应用程序。

②在Program.cs文件中输入相关代码。

首先是变量的定义:

```
int i,j;
string[] names = new string[3];
string[] nos = new string[3];
float[,]scores = new float[3,6];
```

二维数组中,scores[i][4]和scores[i][5]元素存放的是学生的总分和平均分,所以需

要对其进行初始化,便于计算:

```
for(i=0;i<3;i++)
        {
            scores[i,4] = scores[i,5] = 0;
        }
```

a.分别输入 3 个人的姓名、学号和四门课成绩,同时计算总分和平均分:

```
for (i = 0; i < 3; i++)
    {
  Console.WriteLine("请输入第" + (i + 1).ToString() + "名学生的姓名和学号:");
        names [i]=Console.ReadLine();
        nos[i]=Console.ReadLine();
        Console.WriteLine("第"+(i+1).ToString ()+"名学生成绩输入:");
        Console.WriteLine("请依次输入英语、C#、数学、数据结构的成绩:");
        for (j = 0; j < 4; j++)
        {
            scores[i,j] = Convert.ToSingle(Console.ReadLine());
            scores[i,4] += scores[i,j];
        }
    scores[i,5] = scores[i,4] / 4;
    }
```

b.利用双重 for 语句输出完整成绩表:

```
Console.WriteLine("学生成绩为:");
Console.WriteLine("姓名\t 学号\t 英语\tC#\t 数学\t 数据结构总分\t 平均分\t 奖学
金");
        for (i = 0; i < 3;i++ )
        {
            Console.Write(names[i].ToString() + "\t");
            Console.Write(nos[i].ToString() + "\t");
            for (j = 0; j < 6; j++)
            {
                Console.Write(scores[i,j].ToString ()+"\t");
            }


                if (scores [i,5] >= 90)
                {
                    Console.WriteLine("一等奖学金");
```

```
                }
                else if (scores [i,5] >= 80 && scores [i,5] <= 90)
                {
                    Console.WriteLine("二等奖学金");
                }
                else if (scores [i,5] >= 70 &&scores [i,5] <= 80)
                {
                    Console.WriteLine("三等奖学金");
                }
                else
                {
                    Console.WriteLine("无奖学金");
                }
            Console.WriteLine();
        }
```

③运行程序。

【任务小结】

①对二维数组元素的输入和输出,通常通过双重 for 循环来实现。

②对单纯二维数组元素的输出也可以采用 foreach 语句,但在本任务中,因为要判断奖学金等级并输出,同时对输出的格式不好控制,故采取了双重 for 语句。

下面讲解如何用 foreach 语句对二维数组元素的输出:

```
int count=0;
foreach (float score in scores)
{
    Console.Write(score.ToString() + "\t");
    count++;
    if (count % 6 == 0)
        Console.WriteLine();
}
```

代码:

```
if (count % 6 == 0)
Console.WriteLine();
```

其功能是每当输出 6 个元素时换行。采用 foreach 语句可以代替双重 for 语句。

【效果评价】

评价表

项目名称	学生成绩单	学生姓名	
任务名称	任务 6.2 打印多名学生的成绩单	分数	
评价标准		分值	考核得分
数组的定义和赋值		20	
数组元素的输入		20	
计算总分和平均分		30	
成绩表的输出		30	
总体得分			
教师简要评语： 教师签名：			

任务 6.3 学生选课

【任务描述】

创建一个窗体应用程序，程序运行效果如图 6.3 所示。

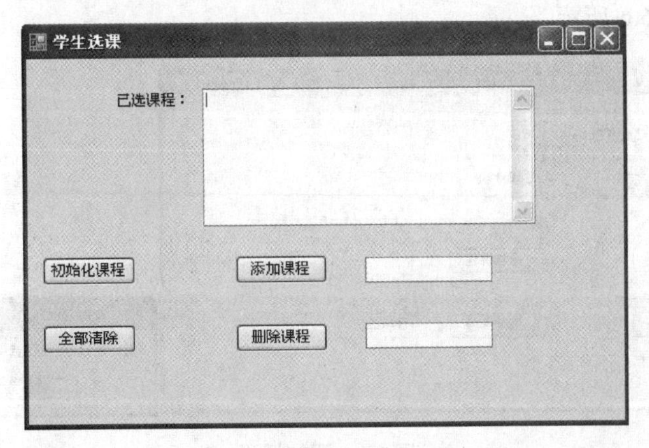

图 6.3 选课程序启动界面

①单击“初始化课程”按钮时，文本框内显示初始化课程，如图 6.4 所示。

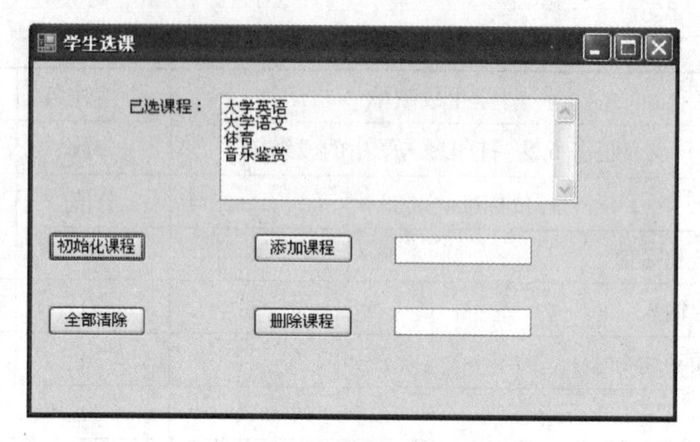

图 6.4　初始化课程

②单击“全部清除”按钮时，文本框内所有课程被清空。

③单击“添加课程”按钮，再单击对话框中的“确定”按钮，文本框内新增加其后文本框中输入的课程，如图 6.5 所示。

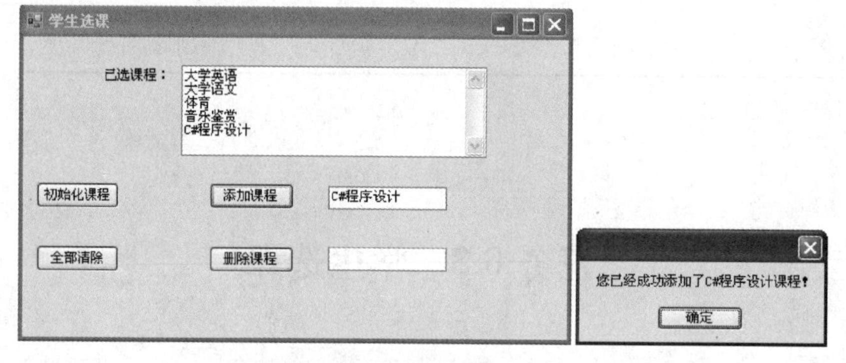

图 6.5　添加课程

④单击“删除课程”按钮，再单击对话框中的“确定”按钮，文本框内删除其后文本框中输入的课程，如图 6.6 所示。

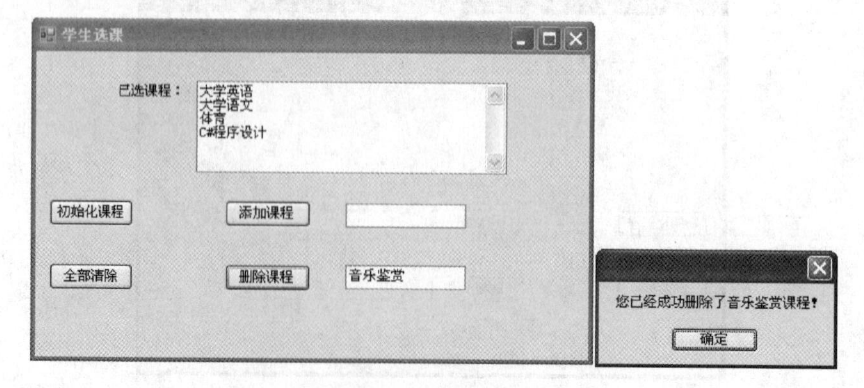

图 6.6　添加课程

【知识准备】

6.3.1 ArrayList 类

ArrayList 类位于 System.Collections 命名空间下,可以动态地添加和删除元素。ArrayList 类相当于高级的动态数组,是 Array 类的升级版本,可以将 ArrayList 类看作是扩充了功能的数组,但不等同于数组。

(1) ArrayList 类的功能

与普通数组相比,ArrayList 类具有下列功能:

①ArrayList 的容量可以根据需要自动增加,而数组的容量是固定的。

②ArrayList 提供添加、删除和插入某一范围元素的方法,而数组没有。

③ArrayList 提供将只读和固定大小包装返回到集合的方法,而数组没有。

④ArrayList 只能是一维形式,而数组可以为多维。

(2) ArrayList 的三种声明方式

①默认构造器,即以默认 16 的大小来初始化数组。语法格式如下:

ArrayList list=new ArrayList();//list 是对象名

②用一个 ICollection 对象来构造,并将该集合的元素添加到 ArrayList 中。语法格式如下:

ArrayList list=new ArrayList(arryname);//list 是对象名,arryname 为数组名

创建一个控制台应用程序,声明一个 ArrayList 对象和一个整型一维数组,将语句声明的一维数组中的元素添加到 ArrayList 对象中。

```
int[] array = new int[] { 1,2,3,4,5,6,7,8,9,10};
ArrayList list = new ArrayList(array);
```

③用指定大小初始化内部数组。语法格式如下:

ArrayList list=new ArrayList(n);//list 是对象名,n 为空间大小

使用 ArrayList 类时必须要引用 System.Collections 命名空间。

6.3.2 ArrayList 类的常用属性

ArrayList 类的常用属性及说明如表 6.6 所示,最常用的是前 3 种属性:

表 6.6 ArrayList 类的常用属性及说明

编号	属 性	说 明
1	Capacity	ArrayList 可以存储的元素个数
2	Count	ArrayList 实际包含的元素个数
3	Item	获取或设置指定索引处的元素
4	IsFixdSize	获取一个值,表明 ArrayList 是否具有固定大小
5	IsReadOnly	获取一个值,表明 ArrayList 是否为只读
6	IsSynchronized	获取一个值,表明是否同步对 ArrayList 的访问
7	SyncRoot	获取可以用于同步 ArrayList 访问的对象

6.3.3 ArrayList 类的常用方法

如果存在如下定义:

int[ ] array = new int[ ] { 1,2,3,4,5};

ArrayList list = new ArrayList(array);

①Add(Object):将参数 Object 添加到 ArrayList 的末尾处。该方法返回值为添加的 Object 的索引:

list.Add(6);

执行完上面代码后,ArrayList 元素为:1,2,3,4,5,6。

②Insert(index,value):在 ArrayList 中将 value 指定的 Object 插入到 index 指定的索引处。

list.Insert(2,100);

执行完上面代码后,ArrayList 元素为:1,2,100,3,4,5。

③Remove(value):从 ArrayList 中移除 value 指定的对象的第一个匹配项。

list.Remove(4);

执行完上面代码后,ArrayList 元素为:1,2, 3,5。

④RemoveAt(index):从 ArrayList 中移除 index 指定索引处的元素。

list.RemoveAt(0);

执行完上面代码后,ArrayList 元素为:2,3,4,5。

⑤RemoveRange(index,count):从 ArrayList 中移除从 index 指定索引处开始的 count 个元素。

list.RemoveRange(0,2);

执行完上面代码后,ArrayList 元素为: 3,4,5。

⑥Clear:从 ArrayList 中移除所有元素。

```
list.Clear( );
```

执行完上面代码后,ArrayList 里没有任何元素。

ArrayList 类的方法还有很多,这里只列常用的,有兴趣的同学可以参阅其他资料。

【任务分析】

①本任务需要以下变量,见表 6.7。

表 6.7 变量声明说明表

序号	对象名称	类	对象作用
1	list	ArrayList	ArrayList 对象

②窗体上主要控件的属性及功能见表 6.8。

表 6.8 控件属性功能说明表

对 象	属性设置	功 能
TextBox1	Name: tb_all AcceptsReturn = True AcceptsTab = True ScollBars = Both	显示所有课程
TextBox2	Name: tb_add	添加课程
TextBox3	Name: tb_del	删除课程

③打开 Form.cs 文件,定义字段:

```
ArrayList list = new ArrayList( );
```

【任务实施】

①启动 Visual Studio 2010,建立名为"Course"的窗体应用程序。

②拖动控件,制作如图 6.3 所示界面。

③单击"初始化课程"按钮,为"初始化课程"按钮添加 Click 事件处理程序。代码如下:

```
//初始化 list
list.Add("大学英语");
list.Add("大学语文");
list.Add("体育");
list.Add("音乐鉴赏");
tb_all.Text = "";
//显示 list 里的内容到文本框中
foreach (string str in list )
{
```

```
    tb_all.Text += str+"\r\n";
}
```

④单击“添加课程”按钮，为“添加课程”按钮添加 Click 事件处理程序。代码如下：

```
private void btn_add_Click(object sender, EventArgs e)
        {
            list.Add(tb_add.Text);
            MessageBox.Show("您已经成功添加了"+tb_add.Text+"课程!");
            tb_all.Text += tb_add.Text + "\r\n";
        }
```

⑤单击“删除课程”按钮，为“删除课程”按钮添加 Click 事件处理程序。代码如下：

```
private void btn_del_Click(object sender, EventArgs e)
        {
            list.Remove(tb_del.Text);
            MessageBox.Show("您已经成功删除了" + tb_del.Text + "课程!");
            tb_all.Text = "";
            foreach (string str in list)
            {
                tb_all.Text += str + "\r\n";
            }
        }
```

⑥单击“全部清除”按钮，为“全部清除”按钮添加 Click 事件处理程序。代码如下：

```
private void btn_clear_Click(object sender, EventArgs e)
        {
            list.Clear();//清空 list
            MessageBox.Show("您已经成功删除了所有课程!");
            tb_all.Text = "";
        }
```

【任务小结】

语句 tb_all.Text += str + "\r\n";的作用是使文本框里的每门课程在显示完后换行。

评价表

项目名称	学生成绩单	学生姓名	
任务名称	任务 6.3　学生选课	分数	
评价标准		分值	考核得分
窗体界面制作		20	
初始化课程		20	

续表

评价标准	分值	考核得分
添加课程	20	
删除课程	20	
全部清空课程	20	
总体得分		
教师简要评语： 教师签名：		

专项技能测试

选择题

1.以下的数组声明语句中,正确的是(　　)。

A. int a[3]　　B. int[3] a

C. int[][]a=new int[][]　　D. int[] a={1,2,3}

2.下列选项中,可以用来遍历数组或集合中所有元素的是(　　)。

A. while　　B. foreach

C. do…while　　D. if

3.下列选项中,数组的初始化不正确的是(　　)。

A. int[]a=new int[2]　　B. int[]a=new int[2]{1,2}

C. int[]a={1,3}　　D. int[]a; a={1,2}

4.(　　)是数组的逆序方法。

A. Reverse　　B. Sort

C. Split　　D. Join

5.假定一个10行20列的二维数组,以下定义语句中,(　　)是正确的。

A. int[] arr=new int[10,20]　　B. int[] arr= int new[10,20]

C. int[,] arr=new int[10,20]　　D. int[,] arr=new int[10;20]

6.假设有如下定义:

int[] array = new int[] { 1,2,3,4,5};

ArrayList list = new ArrayList(array);

(　　)项可以实现删除集合里的“3”。

A.list.Clear( )　　B.list.RemoveAt(3)

C.list.Remove(3)　　D.list.RemoveRange(0,2)

拓展实训

实训 6.1　数组排序

<实训描述>

使用 Sort 方法对一维数组进行排序,单击“生成随机数组”按钮在第一个文本框中显示 10 个 100 以内的随机数;单击“快速排序”按钮在第二个文本框中显示排序后的数组。项目效果如图 6.7 所示。

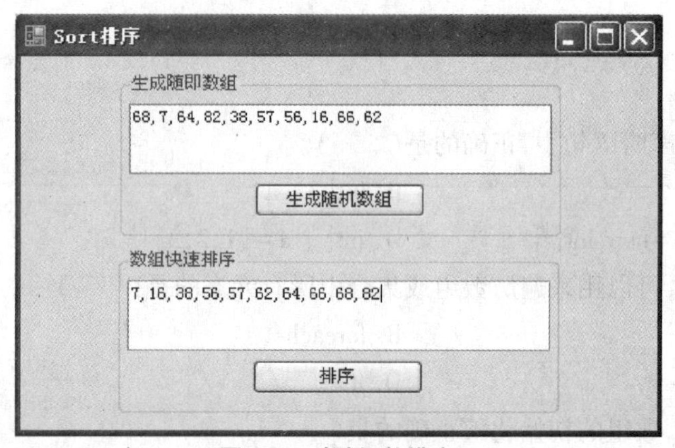

图 6.7　对随机数排序

<实训要求>

①单击“生成随机数组”按钮在文本框中显示随机数组。

②单击“快速排序”按钮在文本框中显示排序过后的随机数组。

③生成的随机数 1~100 之间不重复。

<实训点拨>

①此案例用到容器控件 GroupBox。

②生成随机数的方法:是用一个数组来保存索引号,先随机生成一个数组位置,然后把这个位置的索引号取出来,并把最后一个索引号复制到当前的数组位置,然后使随机数的上限减 1。具体如:先把这 100 个数放在一个数组内,每次随机取一个位置(第一次是 1~100,

第二次是1~99,…),将该位置的数用最后的数代替。

```
int[] index = new int[100];
int[] result = new int[10];
for (int i = 0; i < 100; i++)
    index[i] = i;
Random r = new Random();
int site = 100;//设置下限
int id;
for (int j = 0; j < 10; j++)
{
    id = r.Next(1, site - 1);
    //在随机位置取出一个数,保存到结果数组
    result[j] = index[id];
    //最后一个数复制到当前位置
    index[id] = index[site - 1];
    //位置的下限减少一
    site--;
}
```

实训 6.2　检索数组元素

<实训描述>

我们经常需要在一大堆数据里面查询某一个数据,这时通常要用到在数组中检索某个元素。本实训希望通过使用 Array 类的 FindAll 方法来实现根据指定条件来检索数组中的元素,项目效果如图 6.8 所示。

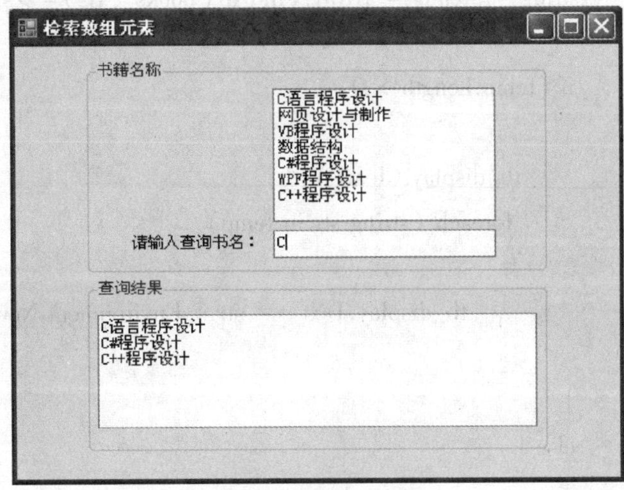

图 6.8　检索数组元素

<实训要求>

①定义一个 string 型数组来存放所有书籍名称。

②对于书籍名称的显示,本实训中使用的是 ListBox 控件,当然也可以使用其他文本控件,因为它的作用只是显示书籍而已。

③为查询书名后的 TextBox 控制添加 TextChanged 事件,当输入的查询关键字改变时,在最下面的查询结果框中显示包含关键字的书名。

<实训点拨>

①此实训考察如何在数组中检索包含关键字的元素。本实训中主要用到了 Array 类的 FindAll 方法。FindAll 方法主要用来检索与指定谓词定义的条件匹配的所有元素。

语法格式:

```
public static T[ ] FindAll<T>(T[ ] arrat,Predicate<T> match)
```

说明:array 表示要检索的一维 Array 数组;

math 表示 Predicate<T>中定义要搜索元素的条件。

返回值表示如果找到一个包含关键字的元素组合成数组,则返回该数组,否则返回空 Array 数组。

```
string[ ] temp = Array.FindAll(books ,(s)= >s.Contains(textBox1.Text));
```

②判断输入的书名是否为空:if (textBox1.Text ! = string.Empty)。

③清楚文本框的显示:tb_display.Clear();

④关键代码如下:

```
private void textBox1_TextChanged(object sender, EventArgs e)
        {
            if (textBox1.Text ! = string.Empty)
            {
                string[ ] temp = Array.FindAll(books ,(s)= >s.Contains(textBox1.
Text));
                if (temp.Length > 0)
                {
                    tb_display.Clear();
                    foreach (string str in temp)
                    {
                        tb_display.Text += str + Environment.NewLine;
                    }
                }
                else
                {
```

```
                tb_display.Clear();
                tb_display.Text="没有找到记录";
            }
        }
        else
        {
            tb_display.Clear();
        }
    }
```

实训 6.3　管理学生信息

<实训描述>

创建一个学生信息的结构体类型,然后利用 List<T>类型存储学生信息列表。同时,对 List<T>类型所存储的学生信息进行添加和删除操作。程序运行效果如图 6.9 所示。

```
原始学生信息如下:
编号      姓名    年龄    性别
2014001 Jack    20      男
2014002 Joe     21      男
2014003 Rose    19      女
2014004 Lucy    18      女
删除学生Joe的信息:
编号      姓名    年龄    性别
2014001 Jack    20      男
2014003 Rose    19      女
2014004 Lucy    18      女
添加学生Jessey的信息:
编号      姓名    年龄    性别
2014005 Jessey  21      女
2014001 Jack    20      男
2014003 Rose    19      女
2014004 Lucy    18      女
```

图 6.9　管理学生信息

<实训要求>

①定义一个名为 student 的学生信息结构体类型。

②使用泛型结合类型中的 List<T>类型存储学生信息列表。

③对 List<T>类型所存储的学生信息进行添加和删除操作。

<实训点拨>

①此实训主要用到泛型集合类型中的一种 List<T>类型。List<T>类型的声明和创建实例的语法格式如下:

List<元素类型> 类型变量 =new List<元素类型>();

②List<T>类型的 Add 方法可以添加一个元素：

List. Add(T item);

例如：stus.Add(new Student("Jack",20,"男 D",2014001));为泛型集合 stus 添加学生 Jack。

③List<T>类型的 RemoveAt 方法可以删除指定索引的元素：

List.RemoveAt(int index);

其中,index 指定了要删除元素的索引值。

例如：stus.RemoveAt(1);删除泛型集合 stus 中索引为 1 的学生信息。

④List<T>类型的 Insert 方法可以在指定位置添加元素：

Insert(int index, T item);

其中,index 指定了要添加元素的位置。

例如：stus.Insert(0, new Student("Jessey", 21, "女", 2014005));为泛型集合 stus 在索引 0 处(即是表头位置)插入学生 Jessey 的信息。

项目 7

创建学生信息表

●项目描述

面向对象编程(Object-Oriented Programming)简称 OOP 技术,是一种计算机编程架构。OOP 的一条基本原则是计算机程序由单个能够起到子程序作用的单元或对象组合而成。OOP 达到了软件工程的三个主要目标:重用性、灵活性和扩展性。为了实现整体运算,每个对象都能够接收信息、处理数据和向其他对象发送信息。

面向对象程序设计中的概念主要包括:对象、类、数据抽象、继承、动态绑定、数据封装、多态性、消息传递。面向对象编程的三大特点是:封装、继承和多态性。面向对象程序设计复合人们的思维习惯,同时也可以提高软件开发的效率,便于后期维护。

除了介绍面向对象程序设计的基本知识以外,本项目还将介绍面向对象技术中的几种高级技术,包括接口、抽象类、抽象方法、密封类、密封方法、迭代器、分布类和泛型等,这些技术能够使开发人员开发出结构良好、组织严密、扩展性好、运行稳定的程序。

本项目中将对面向对象程序设计中的基本概念知识和高级技术进行学习。

●学习目标

1.认识 C#面向对象程序设计的基本概念。

2.知道类和对象的使用。

3.知道方法的声明和使用。

4.知道字段、属性和索引器的声明。

5.知道面向对象的三个特征:类、对象和封装。

6.认识接口、抽象类及抽象方法的基本概念。

7.知道泛型的定义及使用。

●能力目标

1.学会类的定义。

2.学会声明和创建对象。

3.学会字段、属性和索引器的声明。

4.学会方法的声明和使用。

5.学会接口的声明及实现。

6.学会抽象类和抽象方法的声明和使用。

任务 7.1　定义一个简单学生类

【任务描述】

定义一个学生类,包含学生的姓名、出生日期、年龄等字段。

【知识准备】

7.1.1　类的概念

类与对象这两个概念是面向对象程序设计的基础。类是现实世界或思维世界中的实体在计算机中的反映,它将数据以及这些数据上的操作封装在一起。类是对象的抽象,而对象是类的具体实例。类是抽象的,不占用内存;而对象是具体的,占用存储空间。类是用于创建对象的蓝图,它是一个定义包括在特定类型的对象中的方法和变量的软件模板。

例如:如果汽车是一个类,那么大众高尔夫、长安福特等就是对象。汽车的品牌、型号、颜色等就是汽车类的属性,汽车的制造、上色、启动、刹车、停车等就是汽车类的方法。特种车也可以看做一个类。特种车拥有汽车类的所以属性和方法,但是它还有自己特别的用途,比如它是防弹的,那么我们就可以说特种车类继承了汽车类。开放人员在进行类的定义时,既包括类的属性,也包括类的方法。

7.1.2 类的声明

在 C#中,使用 class 关键字来声明类。语法如下:

```
类修饰符 class 类名
{
//类体
}
```

下面介绍几个常用的类修饰符:

①public:不能限制对类的访问

②private:只有.NET 中的应用程序或库才能访问。

③protected:只能从所在类和所在类的子类进行访问。

【任务分析】

①定义学生类需要以下字段,如表 7.1 所示。

表 7.1 学生类字段声明说明表

序号	变量名称	变量类型	变量作用
1	name	string	学生的姓名
2	birthday	string	学生的出生日期
3	age	int	学生的年龄

②在项目中添加类的方法。

单击"Solution Exploer"按钮,选中项目名称,单击右键选择"Add"→"Class",在弹出来的对话框中输入类的名称,单击"OK"按钮,即可在项目中添加一个新类。

【任务实施】

①启动 Visual Studio 2010,建立名为"stuclass"的控制台应用程序。

②声明一个学生类 Student,为学生类添加 3 个字段:

```
class Student
    {
        public string name;//姓名
        public string birthday;//出生日期
        public int age;//年龄
    }
```

【任务小结】

①字段就是程序开发中常见的变量或常量，是类的一个构成部分，任务中的 name、birthday 和 age 就是字段。

②声明类的字段时，要对字段添加访问权限修饰符，属性访问权限为 public 表明该属性可以直接访问。

【效果评价】

评价表

项目名称	项目7　创建学生信息表	学生姓名	
任务名称	任务 7.1　定义一个简单学生类	分数	
评价标准		分值	考核得分
类 Student 的定义		50	
类字段的添加		50	
总体得分			
教师简要评语： 教师签名：			

任务 7.2　为学生类添加构造函数和析构函数

【任务描述】

(1)添加构造函数

①为学生类添加 1 个不带参数的构造函数，为对象进行默认初始化。
②为学生类添加 1 个带参数的构造函数，通过构造函数的参数对对象进行初始化。

(2)添加析构函数

为学生类添加 1 个析构函数，输出 1 句话表明析构函数被自动调用。

【知识准备】

构造函数和析构函数

析构函数和构造函数是类中两个比较特殊的函数，主要用来对对象进行初始化和回收对象资源。在对象被创建时，自动调用构造函数；当对象被销毁时，自动调用析构函数，自动释放这个对象所占用的内存空间。

(1)构造函数

构造函数在创建对象时自动调用的类方法。该函数的函数名与类名相同，通常用作对对象进行初始化，一般用 public 来修饰构造函数。

(2)析构函数

析构函数的函数名与类名相同，只是前面多了一个“~”符号，以此同构造函数进行区分。.NET 类库有垃圾回收功能，当某个类的实例被认为不再有效，.NET 类库的垃圾回收功能就会自动调用析构函数实现垃圾回收。一般情况下不建议定义析构函数，因为 C#中无用的对象会由垃圾收集器回收。

【任务分析】

①添加构造函数。为学生类添加 1 个不带参数的构造函数，为对象进行默认初始化。

```
public Student( )
    {
        name = "无名氏";
        birthday = "1990 年 1 月 1 日";
        age = 23;
    }
```

为学生类添加 1 个带参数的构造函数，通过构造函数的参数对对象进行初始化。

```
public Student(string xm, string sr, int nl)
    {
        name = xm;
        sr = birthday;
        nl = age;
    }
```

②添加析构函数：

```
~Student( )
```

```
        {
            Console.WriteLine("学生:"+name+"信息删除!");
            Console.ReadLine();
        }
```

【任务实施】

①打开任务6.1中建立的stuclass控制台应用程序。

②在学生类Student中,为学生类添加构造函数和析构函数:

```
class Student
    {
        //变量定义,字段
        public string name;//姓名
        public string birthday;//出生日期
        public int age;//年龄
        //构造函数和析构函数
        public Student()
            {
                name = "无名氏";
                birthday = "1990年1月1日";
                age = 23;
            }
        public Student(string xm, string sr, int nl)
            {
                name = xm;
                sr = birthday;
                nl = age;
            }
        ~Student()
            {
                Console.WriteLine("学生:"+name+"信息删除!");
                Console.ReadLine();
            }
    }
```

【任务小结】

①构造函数在定义时,通常使用public修饰符。

②析构函数一般不需要定义,这里只是为了示范析构函数的作用。

【效果评价】

评价表

项目名称	项目 7　创建学生信息表	学生姓名	
任务名称	任务 7.2　为学生类添加构造函数和析构函数	分数	
评价标准		分值	考核得分
不带参数的构造函数		35	
带参数的构造函数		35	
析构函数		30	
总体得分			
教师简要评语： 教师签名：			

任务 7.3　为学生类创建 3 个对象

【任务描述】

为学生类创建 3 个对象：

①对象 stu1 通过直接对其字段赋值来进行初始化。

②对象 stu2 通过不带参数的构造函数来进行初始化。

③对象 stu3 通过带参数的构造函数来进行初始化。

【知识准备】

对象是面向对象应用程序的一个重要组成部分，是具有数据、行为和标识的编程结构。对象包含变量成员和方法类型，所包含的变量组成了存储在对象中的数据，其包含的方法可以访问对象的变量。

对象是把类进行实例化。类的实例和对象表示同样的含义。但是“类”和“对象”是两个不同的概念。

【任务分析】

添加重载的构造函数。

【任务实施】

①打开任务 7.2 中建立的 stuclass 控制台应用程序。

②在 Program.cs 文件中的

```
static void Main(string[ ] args)
{
}
```

方法中定义 3 个对象。

a.对象 stu1 通过直接对其字段赋值来进行初始化。

```
Student stu1 = new Student( );
stu1.name = "李雷";
stu1.birthday = "1992 年 5 月 1 日";
stu1.age = 21;
```

b.对象 stu2 通过不带参数的构造函数来进行初始化。

```
Student stu2 = new Student( );
```

c.对象 stu3 通过带参数的构造函数来进行初始化。

```
Student stu3 = new Student("李明","1993 年 3 月 15 日",20);
```

【任务小结】

①在声明带参数的对象时,其参数的顺序和类型必须与带参数的构造函数参数列表的顺序和类型一致。

②类是一种抽象的数据类型,是对同一类事物的共同属性和方法的抽象。对象是类的实例,同一个类可以有多个对象,而一个对象只属于一类。例如学生类有 3 个学生对象:stu1、stu2 和 stu3,这 3 个对象都分别有自己的名字、出生年月和年龄。

评价表

项目名称	项目 7　创建学生信息表	学生姓名	
任务名称	任务 7.3　为学生类创建 3 个对象	分数	
评价标准		分值	考核得分
Stu1 对象的创建		20	
Stu1 对象的初始化		30	
Stu2 对象的创建		20	
Stu3 对象的创建		30	
总体得分			
教师简要评语: 教师签名:			

任务 7.4 为学生类添加一个方法显示学生信息和学生状态

【任务描述】

为任务 6.3 的学生类添加如下 4 个非静态方法：

①方法 display，其功能是显示学生基本信息。

②方法 register，其功能是显示学生正在注册状态。

③方法 onschool，其功能是显示学生正在校学习状态。

④方法 graduate，其功能是显示学生已经毕业状态。

在 Main 方法中利用 stu1 对象调用这 4 个方法，运行结果如图 7.1 所示。

图 7.1 非静态方法的调用

【知识准备】

类的方法主要是和类相关的操作，类似于 C 语言和 C++语言里的函数。方法是类的外部界面，对于某些私有属性来说，外部界面要实现对它们的操作只能通过方法来实现。

7.4.1 方法的声明

方法类似于函数。方法的声明可以包含一组特性和 private、public、protected、internal 各访问修饰符的任何一个有效组合，还可以包含 new、static、virtual、override、sealed、abstract 以及 extern 等修饰符。

如果所有条件都为“真”，则表明所声明的方法具有一个有效的修饰符组合。

方法的声明格式如下：

```
修饰符 方法名(形参列表)
{
    方法主体
}
```

7.4.2 方法的分类

方法分为静态方法和非静态方法。静态方法通过 static 修饰符修饰。

(1)**静态方法**

静态方法不对特定实例进行操作,在该方法中引用 this 指针会报错。

(2)**非静态方法**

非静态方法是对类的某个给定的实例进行操作,该方法可以使用 this 指针来访问。

7.4.3 方法的重载

方法的重载是指方法的名字一样,但是方法中的参数个数、类型或顺序不一样。例如任务 7.2 中就定义了两个构造函数,一个带参数、一个不带参数,这就是构造函数的重载。那么,其方法的重载也是这一个意思。

例 7.1 定义一个方法 add 可以实现 2 个整数的相加和两个字符串的连接,如图 7.2 所示。

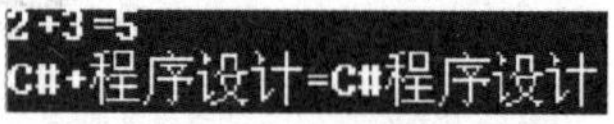

2+3=5
C#+程序设计=C#程序设计

图 7.2 方法的重载

程序代码如下:

```
class Program
    {
        public int add(int a, int b)
        {
            return a + b;
        }
        public string add(string str1, string str2)
        {
            return str1 + str2;
        }
        static void Main(string[] args)
        {
            Program ab = new Program();
            Program str = new Program();
            Console.WriteLine("{0}+{1}={2}",2,3,ab.add(2,3));
Console.WriteLine("{0}+{1}={2}", "C#", "程序设计", str.add("C#", "程序设计"));
            Console.ReadLine();
        }
    }
```

【任务分析】

声明一个非静态方法 display 显示学生基本信息：

```
public void display( )
{
}
```

【任务实施】

①打开任务 7.3 中建立的 stuclass 控制台应用程序。

②为 Student 类添加 display 方法：

```
public void display( )
{
    Console.WriteLine("姓名:"+name+",出生日期:"+birthday+",年龄:"+age);
}
```

③为 Student 类添加 register,onschool 和 graduate 方法：

```
public void register( )
    {
        Console.WriteLine(name+"注册中...");
    }
    public void onschool( )
    {
        Console.WriteLine(name + "在校学习...");
    }
    public void graduate( )
    {
        Console.WriteLine(name + "已经毕业了...");
    }
```

④在 Main 函数中调用 display、register、onschool 和 graduate 方法。

```
stu2.display( );
stu2.register( );
stu2.onschool( );
stu2.graduate( );
```

⑤运行程序显示如 7.1 所示。

【任务小结】

①非静态方法属于对象，使用对象来引用，方法如下：

对象名.方法名(实参列表)；

②静态方法属于类，不属于某个实例。请修改 display 为静态方法，在 public 前面加上

static 修饰符,然后运行,会发现编译错误。

③将 display 方法作如下修改:

```
static public void display()
{
    Console.WriteLine("显示学生基本信息!");
}
```

在 Main 函数中直接调用:

```
display();
```

然后运行程序,显示如图7.3所示结果。

```
显示学生基本信息!
李雷注册中...
李雷在校学习...
李雷已经毕业了...
```

图7.3　静态方法的调用

【效果评价】

评价表

项目名称	项目7　创建学生信息表	学生姓名	
任务名称	任务7.4　为学生类添加一个方法显示学生信息和学生状态	分数	
评价标准		分值	考核得分
display()方法		20	
register()方法		20	
onschool()方法		20	
graduate()方法		20	
方法的调用		20	
总体得分			
教师简要评语: 教师签名:			

任务7.5　修改学生类,利用方法访问字段

【任务描述】

修改任务7.4中的字段访问修饰符为 private,然后添加方法来访问 name、birthday 和 age 字段。

【知识准备】

字段是与对象或类相关联的变量,它的作用是用来存储对象属性的值。如果把字段声明为 public,那么在类外面能够访问此字段。在类外访问字段的格式是:

对象名.字段名

例如任务 7.3 中的:

```
stu1.name = "李雷";
stu1.birthday = "1992 年 5 月 1 日";
stu1.age = 21;
```

【任务分析】

因为 private 字段不能在类体外直接访问,需要通过类的方法,现在为类添加 6 个方法来为字段进行赋值和取值:

```
//设置字段 name 的值
public void SetName(string xm)
{

}
//获取字段 name 的值
public string GetName()
{

}
```

其余 4 个方法类似。

【任务实施】

①打开任务 7.4 中建立的 stuclass 控制台应用程序。

```
//类 Student
class Student
{
    //字段
    public string name;
    public string birthday;
    public int age;
    //构造函数和析构函数
    public Student()
    {
        name = "无名氏";
```

```
        birthday = "1990年1月1日";
        age = 23;
    }
    Student(string xm, string sr, int nl)
    {
        name = xm;
        sr = birthday;
        nl = age;
    }
    ~Student()
    {
        Console.WriteLine("学生:"+name+"信息删除!");
        Console.ReadLine();
    }
    //方法
    public void display()
    {
        Console.WriteLine("显示学生基本信息!");
    }
    public void register()
    {
        Console.WriteLine(name+"注册中...");
    }
    public void onschool()
    {
        Console.WriteLine(name + "在校学习...");
    }
    public void graduate()
    {
        Console.WriteLine(name + "已经毕业了...");
    }

}

//类 Program
class Program
```

```
{
    static void Main(string[ ] args)
    {
        Student stu1 = new Student( );

        Student stu2 = new Student( );
        stu2.name = "李雷";
        stu2.birthday = "1992 年 5 月 1 日";
        stu2.age = 21;
      // display( );
        stu2.register( );
        stu2.onschool( );
        stu2.graduate( );
        Console.ReadLine( );
    }

}
```

②修改字段 name、birthday 和 age 的访问修饰符为 private，这时运行会出现以下错误：

'Student.name' is inaccessible due to its protection level

'Student.birthday' is inaccessible due to its protection level

'Student.age' is inaccessible due to its protection level

出错的原因是：这 3 个字段均为私有，外部是不能直接访问的。

③对于私有变量，类体外是不能直接访问，需要通过方法来访问。下面定义方法来访问 Studeng 类的私有变量 name：

```
//设置字段 name 的值
public void SetName(string xm)
{
    name = xm;
}
//获取字段 name 的值
public string GetName( )
{
    return name;
}
```

④在 Main 函数中可以通过 SetName 方法为字段 name 赋值。

```
stu2.SetName("李雷");
```

⑤为其他两个字段 birthday 和 age 仿造上述方法添加方法实现访问：

```
//读取 birthady 方法
public void SetBirthday(string sr)
{
    birthday = sr;
}
public string GetBirthday()
{
    return birthday;
}
//读取 age 方法
public void SetAge(int nl)
{
    age = nl;
}
public int GetAge()
{
    return age;
}
```

在 Main 函数中可以通过 SetBirthday 和 SetAge 方法为字段 birthday 和 age 赋值：

```
stu2.SetName("李雷");
stu2.SetBirthday( "1992 年 5 月 1 日");
```

⑥编译运行，查看结果，如无错误，结果与之前一致。

【任务小结】

对于 private 私有变量，在类的外部不能直接访问，只能通过类的方法来访问。

【效果评价】

评价表

项目名称	项目 7　创建学生信息表	学生姓名	
任务名称	任务 7.5　修改学生类，利用方法访问字段	分数	
评价标准		分值	考核得分
字段的定义		20	
获取字段值方法		40	
设置字段值方法		40	

续表

总体得分	
教师简要评语： 教师签名：	

任务 7.6　利用属性和索引器分别访问存储数据

【任务描述】

修改任务 7.5 中的字段读取方法为属性访问器。

【知识准备】

7.6.1　属性

属性是对实体特征的描述,比如任务 7.5 中的 name、birthday 和 age 就是类 Student 的属性。属性不表示具体的存储位置。属性具有访问器,这些访问器指定属性的值被写入或读出的执行语句。开发者可以像公共数据成员一样使用属性。属性的声明格式如下：

```
修饰符 类型 属性名
{
  get  {get 访问器体}
  set  {set 访问器体}
}
```

根据有无 get 和 set 访问器体,属性分为三种。

①可读可写属性:有 get 和 set 访问器体。

②只读属性:只有 get 访问器体。

③只写属性:只有 set 访问器体。

7.6.2　索引器

索引器通常用来操作数组中的元素。索引器的声明方式与属性很相似,两者之间的区别在于索引器在声明时需要定义参数。索引器的声明格式如下：

```
修饰符 类型 this[参数列表]
{
  get  {get 访问器体}
  set  {set 访问器体}
}
```

关于索引器的使用,同学们可以参阅相关资料。

【任务分析】

属性访问器与方法有一样的重要,属性访问器实际上也是方法,但是开发者在使用起来像字段。

【任务实施】

①打开任务 7.5 中建立的 stuclass 控制台应用程序,修改字段 name 的方法：

```
//读取 name 方法
public void SetName(string xm)
{
    name = xm;
}
public string GetName()
{
    return name;
}
```

②修改字段读取 name 的方法为属性访问器：

```
public string Name
{
    set
    {
        name = value;
    }
    get
    {
        return name;
    }
}
```

value 代表属性的值。

③使用属性访问器 Name：

```
stu2.Name="李雷";
```

属性访问器使用起来像是对字段直接赋值,实际上也是用方法实现。

④声明 Age 和 Birthday 属性访问器,访问 age 和 birthady 属性:

stu2.SetName("李雷");

⑤为其他两个字段 birthday 和 age 仿造上述方法添加方法实现访问:

```
public string Birthady
{
    set
    {
        birthday = value;
    }
    get
    {
        return birthday;
    }
}
public int Age
{
    set
    {
        Age = value;
    }
    get
    {
        return Age;
    }
}
```

在 Main 函数中可以通过 Birthday 和 Age 属性访问器为字段 birthday 和 age 赋值:

```
stu2.Birthady= "1992 年 5 月 1 日";
stu2.Age = 21;
```

⑥编译运行,查看结果,如无错误,结果与任务 7.5 一致。

【任务小结】

①对于类的属性,可以通过属性访问器来访问。

②属性访问器的类型应该与属性的类型一致。

【效果评价】

评价表

项目名称	项目7　创建学生信息表	学生姓名	
任务名称	任务7.6　利用属性和索引器分别访问存储数据	分数	
评价标准		分值	考核得分
设置属性访问器		50	
使用属性访问器为属性赋值		50	
总体得分			
教师简要评语： 教师签名：			

任务7.7　定义一个 newStudent 类

【任务描述】

定义一个 Student 类的派生类:newStudent 类。该派生类增加一个属性:专业,并在派生类中重载方法 display。定义 newStudent 类的对象 newstu 并赋值,调用方法 display 显示学生信息。运行如图7.4所示。

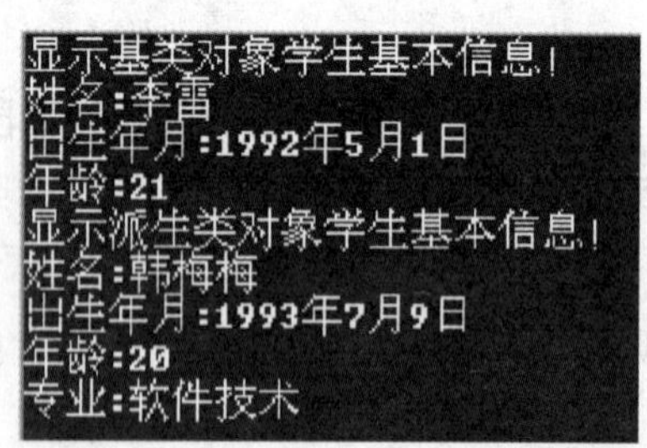

图7.4　基类和派生类对象基本信息显示

【任务准备】

面向对象的三个基本特征是:封装、继承、多态,如图7.5所示。

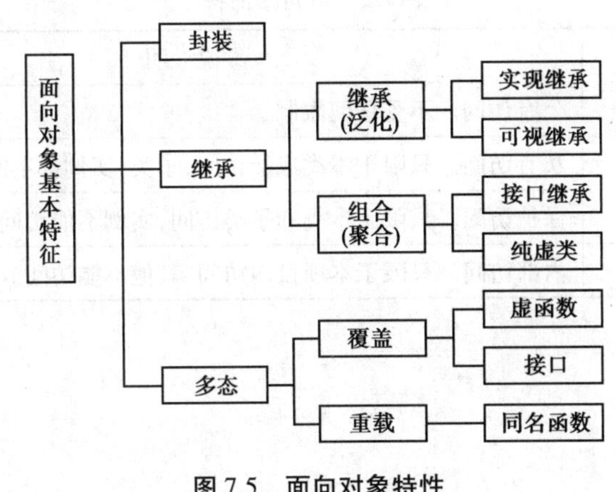

图 7.5 面向对象特性

7.7.1 封装

封装是面向对象的特征之一,是对象和类概念的主要特性。面向对象编程中,大多都是以封装作为数据封装的基本单位。封装就是把客观事物封装成抽象的类。类可以把自己的数据和方法只让可信的类或者对象操作,对不可信的信息进行隐藏。

封装的目的是增强安全性和简化编程。类的使用者不需要了解类内部细节,只需要通过外部接口来访问类的成员。

7.7.2 继承

"继承"是面向对象编程(OOP)语言的一个主要功能。继承是这样一种能力:它可以使用现有类的所有功能,并在无需重新编写原来的类的情况下对这些功能进行扩展。任何类都是另外一个类的继承。

在面向对象编程中,被继承的类称为基类、父类或超类,通过继承创建的新类称为"子类"或"派生类"。C#中提供了类的继承机制,但只支持单继承,不支持多重继承。在考虑使用继承时,有一点需要注意,那就是两个类之间的关系应该是"属于"关系。例如,Employee是一个人,Manager 也是一个人,因此这两个类都可以继承 Person 类。但是 Leg 类却不能继承 Person 类,因为"腿"并不是"一个人"。

继承一个类时,类成员的访问性是一个重要的问题。在进行类的继承时,要注意对基类成员的访问问题。C#共有五种访问修饰符:public, private, protected, internal, protected internal,作用范围如表 7.2 所示。

表 7.2 访问修饰符

访问修饰符	说 明
public	公有访问。不受任何限制。
private	私有访问。只限于本类成员访问,子类,实例都不能访问。
protected	保护访问。只限于本类和子类访问,实例不能访问。
internal	内部访问。只限于本项目内访问,其他不能访问。

7.7.3 多态

在 C#中,类的多态性是通过在子类(派生类)中重载基类的虚方法或函数成员来实现的。

【任务分析】

①基类中被重载的方法要修饰为虚方法,修饰符为 vitual。

②派生类在进行方法重载时需要加上修饰符 override。

③本任务只为说明多态性,对学生类的定义尽量简单。

【任务实施】

①打开 VS2010,建立一个控制台应用程序。

②添加类 Student,为类添加 display 方法来显示学生基本信息:

```
class Student
    {
        //字段
        public string name;
        public string birthday;
        public int age;
        //方法
        public virtual void display()
        {
            Console.WriteLine("显示基类对象学生基本信息!");
            Console.WriteLine("姓名:"+name);
            Console.WriteLine("出生年月:" + birthday);
            Console.WriteLine("年龄:" + age);
        }
    }
```

③添加类 newStudent,为类多添加 1 个 major 字段表示专业,重载 display 方法来显示派

生类对象的基本信息：

```
class newStudent:Student
{
    public string major;//专业
    public override void display()
    {

        Console.WriteLine("显示派生类对象学生基本信息!");
        Console.WriteLine("姓名:"+name);
        Console.WriteLine("出生年月:" + birthday);
        Console.WriteLine("年龄:" + age);
        Console.WriteLine("专业:" + major);

    }
}
```

④在 Main 函数分别定义基类 Student 和派生类 newStudent 的对象并赋值，都调用 display 方法来显示基本信息：

```
static void Main(string[] args)
{
    Student stu = new Student();
    stu.name="李雷";
    stu.birthday= "1992年5月1日";
    stu.age = 21;
    stu.display();
    newStudent newstu = new newStudent();
    newstu.name = "韩梅梅";
    newstu.birthday = "1993年7月9日";
    newstu.major = "软件技术";
    newstu.age = 20;
    newstu.display();
    Console.ReadLine();
}
```

⑤运行程序，观察结果。可以看出虽然基类和派生类中有同名的 display 方法，但是在调用时，基类对象会调用基类的 display 方法，而派生类会自动调用派生类中重载的 display 方法，是面向对象程序设计中多态的体现。

【任务小结】

①基类中被重载的方法要修饰为虚方法,修饰符为 vitual。

②派生类在进行方法重载时需要加上修饰符 override。

【效果评价】

评价表

项目名称	项目 7　创建学生信息表	学生姓名	
任务名称	任务 7.7　定义一个 newStudent 类	分数	
评价标准		分值	考核得分
派生类 newStudent 的声明		30	
派生类 newStudent 方法 display 方法重载		40	
Student 类和 newStudent 类的测试		40	
总体得分			
教师简要评语: 教师签名:			

任务 7.8　定义抽象类 Person

【任务描述】

定义一个抽象类 Person,里面包含私有字段姓名 name 和抽象方法 Say。定义一个抽象类 Person 的派生类 Chinese,在派生类 Chinese 中写抽象方法 Say,最后在 Main 中实例化派生类 Chinese 的一个对象。

【知识准备】

7.8.1　抽象类

抽象类主要用来提供多个派生类可共享的基类的公共定义。具体语法格式如下:

我的名字是李雷，我是中国人！

图 7.6　抽象方法的使用

访问修饰符 abstract class 类名:基类或接口

```
{
}
```

其中,abstract 为关键字。抽象类不能被实例化为具体的对象。

7.8.2　抽象方法

在方法的前面加上 abstract 为关键字就是抽象方法,例如:

```
public abstract void Say( );
```

C#规定,类中只要有一个方法为 abstract 修饰的抽象方法,那么这个类就必须被定义为抽象类。声明抽象方法时,不能使用 virtual、statci 和 private 修饰符。抽象方法不提供任何具体实现,需要在非抽象派生类中重写抽象方法。

【任务分析】

①基类中被重载的方法要修饰为虚方法,修饰符为 vitual。

②派生类在进行方法重载时需要加上修饰符 override。

③本任务只为说明多态性,对学生类的定义尽量简单。

【任务实施】

①打开 VS2010,建立一个控制台应用程序。

②定义一个抽象类 Person,里面包含私有字段姓名 name 和抽象方法 Say:

```
//抽象类
    public abstract class Person
    {
        private string name;//字段
        //属性
        public string Name
        {
            get
            {
                return name;
            }
            set
            {
                name = value;
            }
        }
    //抽象方法
```

```
        public abstract void Say( );
    }
```

③定义一个抽象类 Person 的派生类 Chinese,在派生类 Chinese 中重写抽象方法 Say:

```
public class Chinese : Person
    {
        public override void Say( )
        {
            Console.WriteLine( "我的名字是{0},我是中国人!",Name);
        }
    }
```

④在 Main 中实例化派生类 Chinese 的一个对象:

```
static void Main(string[ ] args)
        {
            Chinese Li = new Chinese( );
            Li.Name = "李雷";
            Li.Say( );
            Console.ReadLine( );
        }
```

⑤运行程序,观察结果。修改 Chinese Li=new Chinese( );为 Person Li=new Person( );会报错:Cannot create an instance of the abstract class or interface 'inter.Person'。表示抽象类或接口不能被实例化。

【任务小结】

①抽象类和抽象方法必须加 abstract 修饰符,抽象类不能被实例化为具体对象。

②抽象类中的抽象方法只有声明,没有具体实现。

③从抽象类派生来的派生类必须重写抽象方法,不然会报错。

【效果评价】

评价表

项目名称	项目 7　创建学生信息表	学生姓名	
任务名称	任务 7.8　定义抽象类 Person	分数	
评价标准		分值	考核得分
定义抽象类		20	
定义抽象方法		20	
定义派生类		30	
实例化派生类对象		30	

续表

总体得分	
教师简要评语： 教师签名：	

任务 7.9 定义接口

【任务描述】

本任务主要学习接口的定义，领略接口和抽象类的不同。定义一个接口 Flyable，里面有一个方法 Fly；定义一个方法 Walkable，里面有一个方法 Walk；定义一个类 Dog，继承接口 Walkable；定义一个类 Bird，继承接口 Flyabl 和 Walkable。

【任务准备】

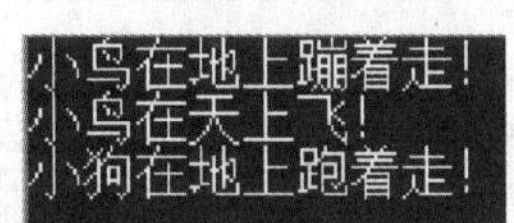

图 7.7 接口的使用

接口相当于一种契约，使用接口的开发人员必须严格遵守该接口提出的约定。例如：每个手机都有一个充电器接口，只要跟这个接口匹配的充电器都可以为这个手机充电。

7.9.1 接口的声明

接口可以包含方法、属性、索引器和事件作为成员，但是不能设置这些成员的具体值。语法格式如下：

```
修饰符 interface 接口名称:继承的接口列表
{
接口内容
}
```

其中，interface 为关键字。接口不能实例化，继承接口的任何非抽象类都必须实现接口的所有成员。类和接口都可以实现多个接口继承。

7.9.2 接口的实现

接口的名字一般在最前面加上“I”,跟抽象类进行区分,通过类继承可以对接口进行实现。一个类可以继承 1 个或多个接口。声明实现接口的类时,需要在基类列表中包含所有实现的接口。

如果类实现的两个接口中包含相同的成员,则在类实现时应该采取显示实现。例如:

```
interface ICal1
{
    int Add();
}
interface ICal2
{
    int Add();
}
Class CCalculate: ICal1, ICal2//用“,”隔开
{
    int ICal1.Add( )
{
    int x=10;
    int y=20;
    return x+y;
}
int ICal2.Add( )
{
    int x=10;
    int y=20;
    int z=30;
    return x+y+z;
}
}
```

【任务分析】

①定义接口:IFlyable 和 IWalkable。

②类 Bird 继承自接口:IFlyable 和 IWalkable,类 Dog 继承自接口 IWalkable。

【任务实施】

①打开 VS2010,建立一个控制台应用程序。

②定义一个接口 Flyable,里面有一个方法 Fly:

```
interface IFlyable
    {
        void Fly( );
    }
```

定义一个方法 Walkable,里面有一个方法 Walk:

```
interface IWalkable
    {
        void Walk( );
    }
```

③定义一个类 Bird,继承接口 Flyabl 和 Walkable。

```
class Bird : IFlyable, IWalkable
    {
}
```

把鼠标移动到 Flyable,单击右键,选择"Implement"→"Implement Interface",在类中将自动添加对接口中方法的实现,只需要修改代码即可,如图 7.8 所示。

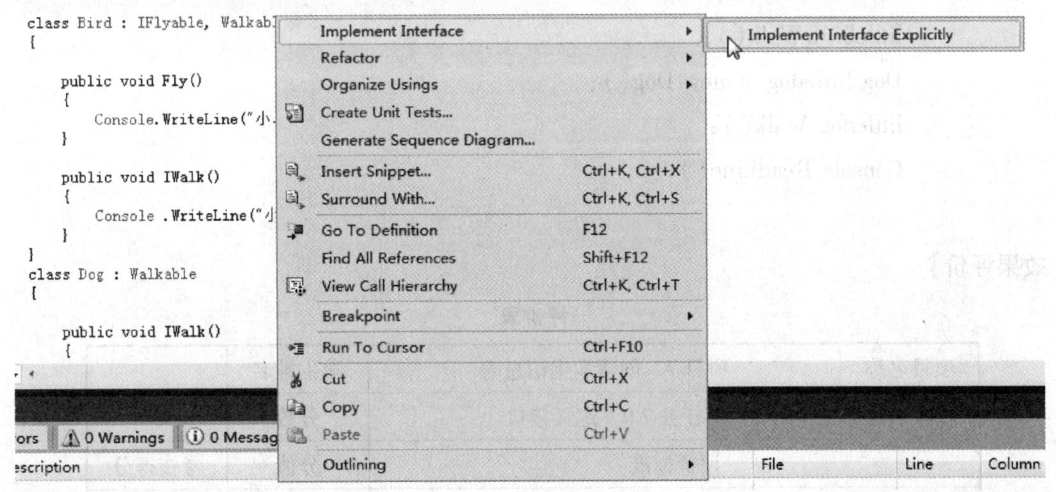

图 7.8 接口实现

```
class Bird: IFlyable,IWalkable
    {
        public void Fly( )
        {
            Console.WriteLine("小鸟在天上飞!");
        }
        public void Walk( )
        {
```

```
            Console .WriteLine("小鸟在地上走!");
        }
    }
```

④定义一个类 Dog,继承接口 IWalkable:

```
class Dog : IWalkable
    {
        public void Walk()
        {
            Console.WriteLine("小狗在地上跑着走!");
        }
    }
```

⑤在 Main 中测试类 Bird 和类 Dog:

```
static void Main(string[] args)
    {
        Bird littlebird = new Bird();
        littlebird. Fly();
        littlebird.Walk();
        Dog littledog = new Dog();
        littledog.Walk();
        Console.ReadLine();
    }
```

【效果评价】

评价表

<table>
<tr><td>项目名称</td><td colspan="2">项目 7　创建学生信息表</td><td>学生姓名</td><td></td></tr>
<tr><td>任务名称</td><td colspan="2">任务 7.9　定义接口</td><td>分数</td><td></td></tr>
<tr><td colspan="3">评价标准</td><td>分值</td><td>考核得分</td></tr>
<tr><td colspan="3">定义接口</td><td>30</td><td></td></tr>
<tr><td colspan="3">定义类继承接口</td><td>30</td><td></td></tr>
<tr><td colspan="3">定义接口和类中的方法</td><td>20</td><td></td></tr>
<tr><td colspan="3">测试类</td><td>20</td><td></td></tr>
<tr><td colspan="4">总体得分</td><td></td></tr>
<tr><td colspan="5">教师简要评语:

教师签名:</td></tr>
</table>

专项技能测试

选择题

1.C#中的方法重写使用关键字：(　　)。

A.override　　B.overload　　C.inherit　　D.static

2.下面关于类和对象的说法中，错误的是(　　)。

A.对象是类的实例　　B.任何对象只能属于一个具体的类

C.类是一种系统提供的数据类型　　D.类和对象的关系是抽象和具体的关系

3.下列有关析构函数的说法，不正确的是(　　)。

A.析构函数中不可以包含 return 语句

B.一个类中只能有一个析构函数

C.用户可定义有参析构函数

D.析构函数在对象被撤销时被自动调用

4.在 C#中，接口与抽象基类的区别在于(　　)。

A.抽象基类可以包含非抽象方法，而接口只能包含抽象方法

B.抽象基类可以被实例化，而接口不能被实例化

C.抽象基类就是接口，它们之间无差别

D.抽象基类不能被实例化，接口可以被实例化

5.下面有关派生类的描述中，不正确的是(　　)。

A.派生类可以继承基类的构造函数

B.派生类不能访问基类的私有成员

C.派生类只有一个直接基类

D.派生类可以隐藏和重载基类的成员

6.如果要从派生中访问基类成员，可以使用(　　)关键字。

A.this　　B.me　　C.override　　D.base

7.以下的 C#代码试图用来定义一个接口：

```
public interface IFile{
int A;
int delFile( ){
    A=3;
}
Void disFile( );
}
```

关于以上的代码,以下描述错误的是(　　)。

A.以上代码中存在的错误包括:不能在接口中定义变量,所以 int A 代码行将出现错误

B.代码 void disFile( );定义无错误,接口可以没有返回值

C.代码 void disFile( );应该编写为 void disFile( ){ };

D.以上代码中存在的错误包括:接口方法 void disFile 是不允许实现的,所以不能编写具体的实现函数

8.在开发某图书馆信息管理系统的过程中,开始为教材类图书建立一个 TextBook 类,现在又增加了杂志类图书,于是需要改变设计,则下面最好的设计应该是(　　)。

A.建立一个新的杂志类 Journal

B.建立一个新的杂志类 Journal,并继承 TextBook 类

C.建立一个基类 Book 和一个新的杂志类 Journal 类,并让 Journal 类和 TextBook 类都继承 Book 类

D.不建立任何类,把杂志图书的某些特殊属性加到 TextBook 看类中

拓展实训

实训 7.1　创建员工信息表

<实训描述>

定义一个员工信息类,并为该员工信息类添加属性和方法,然后声明并实例化三个员工对象,从控制台输出员工信息,如图 7.9 所示。

图 7.9　员工信息表

<实训要求>

①员工信息包括:编号、姓名和性别。

②3 个员工对象可以采用数组。

③对第一个员工初始化时,采用默认名字;对第二个员工初始化时,采用 new Employee(2014002,"李四")方式;对第三个员工初始化时,采用 new Employee(name:"王五",number:2014003)方式。

实训 7.2　计算员工工资

<实训描述>

某企业中,不同级别员工的工资标准不一样:普通员工只发基本工资,级别较高的员工要发放住房津贴,经理级别的员工还要发放奖金。因为都是属于工资的发放,但是内容却不一样,需要用到同一函数的不同形式。项目效果如图 7.10 所示。

```
张三的薪水为：基本工资1800
李四的薪水为：基本工资2000+住房津贴600=2600
王五的薪水为：基本工资2500+住房津贴800+奖金2000=5300
```

图 7.10　计算员工工资

<实训要求>

①定义一个员工类。

②对函数 Salary 进行重载。

③创建 3 个员工实例,并发放薪水。

<实训点拨>

可以利用函数的重载表示不同级别的员工工资的组成:

```
//普通员工
    public void Salary(int basePay)
//高级员工
    public void Salary(int basePay, int housingAllowance)
//经理
    public void Salary(int basePay, int housingAllowanc,int moneyAward)
```

实训 7.3　计算指定形状的体积

<实训描述>

计算球体、圆柱体和圆锥体的体积,这三种形体都派生自圆形。项目效果如图 7.11 所示。

```
半径为10的球体积为4188.79
半径为10、高度为5的圆柱体体积为1570.796
半径为10、高度为10的圆锥体体积为1047.198
```

图 7.11　计算图形的体积

<实训要求>

①定义一个类 Circle 作为基类,有半径 Radius 和体积 Volume 两个成员。

②定义类 Ball、Cylinder 和 Cone 继承类 Circle，且类 Cylinder 和 Cone 中增加成员 high 表示高度。

③创建 3 个形状的实体，并实例化、输出体积。

<实训点拨>

本实训主要考察了面向对象编程的三大特征之一：继承。继承主要用于类的重用、扩展或者修改。

实训 7.4　图书馆书籍借阅权限管理

<实训描述>

本实训主要涉及抽象类和抽象方法的使用。现在以图书馆借书权限管理为例，对于专科生来说可以借 3 本书、本科生可以借 5 本书、硕士生可以借 10 本书。项目效果如图 7.12 所示。

图 7.12　学生借阅权限管理

<实训要求>

①定义一个抽象学生类 Student。

②定义类 Undergraduate、Postgraduate 和 Doctor 继承抽象类 Student，且重写抽象类里的抽象方法 Authority( )。

③实例化类 Undergraduate、Postgraduate 和 Doctor，输出借书权限方法。

<实训点拨>

①在类的前面加上 abstract 关键字可以将类声明为抽象类：

```
abstract class Student
    {
        public abstract int Authority( );//抽象方法
    }
```

②在抽象类的派生来中必须实现该抽象类中的抽象方法：

```
//本科生
    class Undergraduate : Student
    {
        public override int Authority( )//重写抽象类中的方法
        {
            return 5;
        }
    }
```

实训 7.5 简单计算器

<实训描述>

本实训主要涉及接口知识的使用。该实训主要实现的两个数的加、减、乘、除运算。项目效果如图 7.13 所示。

```
请输入数a:
3
请输入数b:
5
3+5=8.000
3-5=-2.000
3*5=15.000
3/5=0.600
```

图 7.13 简单计算器

<实训要求>

从控制台输入两个数,分别输出这两个数的加、减、乘、除运算结果。

<实训点拨>

①定义接口时,通常使用 interface 关键字。一个类可以实现多个接口,如果一个类实现的两个接口中有同一个方法时,需要显示实现该方法。例如:

```
interface IA { void ToDo( ); }
interface IB { void ToDo( ); }
class C : IA, IB
{
    void IA.ToDo( ) { //接口 IA 的方法}
    void IB.ToDo( ) { //接口 IB 的方法}
}
```

②定义算术运算接口:

```
interface IArithmetic
    {
        double Operation(double a,double b);//两个数运算接口方法
    }
```

③定义加法运算类:

```
class Add : IArithmetic
    {
        public double Operation(double a, double b)
        {
            return a + b;
        }
    }
```

④创建加法类,实现两数相加:

```
IArithmetic add = new Add( );
```

```
Console.WriteLine("{0}+{1}={2:N3}",a,b,add.Operation(a,b));
```

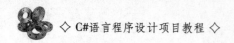

实训 7.6　输出男学生的信息

<实训描述>

本实训主要涉及委托的使用。该实训利用委托输出学生表中男生的信息。项目效果如图 7.14 所示。

图 7.14　输出学生表中男生的信息

<实训要求>

①创建显示学生信息的委托 DisplayStudent。

```
delegate void DisplayStudent(Student stu);
```

②创建学生信息结构体 Student,成员有学号、姓名和性别。

```
struct Student
    {
        public int Number;
        public string Name;
        public string Sex;
    }
```

③创建学生信息表类 StudentTable,在构造函数中初始化学生信息数组;同时添加方法 public void Display(DisplayStudent displayCallback)显示学生信息。

```
class StudentTable
    {
        Student[] students;
        public StudentTable()
        {
            students =new Student[8];
            students[0] = new Student(){Number = 2014001, Name = "张强", Sex = "男"};
            students[1] = new Student(){Number = 2014002, Name = "李丽", Sex = "女"};
            students[2] = new Student(){ Number = 2014003, Name = "小明", Sex = "男" };
            students[3] = new Student(){ Number = 2014004, Name = "孙敏", Sex =
```

```
"女" };
            students[4] = new Student() { Number = 2014005, Name = "高雨", Sex =
"女" };
            students[5] = new Student() { Number = 2014006, Name = "程成", Sex =
"男" };
        }
        public void Display(DisplayStudent displayCallback)
        {
            foreach(Student stu in students)
                displayCallback(stu);
        }
    }
```

④在 Program 类中添加方法 static void DisplayCallback(Student student)显示男生信息。

⑤在 main 函数中创建学生信息表实例,显示表中所有男生的信息。

```
class Program
    {
        static void DisplayCallback(Student student)
        {
            if(student.Sex=="男")
Console.WriteLine("学号:{0}\t 姓名:{1}\t 性别:{2}",student.Number,student.Name,
student.Sex);
        }
        static void Main(string[] args)
        {
            StudentTable table=new StudentTable ();
            table.Display(DisplayCallback);
            Console.ReadLine();
        }
    }
```

<实训点拨>

①委托定义了一种方法的模板。当委托实例化时,需要将一个与该模板相兼容的方法进行绑定,通过调用委托的实例来调用此方法。委托最大的用处是将方法作为参数传递给其他的方法。

②在声明委托时使用 delegate 关键字,例如:

```
delegate void DisplayStudent(Student stu);
```

void 为委托所描述方法返回值类型;Student 为委托所描述方法所传递的参数。

③在需要将方法与委托进行绑定时,需要实例化委托,例如:

DisplayStudent display = new DisplayStudent(Display);

其中,Display 为无返回值且参数为 Student 类型的方法,实例中可以用以下代码实现委托的实例化:

table.Display(DisplayCallback);

此时将 DisplayCallback 方法作为参数传递到了 Display 方法中。

```
class Add : IArithmetic
    {
        public double Operation(double a, double b)
        {
            return a + b;
        }
    }
```

④创建加法类,实现两数相加:

```
IArithmetic add = new Add();
Console.WriteLine("{0}+{1}={2:N3}",a,b,add.Operation(a,b));
```

项目 8

MyQQ 的登录和注册窗体

●项目描述

Windows 环境中主流的应用程序都是窗体应用程序，比如人们熟悉的飞信就是用 C#编制的窗体应用程序。窗体应用程序的编程比控制台应用程序的编程要复杂得多。要进行窗体应用程序编程，首先要理解窗体，学会用户界面基本单元控件的使用方法。

本项目中通过多个任务将对窗体和控件的使用进行学习，最终学会 GUI 程序设计的方法。

●学习目标

1.认识窗体和常用控件。

2.知道窗体的各类常见操作。

3.知道各控件的常见属性。

4.知道各控件的使用方法。

●**能力目标**

1.学会窗体的添加、删除及属性设置。
2.学会选择合适的控件制作用户界面。
3.学会为窗体和控件添加合适的事件处理程序。
4.学会窗体应用程序设计的方法。

任务 8.1　创建登录窗体

【任务描述】

创建一个窗体应用程序,设置窗体的属性,如图 8.1 所示。

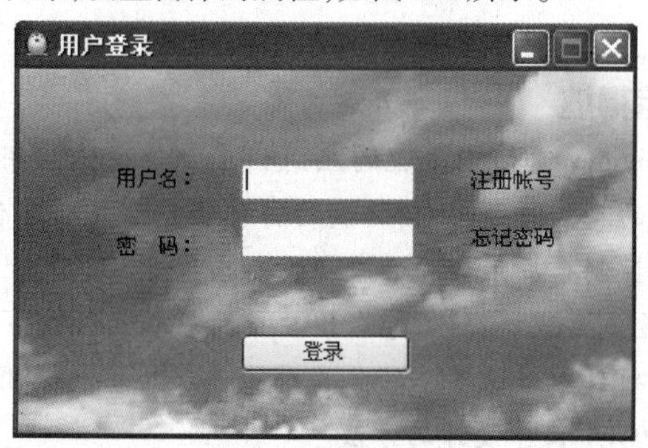

图 8.1　登录窗体

(1)窗体界面设计具体要求

①更改窗体默认显示图标。
②修改窗体名称。
③设置窗体背景图。
④设置窗体程序运行时窗体在屏幕居中显示。
⑤窗体不可最大化、不可拖动更改大小。

(2)窗体事件设置具体要求

①窗体加载前询问是否显示,如图 8.2 所示,单击“确定”按钮显示登录窗体。
②单击登录窗体右上角的关闭图标时,询问登录窗体是否关闭,如图 8.3 所示。单击

“是”按钮退出登录窗体,单击“否”按钮则返回登录窗体。

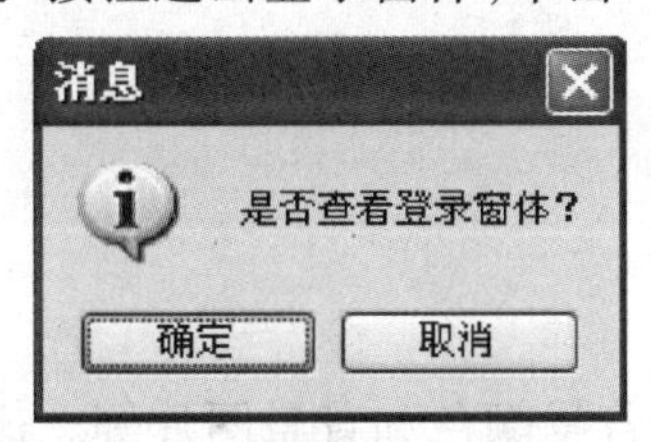

图 8.2　窗体的加载

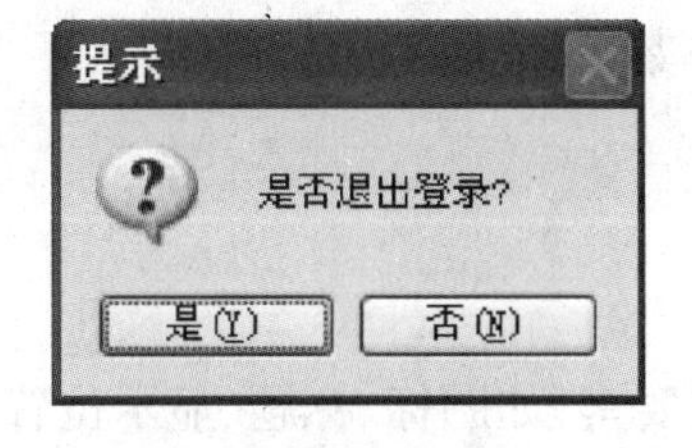

图 8.3　窗体的关闭

图 8.4　窗体的单击

③单击登录窗体时,显示如图 8.4 所示的消息框。

【知识准备】

8.1.1　添加和删除窗体

创建一个 Windows 窗体应用程序后,默认有一个窗体。如果想向项目中添加一个新窗体,可以在项目名称上单击鼠标右键,依次单击“Add”→“New Item”或“Windows Form”,打开如图 8.5 所示对话框。

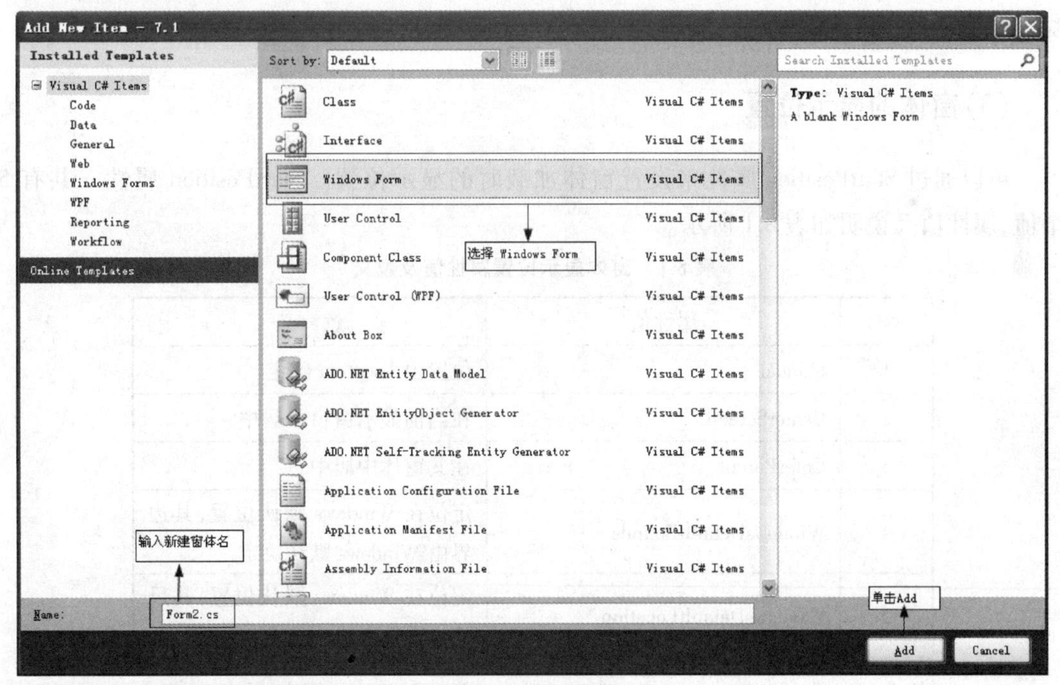

图 8.5　新建窗体

选择“Windows Form”,在“Name”后输入窗体名称,然后单击“Add”按钮,即可向项目中添加一个新的窗体。

一个完整的 Windows 应用程序由多个窗体组成,项目启动时需要设置启动窗体。启动窗体是在 Program.cs 文件中设置的,改变 Run 方法的参数可以达到设置启动窗体的效果。

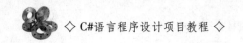

Application.Run(new Form1( ));//默认启动窗体是 Form1

可以通过修改 Run 里的参数来修改启动窗体。

8.1.2 窗体的属性

窗体包含一些基本的组成要素,如图标、标题、显示位置、背景颜色和背景图片等。这些要素的设置可以通过窗体的“属性”面板,也可以通过代码进行设置。

下面来详细介绍窗体的常见属性及属性设置方法。

(1)窗体的图标

添加一个窗体后,位于窗体左上角的图标是默认的图标。想要更换图标的话,可以修改“属性”面板的 Icon 属性。

(2)窗体的标题

窗体的默认标题名称是 Form1、Form2, 以修改“属性”面板的 Text 属性来修改窗体的标题。

(3)窗体的显示位置

可以通过 StartPosition 属性来设置窗体加载时的显示位置。StartPosition 属性一共有 5 个值,属性值及说明如表 8.1 所示。

表 8.1 窗体显示位置属性值及意义

序号	属性值	意 义
1	Manual	位置由 Location 确定
2	CenterScreen	在当前显示窗口中居中
3	CnterParent	在父窗体中居中
4	WindowsDefaultBounds	定位在 Windows 默认位置,其边界由 Windows 默认决定
5	WindowsDefaultLocation	定位在 Windows 默认位置,其尺寸在窗体大小中指定

(4)窗体的大小

可以通过 Size 属性中的 Width 和 Height 设置窗体的宽和高。窗体的长和宽只能是整数。

（5）窗体的背景

可以通过 BackgroundImage 属性设置窗体的背景图片。

8.1.3 窗体的显示与隐藏

（1）窗体的显示

可以通过 show 方法显示窗体。语法：
Public void Show( )

（2）窗体的隐藏

可以通过 Hide 方法隐藏窗体。语法：
Public void Hide( )

8.1.4 窗体事件

Windows 是事件驱动的操作系统，对 Form 类的任何交互都通过事件实现。下面介绍 Form 的常见事件：Load、Click 和 FormClosing。

（1）Load 事件（窗体加载）

窗体加载时将触发 Lord 事件。语法：
Public EventHandler Load

（2）Click 事件（窗体单击）

单击窗体时将触发 Click 事件。语法：
Public EventHandler Click

（3）FormClosing 事件（窗体关闭）

窗体关闭时将触发 FormClosing 事件。语法：
Public event FormClosingEventHandler FormClosing

【任务分析】

窗体上主要控件的属性及功能见表 8.2。

表 8.2　窗体属性设置说明表

对象	属性设置	功　能
Form1	Text:用户登录	标题
	Icon:1.ico	窗体图标
	BackgroundImage:bg2.png	窗体背景图
	BackgroundImageLayout:Stretch	窗体背景图拉伸平铺
	StartPosition:CenterScreen	窗体启动时显示在中间
	MaximizeBox:false	窗体启动后不能最大化
	FormBorderStyle:FixedSingle	窗体启动后不能拖动修改大小

【任务实施】

①打开 VS2010,创建一个名为“form”的窗体应用程序。

②按照表 8.1 设置窗体的各种属性。设置窗体属性的方法如下:

a.单击需要设置属性的窗体。

b.单击“属性”面板,如图 8.6 所示。

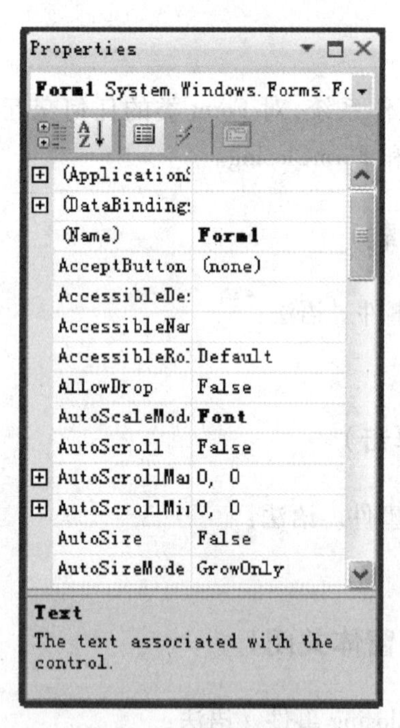

图 8.6　属性窗口

③找到需要设置的属性,以设置窗体图标为例,找到属性“Icon”,单击后面的[...]按钮,在跳出的对话框中找到图标,单击“确定”按钮即可。某些属性只需要直接在后面的输入框中输入属性值即可,例如 Text、Name 属性等。

④为窗体添加 Load 事件。

添加 Load 事件的方法通常是直接双击窗体。还可以在属性面板中单击⚡图标，找到“Load”项进行双击。

```
private void Form1_Load(object sender, EventArgs e)
    {
        if (MessageBox.Show("是否查看登录窗体?", "消息", MessageBoxButtons.OK-
Cancel, MessageBoxIcon.Information) == DialogResult.OK)
        {
        }
    }
```

⑤为窗体添加 FormClosing 事件。

添加 FormClosing 事件的方法是在属性面板中单击⚡图标，找到“FormClosing”项进行双击。

```
    private void Form1_FormClosing(object sender, FormClosingEventArgs e)
    {
if (MessageBox.Show("是否退出登录?", "提示", MessageBoxButtons.YesNo, Message-
BoxIcon.Question) == DialogResult.Yes)
        {

        }
        else
        {
            e.Cancel = true;
        }
    }
```

⑥为窗体添加 Click 事件。

添加 Click 事件的方法是在属性面板中单击⚡图标，找到“Click”项进行双击。

```
private void Form1_Click(object sender, EventArgs e)
{
    MessageBox.Show("单击了登录窗体!");
}
```

⑦为窗体添加控件，如图 8.7 所示。对于有背景图片的窗体，添加控件后，控件的背景默认为白色，会破坏整个背景图片的显示，这时候需要设置 Lable 标题的属性“BackColor”→“Web”→“TransParent”。如图 8.7 中左边的 Lable 没有设置属性，右边的 Lable 设置了属性。

修改第一个文本框名字为：tb_name，第二个文本框名字为：tb_pad。

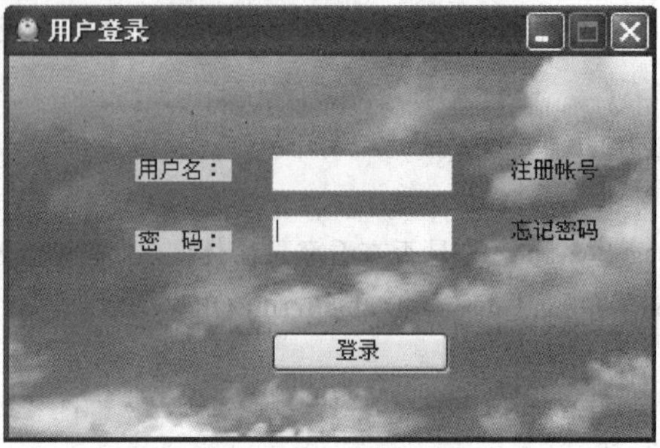

图 8.7 添加控件的登录窗体

⑧双击“登录”按钮，为“登录”按钮添加 Click 事件处理程序，默认的用户名：

```
private void button1_Click( object sender, EventArgs e)
        {
            if ( tb_name.Text == "admin" && tb_psd.Text == "123456")
            {
                Form1 frm1 = new Form1( );//实例化登录窗体
                Form2 frm2 = new Form2( );
                frm1.Hide( );//隐藏登录窗体
                frm2.Show( );//显示 Form2 窗体
            }
        }
```

如图 8.8 所示输入用户名和密码，单击“登录”按钮时，显示如图 8.9 所示的窗体 2。设置密码文本框显示密码字符为“ * ”，且长度不超过 6 位。

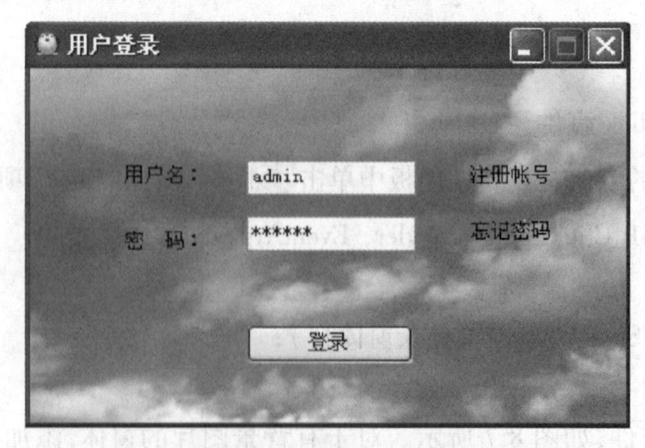

图 8.8 输入用户名和密码的登录窗体

图 8.9　跳出 Form2 窗体

【任务小结】

①启动窗体是在 Program.cs 文件中设置的,改变 Run 方法的参数,可以达到设置启动窗体的效果,比如要设置 Form2 先启动,则打开 Program.cs 文件,修改如下:

```
Application.Run( new Form2( ) );//默认启动窗体是 Form1
```

②设置输入密码为“ * ”,且长度不超过 6 位:

```
tb_psd.PasswordChar = '*';
    tb_psd.MaxLength = 6;
```

【效果评价】

评价表

项目名称	项目 8　MyQQ 的登录和注册窗体	学生姓名	
任务名称	任务 8.1　创建一个登录窗体	分数	
评价标准		分值	考核得分
窗体界面制作		20	
窗体属性设置		20	
窗体事件添加		30	
按钮事件添加		30	
总体得分			
教师简要评语: 教师签名:			

任务 8.2　创建用户注册窗体

【任务描述】

单击任务 8.1 中的“注册”按钮,弹出如图 8.10 所示的注册窗体。输入内容完整后,单击“注册”按钮,弹出如图 8.10 所示已填写注册信息。

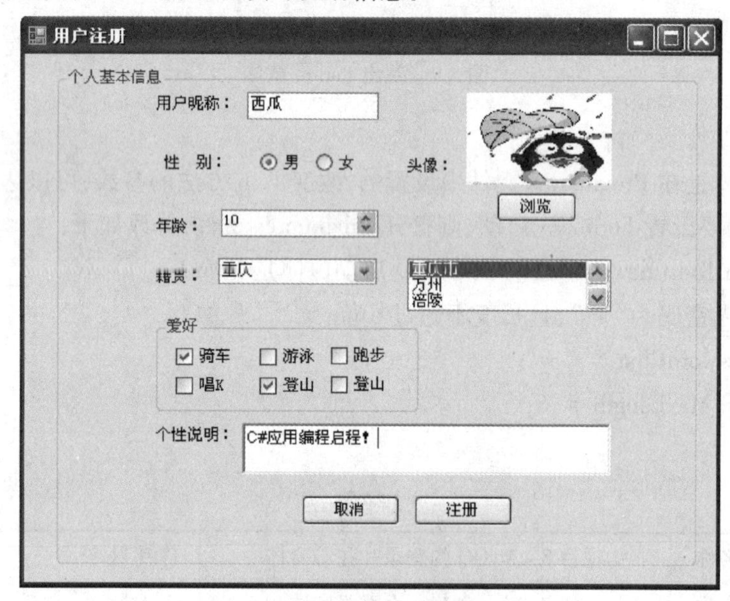

图 8.10　用户注册窗体

【知识准备】

8.2.1　文本控件

(1) Lable 控件

Lable 控件又叫标签控件,主要用于显示不能编辑的文本和标识窗体上的对象,例如图 8.10 注册窗体中的“用户昵称”“性别:”等都是标签控件。标签控件的显示文本默认是 Lable1、Lable2 等。Lable 控件常用属性如表 8.3 所示。

(2) TextBox 控件

TextBox 控件又称文本控件,主要用于获取输入数据,有时候也可显示文本,如注册窗体

中的用户昵称的输入。TextBox 控件的常见属性如表 8.4 所示。

表 8.3　Lable 控件常用属性

属性	设置方式	意　义
Text	①单击 Lable 控件,打开"属性"窗口,修改"Text"属性 ②通过代码修改:Lable1.Text="用户昵称"	设置 Lable 控件的显示文本

visible	①Lable.visible=true;//控件可见
	②Lable.visible=false;//控件不可见
		Lable 控件的可见性

表 8.4　TextBox 控件常用属性

属性	设置方式	意　义
Text	①单击 Lable 控件,打开"属性"窗口,修改"Text"属性 ②通过代码修改:TextBox1.Text="西瓜";	设置 TextBox 控件的显示文本
Multiline	①单击 Lable 控件,打开"属性"窗口,修改"Multiline"属性 ②通过代码修改:TextBox1. Multiline =true; TextBox 控件默认为单行文本,此属性值为 true 表明显示多行文本	设置 TextBox 控件的文本行数
ReadOnly	①单击 TextBox 控件,打开"属性"窗口,修改"ReadOnly"属性 ②通过代码修改:TextBox1. ReadOnly = true; 为 true 表示文本框只读,不能编辑文本框	TextBox 控件的只读属性
PasswordChar	①单击 TextBox 控件,打开"属性"窗口,修改"PsswordChar"属性 ②通过代码修改:tb_psd.PasswordChar = '*'; 在文本框内输入字符时显示"*","*"可以修改为其他符合	创建密码文本框
MaxLength	①单击 TextBox 控件,打开"属性"窗口,修改"MaxLength"属性 ②通过代码修改:tb_psd.MaxLength = 6; 表明输入的字符长度不超过 6 位	设置 TextBox 控件输入文本的长度

(3) RichTextBox 控件

RichTextBox 控件又叫有格式的文本控件,主要用于显示、输入和操作带格式的文本。RichTextBox 控件拥有 TextBox 控件的所有功能,还增加了显示字体、颜色和连接等功能。

1) 在 RichTextBox 控件中显示滚动条

当 RichTextBox 控件的 Multiline 属性为"true"时,表明当文本内容很多时,可以显示滚动条。滚动条的设置可以通过 ScrollBars 属性来实现,ScrollBars 属性值的说明如表 8.5 所示:

表 8.5　RichTextBox 控件的 ScrollBars 属性值及意义

属性值	意　义
Both	ScrollBars 属性的默认值。当文本内容超过控件的长度或宽度时,根据情况显示水平或垂直滚动条,也可以同时显示
None	不显示任何滚动条
Horizontal	当文本内容超过控件的宽度时显示水平滚动条。要想显示水平滚动条,应将 WordWrap 属性设定值为 false,后面同理
Forced Horizontal	始终显示水平滚动条,当文本长度没有超过控件长度时,滚动条为灰色
Vertical	当文本内容超过控件的高度时显示垂直滚动条
Forced Vertical	始终显示垂直滚动条,当文本长度没有超过控件高度时,滚动条为灰色
ForcedBoth	始终显示水平和垂直滚动条
WordWrap	指示多行文本框在必要时是否换行到下一行开始,如果值为 true,则不会显示水平滚动条

2)在 RichTextBox 控件中设置文本属性

在 RichTextBox 控件中显示的文本可以设置字体、大小等属性:

```
richTextBox1.SelectionFont = new Font("楷体",12,FontStyle.Bold);
richTextBox1.SelectionColor = System.Drawing.Color.Red;
```

表明设置显示的文本格式为楷体,12 号大小,加粗,颜色为红色。

3)在 RichTextBox 控件中显示为超链接样式

```
richTextBox1.Text = "欢迎光临学校主页:http://www.cqbi.edu.cn";
```

显示 web 连接 http://www.cqbi.edu.cn 为彩色带下划线形式。

4)在在 RichTextBox 控件中设置段落格式

```
richTextBox1.SelectionBullet = true;
```

设置控件中的内容以项目符号列表的格式排列。

(4)Button 控件

Button 控件也叫做按钮控件,用户通常可以通过单击按钮来执行某些操作。Button 控件最常用的属性是 Text 属性。例如:btn_regist.Text="注册"。Button 控件的常见设置如下:

1)设置按钮为窗体的"接受"按钮

当填写完注册信息后,可以单击"注册"按钮进行注册,也可以通过直接按下"Enter"键来触发按钮的 Click 事件。如果希望直接按下"Enter"键来触发按钮的 Click 事件,需要设置该按钮为"接受"按钮,需要在窗体加载时(Load 事件)进行如下设置:

```
this.AcceptButton=btn_regist;
```

2)设置按钮为窗体的“取消”按钮

取消按钮相当于是当用户按下“ESC”键后触发的按钮,需要在窗体加载时(Load 事件)进行如下设置:

```
this.CancelButton = btn_cancle;
```

8.2.2 选择类控件

(1)RadioButton 控件

RadioButton 控件又称为单选按钮控件,可提供两个或多个互相排斥的选项集,例如性别的选择。下面讲解 RadioButton 控件常见的一些用途:

1)判断 RadioButton 控件是否被选中

当 RadioButton 控件的 Checked 属性为 true 时表明控件被选中。

2)选中状态更改

当 RadioButton 控件选中状态发生更改时,引发控件的 CheckedChanged 事件。

(2)CheckBox 控件

CheckBox 控件又称为复选框控件,提供有多个选项的选择,例如兴趣爱好。下面讲解 CheckBox 控件常见的一些用途:

1)判断 CheckBox 控件是否被选中

当 CheckBox 控件的 CheckState 的属性为 Checked 时表明控件被选中,为 unChecked 时表明控件未被选中。

2)选中状态更改

当 CheckBox 控件选中状态发生更改时,引发控件的 CheckStateChanged 事件。

(3)NumericUpDown 控件

NumericUpDown 控件又叫做数值选择控件,是显示和输入数值的控件。该控件有一个上下箭头,可以通过单击上下箭头来对数值进行增加和减少,也可以直接输入。NumericUpDown 控件常用的属性如表 8.6 所示。

(4)ListBox 控件

ListBox 控件又称列表框,它显示一个项目列表供用户选择。在列表框中,用户一次可以选择一项,也可以选择多项。ListBox 控件常用的属性如表 8.7 所示。

表 8.6　NumericUpDown 控件属性

属　性	设置方式	意　义
Vaule	①单击 NumericUpDown 控件，打开“属性”窗口，设置“Vaule”属性 ②通过代码获得：NumericUpDown1.Vaule	设置 NumericUpDown 控件显示的数值
DecimalPlaces	①单击 NumericUpDown 控件，打开“属性”窗口，修改“DecimalPlaces”属性 ②通过代码修改：NumericUpDown1. DecimalPlaces=3；表示控件中数值显示小数点后 3 位	设置 NumericUpDown 控件的数值显示方式
Minimum	①单击 NumericUpDown 控件，打开“属性”窗口，修改“Minimum”属性 ②通过代码修改：NumericUpDown1. Minimum = 10	设置 NumericUpDown 控件显示的最小数值
Maximum	①单击 NumericUpDown 控件，打开“属性”窗口，修改“Maximum”属性 ②通过代码修改：NumericUpDown1. Maximum = 100	设置 NumericUpDown 控件显示的最大数值

表 8.7　ListBox 控件常用属性

属　性	设置方式	意　义
Items	cbCitys.Items.Add("成都市") 表明为列表框添加“成都市”选项 cbCitys.Items.E=Remove("成都市") 表明从列表框移除“成都市”选项	用于存放列表框中的列表项，是一个集合。通过该属性，可以添加、移除获得列表项的数目
MultiColumn	cbCitys. MultiColumn=true	用来获取或设置一个值，该值指示 ListBox 是否支持多列。值为 true 时表示支持多列，值为 false 时不支持多列
SelectedIndex	cbCitys. SelectedIndex 用于返回选定项的索引	用来获取或设置 ListBox 控件中当前选定项的从 0 开始的索引。如果未选定任何项，则返回值为 1
SelectedItem	province = cbCitys. SelectedItem. ToString()	获取或设置 ListBox 中的当前选定项
SelectedItems	cbCitys.SelectedItems.Count 返回被选定项的数目	获取 ListBox 控件中选定项的集合，通常在 ListBox 控件的 SelectionMode 属性值设置为 SelectionMode. MultiSimple 或 SelectionMode. MultiExtended（它指示多重选择 ListBox）时使用
ItemsCount	cbCitys. ItemsCount	该属性用来返回列表项的数目

ListBox 控件常用事件有 SelectedIndexChanged,在选中项发生改变时触发。

(5)ComboBox 控件

ComboBox 控件又称下拉组合框控件,结合了 TextBox 控件和 ListBox 控件的功能,用于在下拉组合框中显示数据。获取 ComboBox 控件中选中的数据,可以取 ComboBox 控件的 SelectedItem 属性获得。其大多数属性跟 TextBox 控件和 ListBox 控件的属性一致。

8.2.3 分组类控件

(1)Panel 控件

Panel 控件又称为容器控件,主要用于为其他控件提供可识别分组,可以有滚动条。Panel 控件最常用的方法就是 show 方法,show 方法可以显示控件。

(2)GroupBox 控件

GroupBox 控件又叫分组框控件,主要功能是按照分组来细分窗体的功能。例如个人基本信息、爱好分组。GroupBox 控件总是显示边框,也可以显示标题,但是没有滚动条。

8.2.4 PictureBox 控件

PictureBox 控件又称为图片控件,常用属性及说明如表 8.8 所示。

表 8.8　PictureBox 控件常用属性

属　性	设置方式	意　义
Image	单击 PictureBox 控件,打开"属性"窗口,修改"Image"属性	用于指定图片框显示的图像
ImageLocation	①单击 PictureBox 控件,打开"属性"窗口,修改"ImageLocation"属性 ②通过代码修改:string photopath = imgPhoto.ImageLocation 表示获取图片的路径	用于指定图片框显示的图像的文件路径,可在设计或运行时设置
SizeMode	①单击 PictureBox 控件,打开"属性"窗口,修改"SizeMode"属性 ②通过代码修改 imgPhoto. SizeMode = StretchImage	用于指定图像的显示方式,可以指定的各种大小模式包括 AutoSize、CenterImage、Normal 和 StretchImage。默认值为 Normal

【任务分析】

①分析用户注册界面的控件构成，如图 8.11 所示。

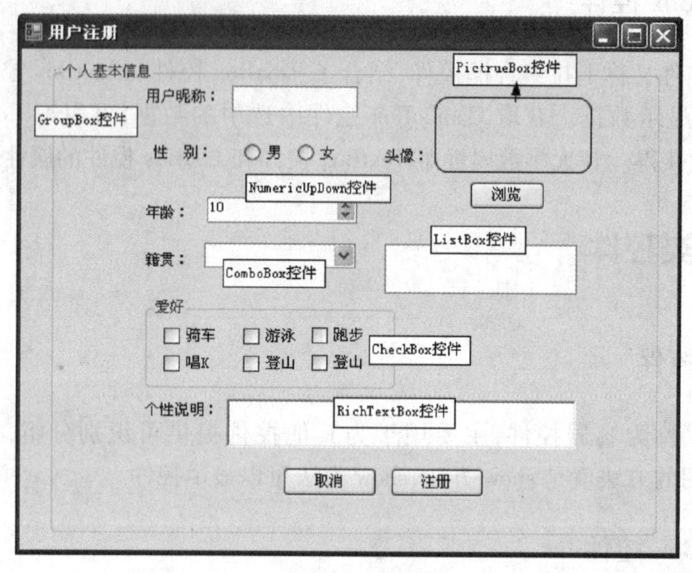

图 8.11 用户注册界面控件构成

因为单击"浏览"按钮时，要弹出对话框选择头像图片，所以还应该添加一个 OpenFile-Dialog 控件。

②窗体上主要控件的属性及功能如表 8.9 所示。

表 8.9 控件属性功能说明表

对 象	属性设置	功 能
TextBox1	Name：tb_name	输入用户昵称文本框
RadioButton1	Name：rb_m	性别男单选按钮控件
RadioButton2	Name：rb_f	性别男女选按钮控件
ComboBox1	Name：cbProvince	显示省份
ListBox1	Name：cbCitys	在选中省份时显示相应的区县
NumericUpDowm1	Minium：10 Maximum：100	设置年龄最小值为 10，最大值为 100
PictrueBox1	Name：imgPhoto SizeMode：StretchImage	显示选择的头像图片，设置图片可伸展

【任务实施】

①打开任务 8.1 中建立的窗体应用程序，添加一个名为 regist 的新窗体。

②构建如图 8.11 所示的窗体界面。首先应该添加一个 GroupBox 控件，设置 TextBox 属

性为"个人基本信息",其余所有的控件添加在 GroupBox 控件中。

③双击"浏览"按钮,添加 Click 事件处理程序如下:

```
private void button1_Click(object sender, EventArgs e)
    {
        //实例化 OpenFileDialog 控件
        OpenFileDialog dlg = new OpenFileDialog();
        //设置对话框标题
        dlg.Title = "选择相片文件";
        //如果单击对话框的"确定"按钮
        if(dlg.ShowDialog() == DialogResult.OK)
        {
          //设置 PictrueBox 的 ImageLocation 属性
          this.imgPhoto.ImageLocation = dlg.FileName;
        }
    }
```

④为名为 cbProvince 的 ComboBox 控件添加 SelectedValueChanged 事件处理程序:

```
private void cbProvince_SelectedValueChanged_1(object sender, EventArgs e)
    {
       //如果选择了"北京"
        if (this.cbProvince.SelectedIndex == 0)
        {
            cbCitys.Items.Clear();
            cbCitys.Items.Add("海淀区");
            cbCitys.Items.Add("丰台区");
            cbCitys.Items.Add("房山区");
            cbCitys.Items.Add("怀柔区");
            cbCitys.Items.Add("西城区");
            cbCitys.SelectedIndex = 0;
        }
        else if(this.cbProvince.SelectedIndex== 3)
            {
            cbCitys.Items.Clear();
            cbCitys.Items.Add("重庆市");
            cbCitys.Items.Add("万州");
            cbCitys.Items.Add("涪陵");
            cbCitys.Items.Add("黔江");
```

```
            cbCitys.SelectedIndex = 0;
            }
    else if (this.cbProvince.SelectedIndex == 2)//选择了四川,后面的城市列表框进行更新
            {
            cbCitys.Items.Clear();
            cbCitys.Items.Add("成都市");
            cbCitys.Items.Add("绵阳");
            cbCitys.Items.Add("宜宾");
            cbCitys.Items.Add("德阳");
            cbCitys.SelectedIndex = 0;
            }
    }
```

⑤添加一个名为 msg 的新窗体,界面布局如图 8.12 所示,用于显示用户注册信息。

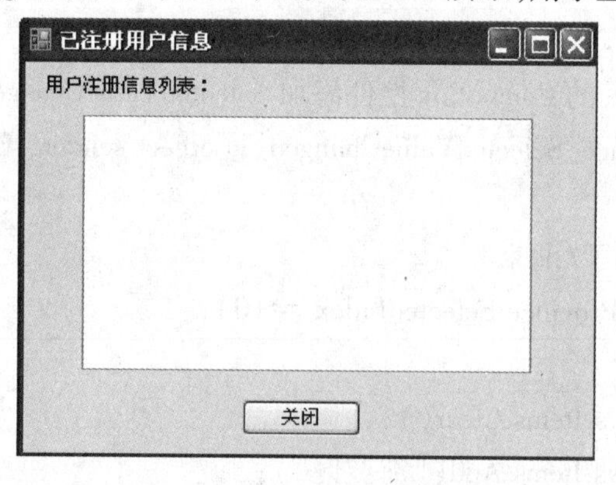

图 8.12　注册用户信息显示

⑥单击"注册"按钮,添加"注册"按钮的 Click 事件处理程序:

```
private void btn_regist_Click(object sender, EventArgs e)
    {
        //接受昵称
        string name = tb_name.Text;
        //接受性别
        string sex = rb_f.Checked ? rb_f.Text : rb_m.Text;
        //接受年龄
        string age = numericUpDown1.Value.ToString ();
        //接受籍贯
        string province = cbProvince.SelectedItem.ToString ();
        province += cbCitys.SelectedItem.ToString ();
```

```
        //接受爱好
        string interesting = "";
        if (cb_bike.CheckState==CheckState.Checked)
        {
            interesting = "骑车";
        }
        if (cb_bike.CheckState == CheckState.Checked)
        {
            interesting += "跑步";
        }
        if (cb_bike.CheckState == CheckState.Checked)
        {
            interesting += "唱 K";
        }
        if (cb_bike.CheckState == CheckState.Checked)
        {
            interesting += "游泳";
        }
        if (cb_bike.CheckState == CheckState.Checked)
        {
            interesting += "网球";
        }
        //保存个性说明
        string description = richTextBox1.Text;
        //保存所有信息
        string msg= name+"\r\n"+age+"\r\n"+sex+"\r\n"+province+"\r\n"+inter-
esting+"\r\n"+description+"\r\n";
        //实例化注册信息显示窗体,利用构造函数参数传递数据
        msg message = new msg(msg);
        message.Show();
        message.Owner = this;
    }
```

⑦单击修改"注册"按钮的 Click 事件处理程序,实现窗体之间的数据传递,窗体间的数据传递有多种方法。这里介绍其中一种方法,通过构造函数从主窗体 regist 向 msg 窗体传值,步骤如下:

a.在"注册"按钮的 Click 事件处理程序后加入如下代码:

```
//实例化注册信息显示窗体,利用构造函数参数传递数据
        msg message = new msg(msg);
        message.Show();
        message.Owner = this;
```

b.在窗体 msg 中,修改构造函数如下:

```
public partial class msg : Form
    {
        //通过构造函数在窗体间传递信息
        public msg(string transfmsg)
        {
            InitializeComponent();
            this.textBox1.Text = transfmsg;
        }
    }
```

⑧单击图 8.1 中的“注册用户”按钮,为其添加 Click 事件处理程序,设置显示“用户注册”窗体:

```
private void label3_Click(object sender, EventArgs e)
        {
            regist rg = new regist();
            rg.Show();
        }
```

⑨单击图 8.1 中登录窗体上的“注册用户”按钮,弹出“用户注册”窗体,输入完用户信息后,单击“注册”按钮,弹出“已注册用户信息”窗体,如图 8.13 所示。

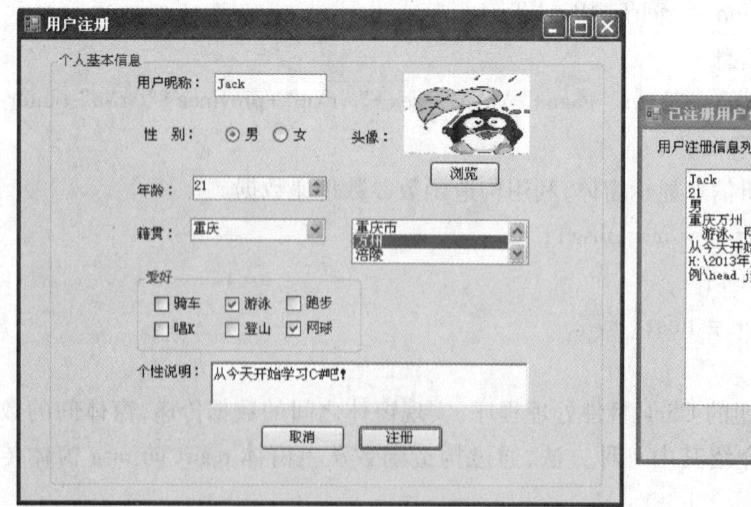

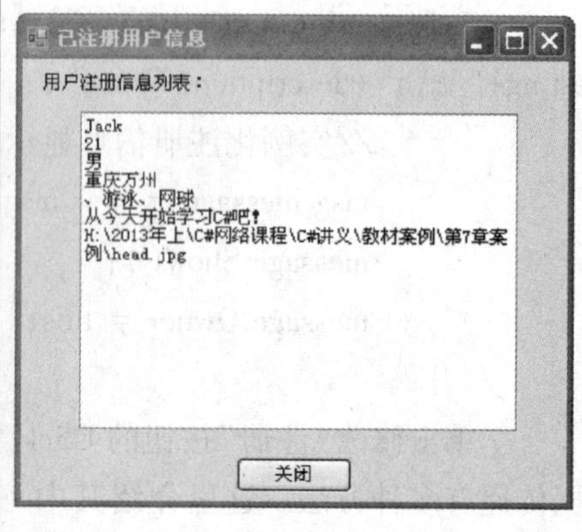

图 8.13　注册显示用户信息

【任务小结】

①窗体之间的数据传递可以通过构造函数从主窗体传递给其他窗体。

②可以通过 ListBox 控件 Items 属性里的 Add 方法和 Remvoe 方法为 ListBox 控件添加或删除项目。

【效果评价】

评价表

项目名称	项目 8　MyQQ 的登录和注册窗体	学生姓名	
任务名称	任务 8.2　创建用户注册窗体	分数	
评价标准		分值	考核得分
窗体界面制作		10	
控件属性设置		10	
“浏览”按钮单击事件添加		20	
“籍贯”相关 ComboBox 控件事件添加		30	
“注册”按钮单击事件添加		30	
总体得分			
教师简要评语： 教师签名：			

任务 8.3　编辑 QQ 主窗体

【任务描述】

修改任务 8.1 中的“QQText”窗体，为其添加 TabControl 控件和 StatusStrip 控件，如图8.14 所示。单击“加载”按钮后，显示加载进度条，如图 8.15 所示。

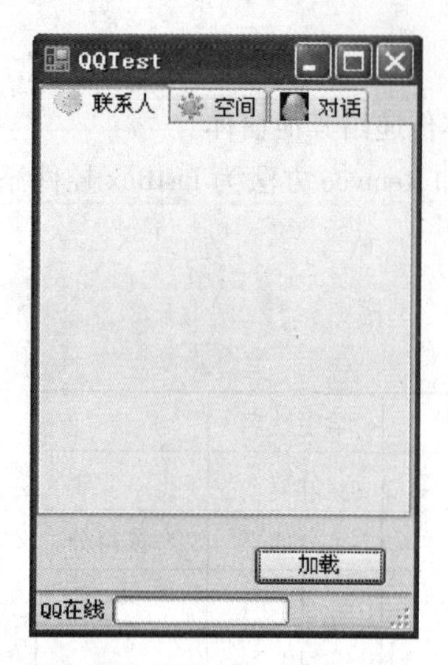

图 8.14 QQTest 面板

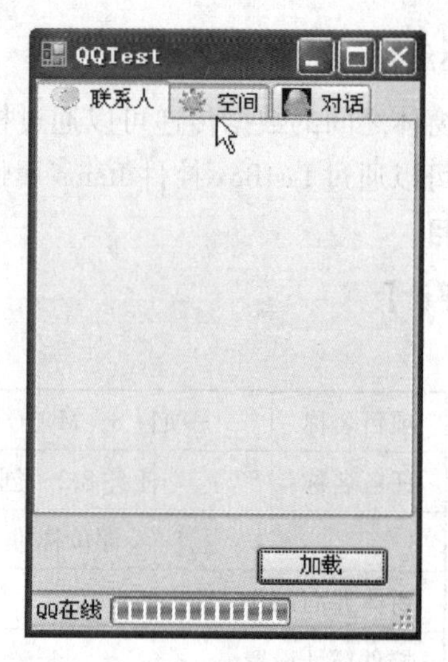

图 8.15 QQTest 面板进度条加载

【任务准备】

8.3.1 TabControl 控件

TabControl 控件又叫选项卡控件，它包含多个选项卡，可以把窗体分成多页，使窗体的功能划分成多个部分，例如我们经常用的 QQ 面板上就用到 TabControl 控件控件，如图 8.16 所示。

图 8.16 QQ 面板的 TabControl 控件

TabControl 控件包含 TabPage 选项卡页。TabControl 控件的 TabPages 属性表示所有 TabPage 的集合。下面介绍 TabControl 控件的常用设置。

添加和移除选项卡有以下两种方式：

①单击 TabControl 控件右边标签下的“Add Tab”和“Remove Tab”可以直接添加或删除一个 TabPage。

②以编程方式添加或删除一个 TabPage。

新增选项卡：

```
string Title = "新增选项卡";//新增选项卡名称
TabPage mytabpage = new TabPage(Title);//实例化新增选项卡
tabControl1.TabPages.Add(mytabpage);//添加新增选项卡到控件中
```

删除选项卡：

```
tabControl1.TabPages.Remove(tabControl1.SelectedTab);
```

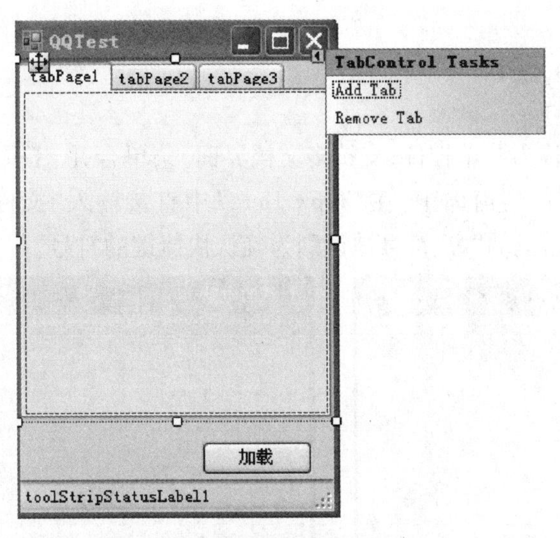

图 8.17　直接添加和删除 TabPage

8.3.2　StatusStrip 控件

StatusStrip 控件又称为状态栏控件，一般处于窗体的最底部，用于显示窗体上的对象的相关信息等。StatusStrip 控件包含 ToolStrpStatusLabel、ToolStrpDropDownButton、ToolStripProgressBar 控件等，如图 8.18 所示。

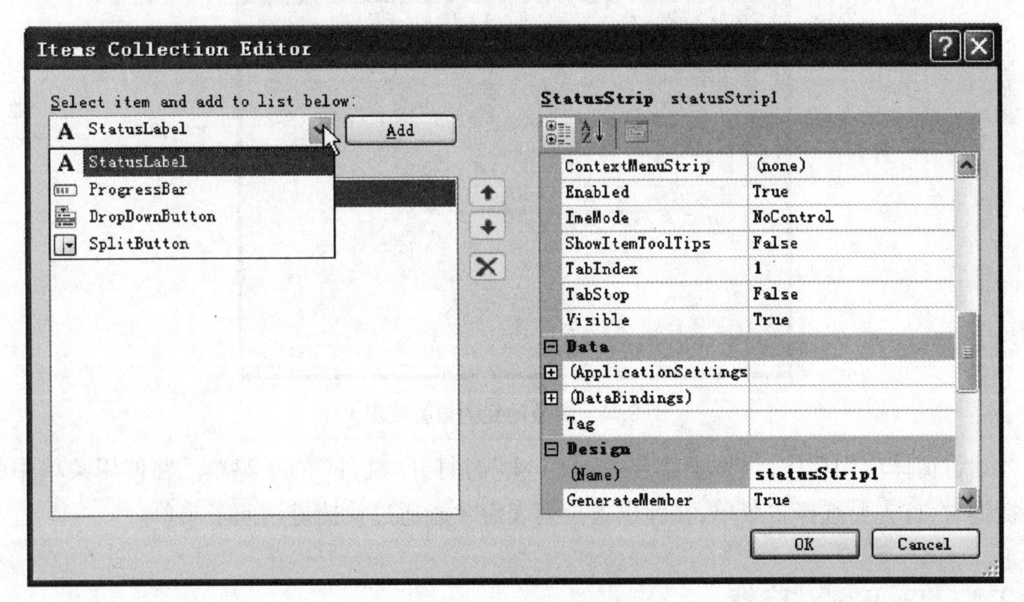

图 8.18　StatusStrip 控件

8.3.3 MenuStrip 控件

MenuStrip 控件又称为菜单控件,支持多文档界面、菜单合并、工具提示和溢出。从工具箱中拖曳 MenuStrip 控件到窗体中,在"Typw Here"中直接输入"文件(&F)",则显示如图 8.19所示"文件(F)",这里的"&"符号被识别为确认快捷键的符号。

图 8.19　创建菜单

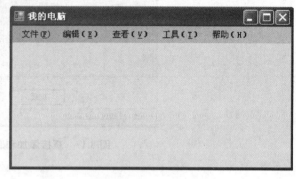

图 8.20　我的电脑菜单

然后创建完整菜单,如图 8.20 所示。

单击"文件"菜单,在其下方的子菜单中输入如图 8.21 所示的子菜单,例如"新建(N)"则输入"新建(&N)"。

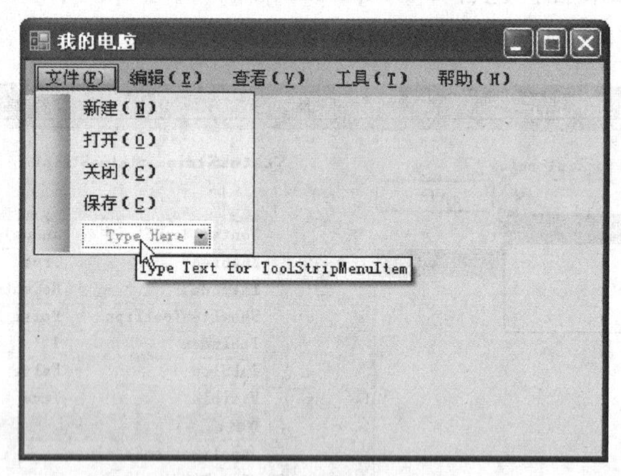

图 8.21　完整的我的电脑菜单

运行窗体应用程序,当按下组合键"ALT+F"时打开"文件"的子菜单。在使用菜单中的快捷键时,首先要选择主菜单,在弹出下拉列表后才能通过快捷键访问子菜单。

8.3.4 ToolStrip 控件

ToolStrip 控件又称为工具栏控件。下面通过在上面的"我的电脑"窗体中添加一个 ToolStrip 控件显示当前系统的时间来讲解 ToolStrip 控件的使用。

从工具箱中拖曳 ToolStrip 控件到窗体中，设置 ToolStrip 控件在窗体中的位置如图 8.22 所示。

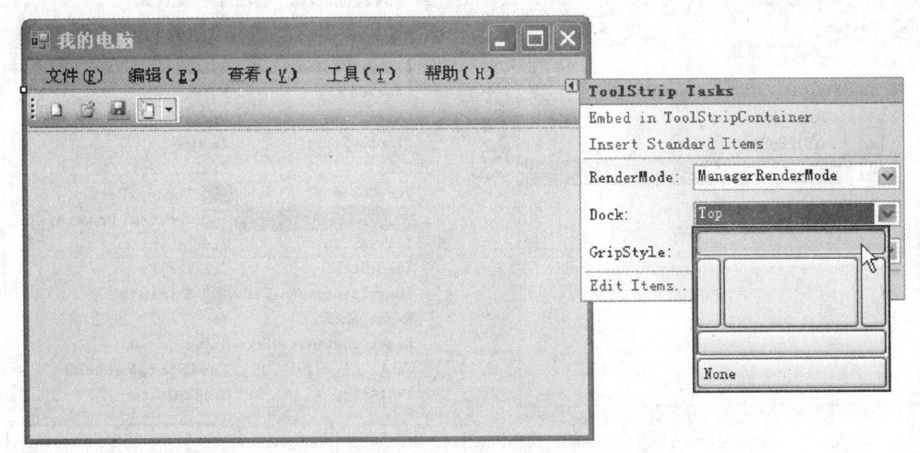

图 8.22　添加 ToolStrip 控件并设定位置

单击 ToolStrip 控件右边的下拉箭头，可以看到如图 8.23 所示的 8 种不同类型：Button，Lable，SplitButton，DropDownButton：，Separator，ComboBox，TextBox 和 ProgressBar。

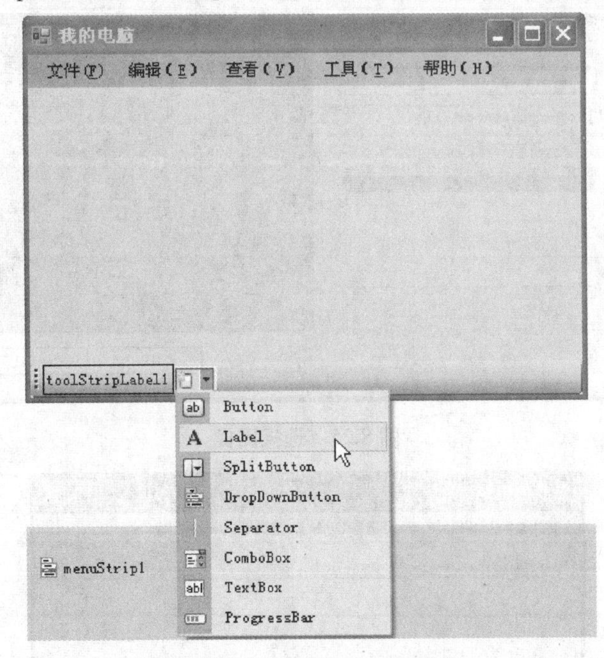

图 8.23　ToolStrip 控件的类型

单击 ToolStrip 控件右边下拉菜单中的"Edit Items"项，打开如图 8.24 所示的对话框。

选择"Button"，单击"Add"按钮，添加 3 个 toolStripButton。单击右边属性窗口中"Image"后的按钮，打开如图 8.25 所示选择图像对话框。

单击"Import"按钮，选择作为 toolStripButton 的图片后，单击"OK"按钮即可。为上面的 3 个 toolStripButton 添加图片，如图 8.26 所示。

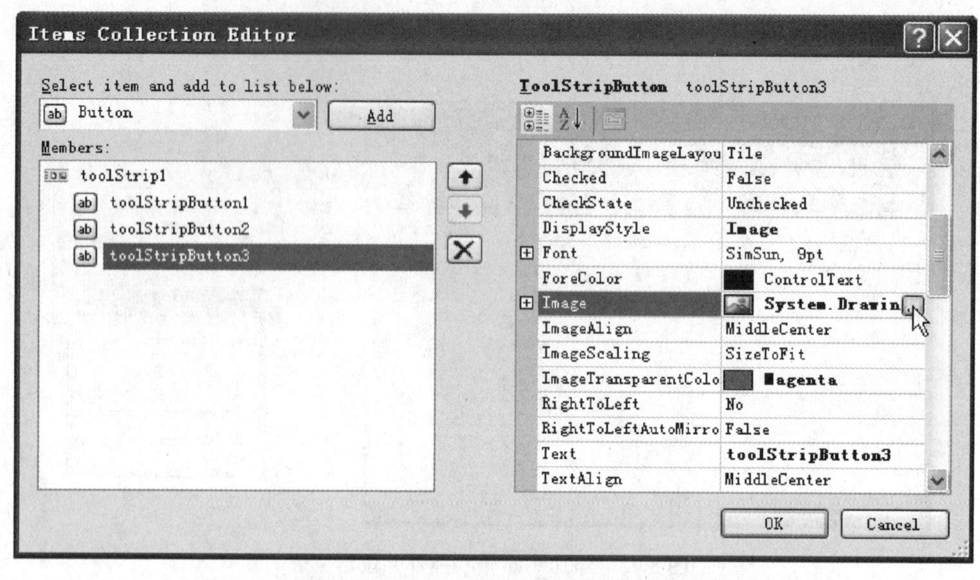

图 8.24　ToolStrip 控件 Edit Items 对话框

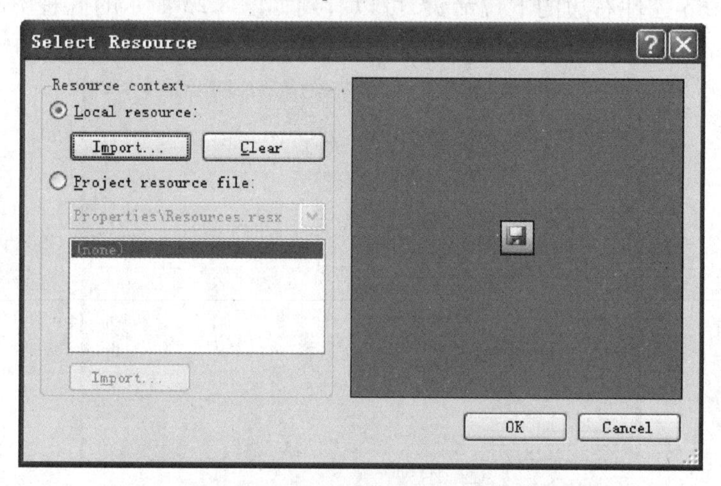

图 8.25　选择图像

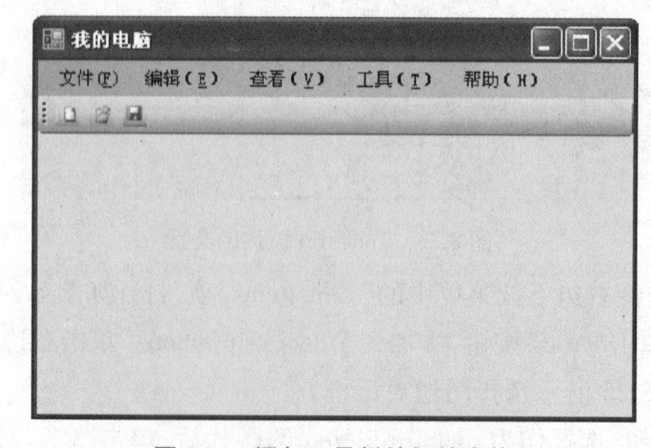

图 8.26　添加工具栏按钮的窗体

8.3.5　ImageList 控件

ImageList 控件又叫存储图像控件，主要用于存储图像资源。ImageList 控件的主要属性是 Images，它包含关联控件将要使用的图片。每个图片可以通过索引值或键值来访问，imageList1.Images[index]。

在 ImageList 控件中添加图像，其语法是：

public void Add(Image value)

例如：imageList1.Add(image)；//image 是一个 Image 对象。

在 ImageList 控件中删除图像，其语法是：

public void RemoveAt(int index)//index 表示要移除图像的索引

移除所有图像，用 Clear()方法。

【任务分析】

①"QQTest"窗体的上方是一个 TabControl 控件，包含 3 个 TabPage，每个 TabPage 由图片和文字组成。窗体下方是一个 StatusStrip 控件，由 StatusLable 显示"QQ 在线"几个字，由 ProgressBar 显示进度条。

②每个 TabPage 由图片和文字组成，应该添加一个 ImageList 控件来存放显示的图片。

【任务实施】

①打开任务 8.1 窗体应用程序，打开 Form2 窗体。

②按照图 8.14 布置界面。

③添加一个 ImageList 控件，单击如图 8.27 所示 ImageList 控件右边的标记，单击"Choose images"，打开如图 8.28 所示的对话框。单击"Add"按钮选择所需要添加的图片（也可以单击"Remove 按钮删除选中的图片"），图片签名的数字"0""1""2"是图片的索引，对应图片的位置，然后单击"OK"按钮即设置好 ImageList 控件。

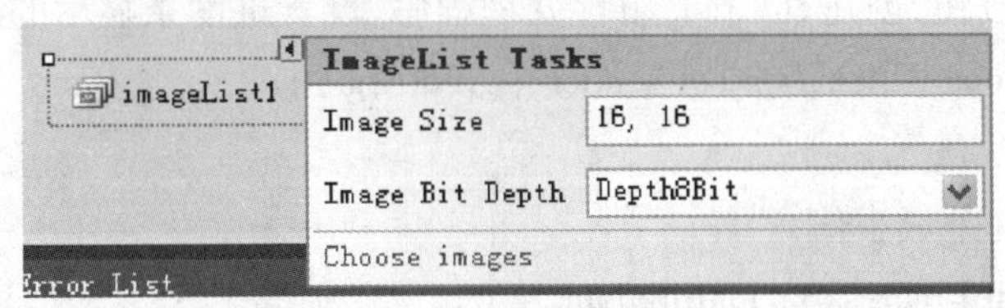

图 8.27　ImageList 控件

④在 Form2 窗体的 Load 事件中设置 TabControl 控件：

```
private void Form2_Load(object sender, EventArgs e)
    {
        tabControl1.ImageList = imageList1;
        // TabPage 的图片索引
        tabPage1.ImageIndex = 0;
```

```
        // TabPage 的文本
        tabPage1.Text = "联系人";
        tabPage2.ImageIndex = 1;
        tabPage2.Text = "空间";
        tabPage3.ImageIndex = 2;
        tabPage3.Text = "对话";
        //工具栏的设置
        toolStripStatusLabel1.Text = "QQ 在线";
    }
```

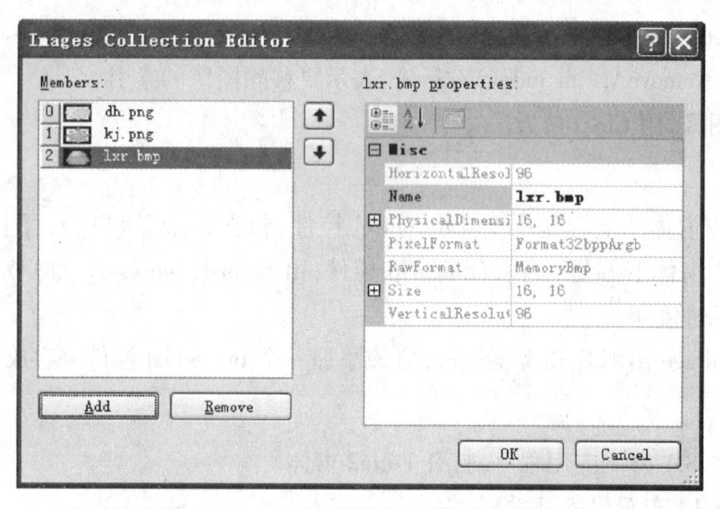

图 8.28　ImageList 控件图片编辑对话框

⑤设置 StatusStrip 控件。单击如图 8.29 所示 StatusStrip 控件右边的标签，单击“Edit Items”，打开如图 8.30 的对话框。在下拉列表框中选择 ToolStrpStatusLabel 和 ToolStripProgressBar，单击“Add”按钮将其添加到状态栏控件中。

⑥双击“加载”按钮，创建其 Click 事件处理程序，设置进度条显示的参数。

```
private void button1_Click (object sender, EventArgs e)
    {
        //进度条最小值
        toolStripProgressBar1.Minimum = 0;
        //进度条最大值
        toolStripProgressBar1.Maximum = 5000;
        //进度条变化速度
        toolStripProgressBar1.Step = 2;
        for (int i = 0; i < 5000; i+)
        {
            //执行进度条的变化
```

```
            this.toolStripProgressBar1.PerformStep( );
        }
    }
```

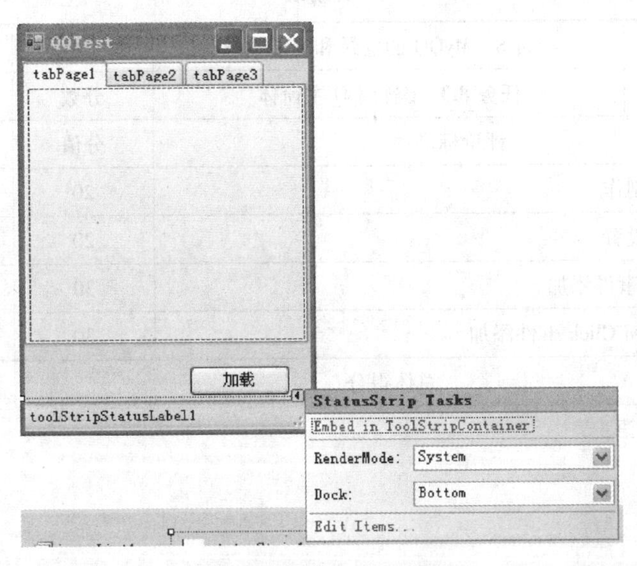

图 8.29 StatusStrip 控件

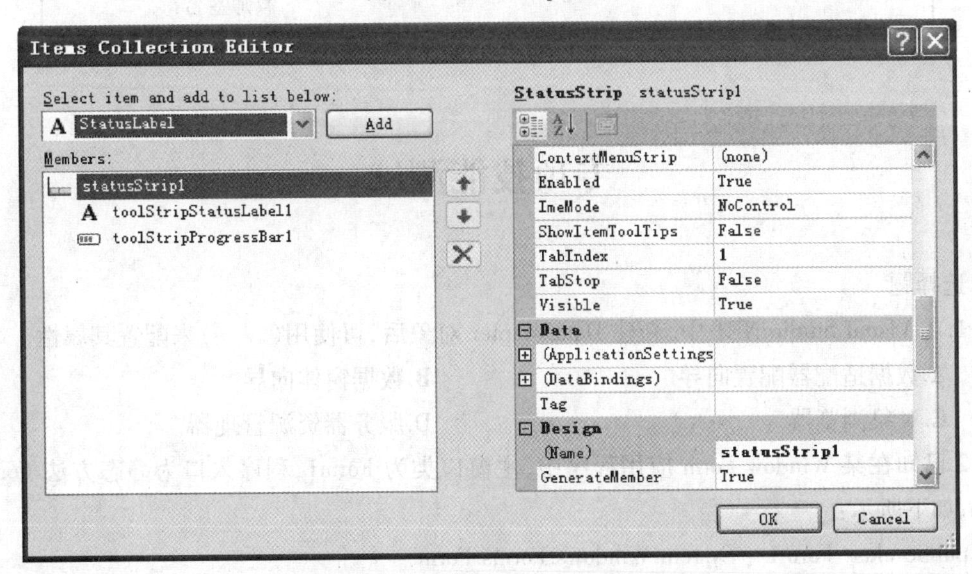

图 8.30 StatusStrip 控件编辑对话框

【任务小结】

(1)判断选中的选项卡(TabPage)

1)用 TabControl 的 SelectedTab 属性

if(tabControl1.SelectedTab == tabPage2)

2)用 TabControl 的 SelectedIndex 属性

if(tabControl1.SelectedTab == 1)

(2)一旦 ImageList 控件与某个 Windows 通用控件相关联,就可以在过程中用 Index 属性或 Key 属性的值来引用 ListImag 对象了。

评价表

项目名称	项目8　MyQQ 的登录和注册窗体	学生姓名	
任务名称	任务8.3　编辑 QQ 主窗体	分数	
评价标准		分值	考核得分
窗体界面制作		20	
控件属性设置		20	
窗体 Load 事件添加		30	
“加载”按钮 Click 事件添加		30	
总体得分			
教师简要评语： 教师签名：			

专项技能测试

选择题

1.在 Visual Studio.NET 中,新建 DataAdapter 对象后,可使用(　　)来配置其属性。

A.数据适配器配置向导　　B.数据窗体向导

C.对象浏览器　　D.服务器资源管理器

2.已知在某 Window Form 应用程序中,主窗口类为 Form1,程序入口为静态方法 Form1. Main,如下所示：

```
public class Form1 : System.Windows.Forms.Form
        {
            //其他代码
            static void Main( )
            {
                //在此添加合适代码
            }
        }
```

则在 Main 方法中打开主窗口的正确代码是(　　)。

A.Application.Run(new Form1( ))　　B.Application.Open(new Form1( ))

C.((new Form1( )).Open( )　　D.((new Form1( )).Run( )

3.在 Visual Studio.NET 窗口中,在(　　)窗口中可以查看当前项目的类和类型的层次信息。

A.类视图　　B.属性

C.解决方案资源管理器　　D.资源视图

4.WinForms 中的状态栏由多个(　　)组成。

A.面板　　B.图片框　　C.标签　　D.按钮

5.Windows Form 应用程序中,要求按钮控件 Butoon1 有以下特性:正常情况下,该按钮都是扁平的,当鼠标指针移动到它上面时,按钮升高。在程序中,属性 Button1.FlatStyle 的值应设定为(　　)。

A.System.Windows.Forms.FlatStyle.Flat

B.System.Windows.Forms.FlatStyle.Popup

C.System.Windows.Forms.FlatStyle.Standard

D.System.Windows.Forms.FlatStyle.System

拓展实训

实训 8.1　模拟我的电脑窗口

<实训描述>

利用 ListView 控件模拟“我的电脑”窗口,运行时默认其中的第 1 个项目被选择。项目效果如图 8.31 所示。

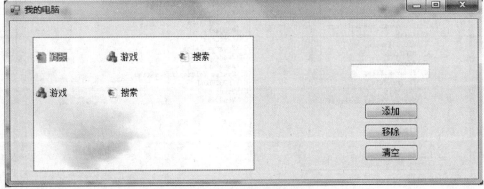

图 8.31　模拟我的电脑

<实训要求>

①单击“添加”按钮时,把文本框里的内容作为新项目添加到“我的电脑”窗口中。

②单击“移除”时,把“我的电脑”窗口中选定的项目删除。

③单击“清空”时,清空“我的电脑”窗口中的所有项目。

④为每个项目前面添加一个图标。

⑤为 ListView 控件添加背景图片使每个项目的文字可以被修改。

<实训点拨>

①此实训用到列表视图控件 ListView。

②在 ListView 控件中添加项。语法:

public virtual ListViewItem Add(string text,int imageIndex)

- text 表示项的文本。
- imageIndex 表示要为该项显示图标的索引。

③在 ListView 控件中移除项。语法:

public virtual RemoveAt(int index)

- index 表示被移除项的索引,索引从 0 开始。

④在 ListView 控件中移除所有项。语法:

public virtual Clear( )

index 表示被移除项的索引,索引从 0 开始。

实训 8.2 模拟资源管理窗体

<实训描述>

利用 TreeView 控件模拟资源管理器中的树形目录,利用 ListView 控件模拟文件显示窗口。项目效果如图 8.32 所示。

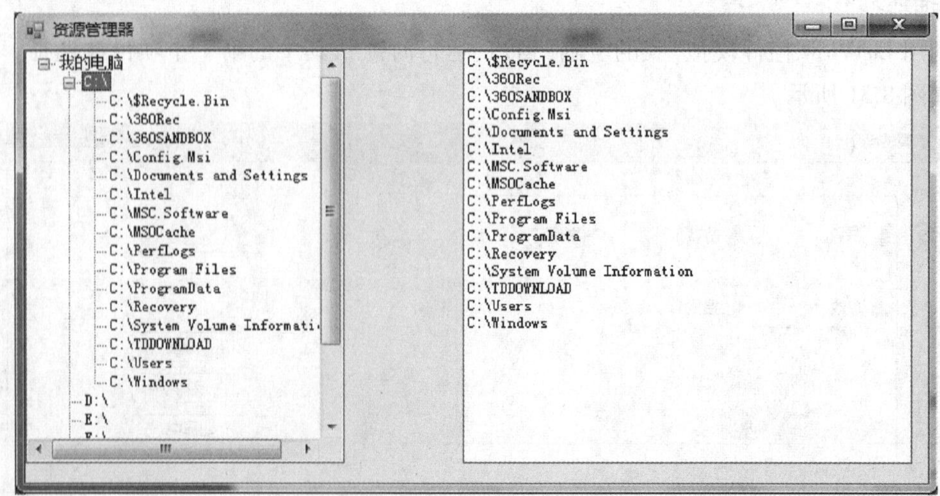

图 8.32 资源管理器

<实训要求>

①单击“我的电脑”根节点时，下方出现硬盘分区名称。

②单击盘符“C:\”时，树形结构中显示相应目录下的文件，其余类似。

③双击右边窗口的文件名时，显示其下级目录中的所有文件。

<实训点拨>

①此实训要用到 TreeView 树控件。

②添加树节点。语法：

public virtual int Add(TreeNode node)

- node 表示要添加到集合中的 TreeNode。
- 返回值表示添加到树节点集合中的 TreeNode 的索引值，索引值从 0 开始。

③移除树节点。语法：

public void Remove(TreeNode node)

- node 表示要从集合中移除的 TreeNode。在删除节点时要确定节点被选中。

实训 8.3　有验证效果的用户注册

<实训描述>

修改任务 8.2 中的用户注册窗体，为窗体添加输入密码和确定密码文本框，通过 ErrorProvider 控件验证两次密码输入相同。项目效果如图 8.33 所示，注册成功时跳到用户注册信息显示窗体，不成功时弹出如图 8.34 所示的对话框。

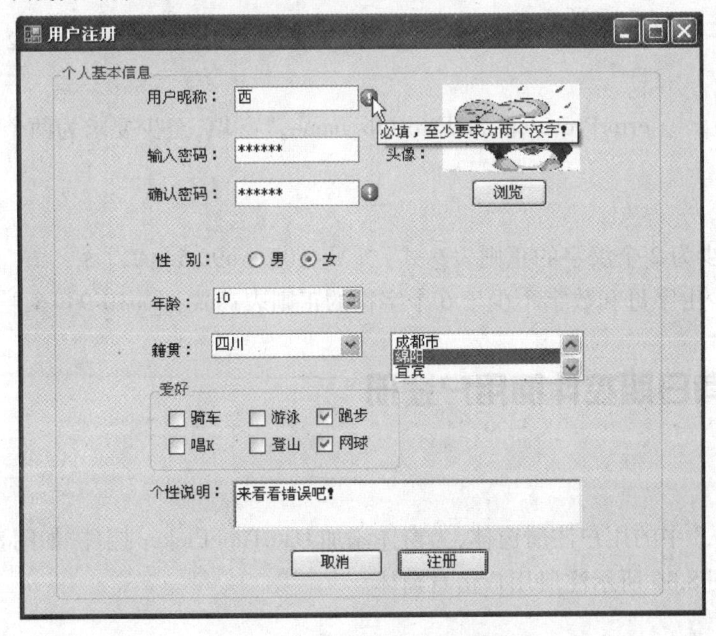

图 8.33　修改后的注册窗体

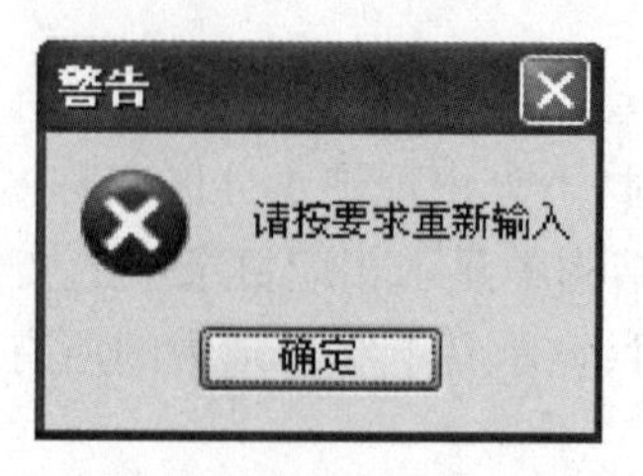

图 8.34　注册不成功的提示

<实训要求>

①输入昵称时,要求至少有两个汉字,如没有则给出闪烁提示。

②密码要求是由字母和数字组成的至少 6 个字符。

③重复输入密码时要求两次输入必须一致。

④单击"注册"按钮时给出成功或失败提示。

<实训点拨>

①本实训要用到 ErrorProvider 控件,通过 SetError 方法设置指定控件的错误描述字符串。语法:

```
public void SetError(Control control,string value)
```

- control 表示要设置错误描述字符串的控件。
- value 表示错误描述字符串。

②为 tb_name 输入昵称控件添加的 Validating 事件:

```
private void tb_name_Validating(object sender, CancelEventArgs e)
        {
            if (! Regex.IsMatch(tb_name.Text, "^[\u4e00-\u9fa5]{2,}$"))
            {
                errorProvider1.SetError(tb_name,"必填,至少要求为两个汉字!");
            }
        }
```

- 判断至少为 2 个汉字的正则表达式:^[\u4e00-\u9fa5]{2,}$

③判断至少由字母和数字不少于 6 个字符的正则表达式:^[a-z0-9]{6,}$。

实训 8.4　有日期控件的用户注册

<实训描述>

修改实训 8.3 中的用户注册窗体,为窗体添加 DateTimePicker 控件,如图 8.35 所示,注册成功后跳到如图 8.36 所示注册用户信息窗体。

<实训要求>

注册成功后,跳到图 8.36 所示窗口,增加显示出生日期。

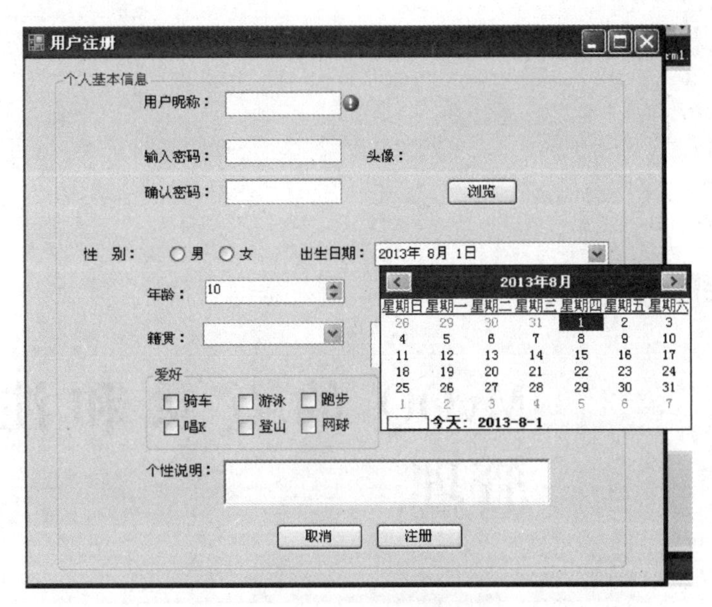

图 8.35　注册窗体

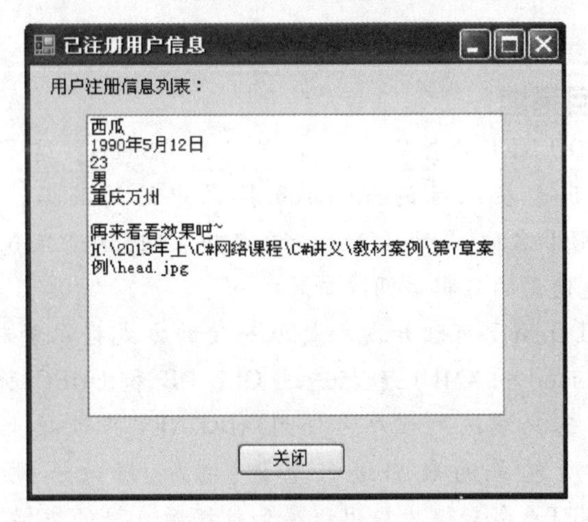

图 8.36　用户注册信息

<实训点拨>

本实训要用到 DateTimePicker 控件。DateTimePicker 控件的 Text 属性返回控件格式中完整的日期。Value 属性的 Year、Month 和 Day 方法返回相应的年、月、日。

项目 9

MyQQ 的登录和注册管理

●项目描述

ADO.NET 的全称是 ActiveX Data Objects。这是一个广泛的类组，用于在以往的 Microsoft 技术中访问数据。之所以使用 ADO.NET 名称，是因为 Microsoft 希望表明，这是在 NET 编程环境中优先使用的数据访问接口。

ADO.NET 可让开发人员以一致的方式存取资料来源(例如 SQL Server 与 XML)，包括透过 OLE DB 和 ODBC 所公开的资料来源。客户端应用程序可使用 ADO.NET 来连接至这些资料来源，对所包含的数据进行查询、增加、修改和删除。可以把 ADO.NET看成数据库应用程序和数据源直接的桥梁，它提供了一个面向对象的数据访问架构。这种关系如图 9.1 所示。

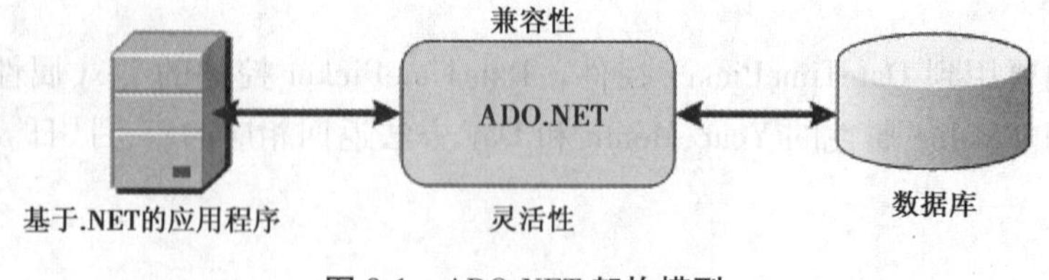

图 9.1　ADO.NET 架构模型

本项目将完善项目 8 中的任务。

●学习目标

1.认识 ADO.NET 数据库访问架构的组成部分。
2.知道数据库连接对象 Connection。
3.知道 SQL 语句执行对象 Command。
4.知道数据读取对象 DataReader。
5.知道数据适配器对象 DataAdapter。
6.知道数据集对象 DataSet。
7.知道 DataGridView 数据控件的常用操作。

●能力目标

1.学会定义数据库连接字符串 。
2.学会创建 Connection 对象。
3.学会数据库的打开和关闭。
4.学会使用 Command 对象向数据执行 SQL 语句。
5.学会使用 DataReader 对象读取数据。
6.学会利用 DataAdapter 对象对 DataSet 对象进行填充。
7.学会利用 DataGridView 控件浏览数据。

任务 9.1 完善用户注册窗体

【任务描述】

使用 SQL Server 数据库,创建一个名为 QQMessage 的数据库,在 QQMessage 数据库下创建一个名为 tb_UserMsg 的表。打开任务 8.2,首先完成项目 8 中的实训 8.4,如图 9.2 所示。然后修改程序,当单击“注册”按钮的时候能够向 QQMessage 数据库中表 tb_UserMsg 中保存用户注册信息,如图 9.3 所示,并弹出如图 9.4 所示消息框。

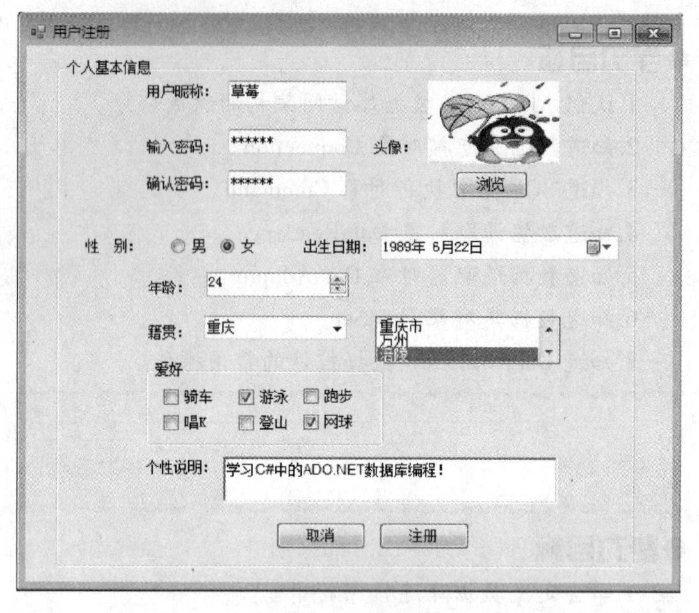

图 9.2　注册窗体

表 - dbo.tb_UserMsg | 表 - dbo.tb_UserMsg | 摘要

	Name	Birthady	Password	Age	Sex	Province	Interesting	Description	Img
▶	木瓜	2013年8月4日	123456	10	男	四川绵阳		111	F:\2013年上\C...
	西瓜	1989年6月14日	123456	10	男	重庆万州	骑车、跑步、...	22222	F:\2013年上\C...
	草莓	1989年6月22日	123456	24	男	重庆涪陵		学习C#中的AD...	F:\2013年上\C...
*	NULL	NULL	NULL	NULL	NULL	NULL	NULL	NULL	NULL

图 9.3　用户信息表

图 9.4　用户注册成功

【知识准备】

9.1.1　Connection 对象

(1)什么是 Connection 对象

Connection 对象的主要功能是创建应用程序与数据库之间的连接,主要包括 4 种类型访问数据库的对象,不同类型所对应的数据提供程序不同。表 9.1 中分别列出了这 4 种不同的数据提供程序以及相对应的命名空间。

表 9.1 不同类型的 Connection 对象

编号	数据提供程序	命名空间	类 型
1	SQL Server 数据提供程序	System.Data.SqlClient	sqlConnection
2	ODBC 数据提供程序	System.Data.Odbc	OdbcConnection
3	OLEDB 数据提供程序	System.Data.OleDb	OleDb Connection
4	Oracle 数据提供程序	System.Data.OracleClient	OracleConnection

其中,Access 和 MySQL 数据库都是 OLEDB 公开的数据库。

(2)连接数据库

在连接数据库时,根据所使用数据库的不同,要引入不同的命名空间,使用命名空间中制定的连接创建数据库连接对象。本书后面所出现的任务及实训中,主要以 SQL Server 数据库为例。按照以下步骤连接数据库:

①首先通过 using System.Data.SqlClient 引入命名空间;

②声明数据库连接字符串。例如要连接一个名为 QQMessage 的数据库:

```
string connString = " Data Source =.; Initial Catalog = QQMessage; User ID = sa; pwd = 123456";
```

连接字符串的说明如下:

➢ Data Source:服务器名称,“.”或者“loacalhost”表示本地服务器。

➢ Initial Catalo:数据库的名称。

➢ User ID,pwd:表示数据库的登录名和密码,需要在数据库安装时进行配置。

③然后创建 Connection 对象:

```
SqlConnection connection = new SqlConnection(connString);
```

④最后通过 Open( )方法打开数据库:

```
connection.Open( );
```

通过 SqlConnection 的对象 connection 的 State 属性可以进一步判断数据库的连接状态。State 属性是 ConnectionState 类型的枚举值之一,其说明见表 9.2。

表 9.2 ConnectionState 枚举值

枚举值	说 明
Broken	连接中断。可以关闭后重新打开处理这种状况
Closed	连接关闭
Connecting	正在连接
Executing	正在执行命令
Fetching	正在检索数据
Open	连接打开

(3)关闭数据库连接

对数据库的操作完毕时,应该关闭与数据库的连接,释放被占用的资源。关闭数据库连接有两种方法:Close 方法和 Dispose 方法。这两种关闭数据库连接方法的区别在于:Close()方法只是关闭连接,而 Dispose()方法还同时清理连接所占用资源。

关闭上面打开的数据库连接:

```
connection.Close();
```

数据库连接有打开,在后面一定有关闭。

9.1.2 Command 对象

(1)什么是 Command 对象

Command 对象是一个数据命令对象,主要功能是向指定的数据库发送查询、修改和删除的 SQL 命令。应用程序与数据库成功连接后,通过 Command 对象可以执行命令从数据源返回执行完 SQL 语句的结果。

根据所使用的数据库的不同,Command 对象有不同的形式,主要有如表 9.3 所示的几种方式,这几种方式跟表 9.1 中不同类型的 Connection 对象对应使用。

表 9.3 不同类型的 Connection 对象

编号	数据提供程序	命名空间	类 型
1	SQL Server 数据提供程序	System.Data.SqlClient	sqlCommand
2	ODBC 数据提供程序	System.Data.Odbc	OdbcCommand
3	OLEDB 数据提供程序	System.Data.OleDb	OleDbCommand
4	Oracle 数据提供程序	System.Data.OracleClient	OracleCommand

在使用 OracleCommand 时,要引入 System.Data.OracleClient 命名空间,但是默认情况下没有此命名空间,所以需要将程序集 System.Data.OracleClient.dll 引入到项目中。

定义一个 Command 对象:

```
SqlCommand command = new SqlCommand();
```

(2)设置 Command 对象的属性

Command 对象有 3 个重要属性,分别是 Connection、CommandText 和 CommandType。

Connection:用于设置 sqlCommand 的对象。

CommandText:用于设置要执行的 SQL 语句或存储过程。

CommandType:用于设置 CommandText 的类型。类型有 StroedProcedure(存储过程名称)、TableDirect(表的名称),Text(SQL 文本命名)。

对上面定义的 Command 对象设置属性:

```
command.Connection = connection;
command.CommandText = sql;
command.CommandType = CommandType.Text;
```

sql 代表要执行的 SQL 语句,在后面“任务分析”中会讲到。

Command 的属性设置也可以在定义对象时直接给定,也可以简单地用以下方式实现:

```
SqlCommand command = new SqlCommand(sql, connection);
```

(3)执行 SQL 语句

要执行 Command 对象中设置的 SQL 语句,有以下几种常见的方法:

1)ExecuteNonQuery 方法

语法:

```
Public override int ExecuteNonQuery()
```

该方法返回受影响的行数。

在插入功能的 SQL 语句时,可以用此方法来判断是否插入成功。

2)ExecuteRead 方法

语法:

```
Public SqlDataReader ExecuteRead ()
```

该方法返回 SqlDataReader 对象。

3)ExecuteScalar 方法

语法:

```
Public override Object ExecuteScalar ()
```

该方法返回值为结果集中第一行的第一列,当结果集为空时返回空引用。

【任务分析】

①打开 SQL Server 数据库,新建数据库 QQMessage,新建表 tb_UserMsg。表结构如表 9.4 所示。

②要执行的 SQL 语句如下:

```
string sql = String.Format("insert into tb_UserMsg values ('{0}','{1}','{2}','{3}','{4}','{5}','{6}','{7}','{8}')",name,birthday,password,age,sex,province,interesting,description,photopath);
```

在对表进行插入操作时,要注意表的列结构,插入值的前后顺序应该跟表中列的前后顺序一致。

③SqlCommand 对象采用 ExecuteNonQuery()方法执行 SQL 语句,目的是为了根据返回

受影响的行数判断注册是否成功。

表 9.4　表 tb_UserMsg

列　名	数据类型	是否允许为空	说　明
Name	string	否	用户姓名(主键)
Birthday	string	是	用户生日
Password	string	否	登录密码
Sex	string	是	用户性别
Age	string	是	用户年龄
Province	string	是	用户籍贯
Interesting	string	是	用户兴趣
Description	string	是	用户描述
Img	string	是	头像保存路径

【任务实施】

①打开 SQL Server,新建一个名为 QQMessage 的数据库,名为 tb_UserMsg 的数据表。

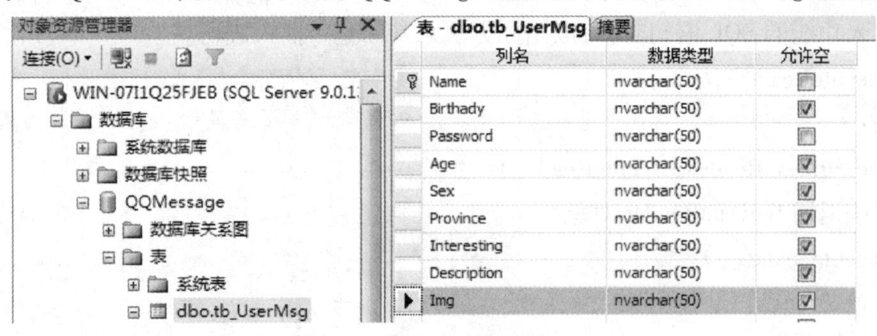

图 9.5　数据库和数据表

②修改"注册"按钮的 Click 事件处理程序,在后面添加如下代码:

```
//把注册信息存入数据库
// 数据库连接字符串
string connString = " Data Source =.; Initial Catalog = QQMessage; User ID = sa; pwd =
123456";
// 创建 Connection 对象
SqlConnection connection = new SqlConnection(connString);
string sql = String.Format("insert into tb_UserMsg values('{0}','{1}','{2}','{3}','
{4}','{5}','{6}','{7}','{8}')",name,birthday,password,age,sex,province,interesting,de-
scription,photopath);
connection.Open();// 打开数据库连接
```

```
SqlCommand command = new SqlCommand();
command.Connection = connection;
command.CommandText = sql;
command.CommandType = CommandType.Text;
//返回受影响的行数,如果 num>0 表示插入信息成功
int num=command.ExecuteNonQuery();
if (num > 0)
  {
    MessageBox.Show("用户注册成功!");
    string msg=name+"\r\n"+birthday+"\r\n"+age+"\r\n"+sex+"\r\n"+province+"\
r\n"+interesting+"\r\n"+description+"\r\n"+photopath+"\r\n";
    //实例化注册信息显示窗体,利用构造函数参数传递数据
     msg message = new msg(msg);
     message.Show();
     message.Owner = this;
  }
 else
  {
        MessageBox.Show("用户注册失败!");
  }
    // 关闭数据库连接
 connection.Close();
```

③查看程序运行结果。

【任务小结】

①设置 Command 对象的两种方法:

a.通过属性设置

```
SqlCommand command = new SqlCommand();
command.Connection = connection;
command.CommandText = sql;
command.CommandType = CommandType.Text;
```

b.在定义 Command 对象的时候直接设置,通常采用这种方式:

```
SqlCommand command = new SqlCommand(sql, connection);
```

②当对数据库表执行插入操作时,如果需要验证插入是否成功,可采用 ExecuteNonQuery()方法执行 SQL 语句。

【效果评价】

评价表

项目名称	项目9　MyQQ的登录和注册管理	学生姓名	
任务名称	任务9.1　完善用户注册窗体	分数	
评价标准		分值	考核得分
新建数据库和表		20	
创建数据库连接对象和打开数据库连接		20	
使用 Command 对象执行 SQL 语句		20	
利用构造函数在窗体间进行值传递		20	
修改"注册"按钮功能		20	
总体得分			
教师简要评语： 教师签名：			

任务9.2　完善用户登录窗体

【任务描述】

对任务8.2中的用户登录窗体进行修改。之前的用户登录窗体，当用户名为："admin"，密码为："123456"时，登录成功。现在修改"登录"按钮的 Click 事件处理程序，在用户登录时，如果用户名和密码存在表 tb_UserMsg 中，弹出消息框"＊＊＊，欢迎登录！"。如果是用户名错误，则弹出消息框"用户名不存在！"，如图9.6所示；如果是密码错误，则弹出消息框"用户密码错误！"，如图9.7所示。

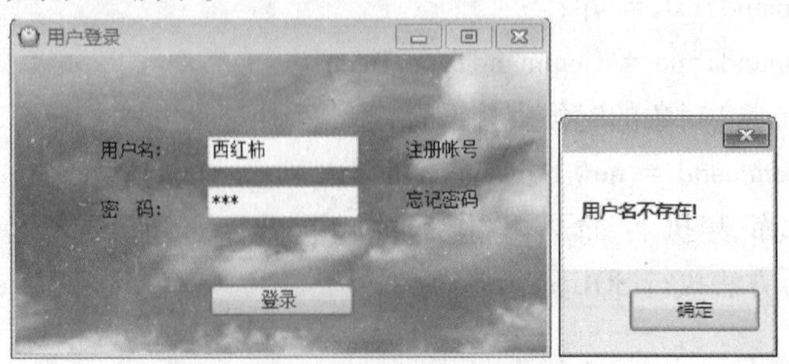

图9.6　用户密码错误

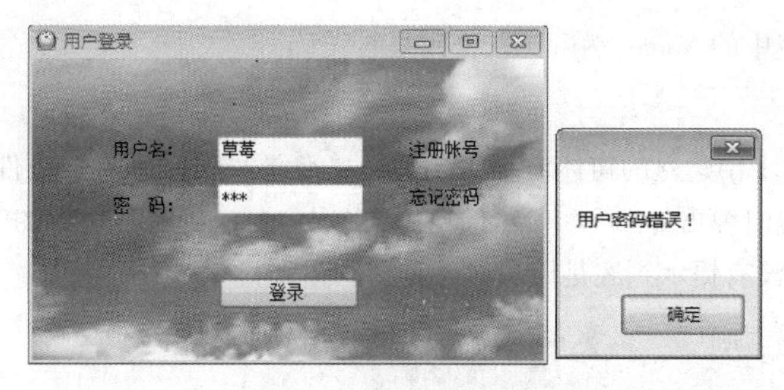

图 9.7　用户名不存在

【知识准备】

(1)什么是 DataReader 对象

DataReader 对象是数据读取对,它提供向前只读的游标,如果应用程序只需要快速读取数据,可以使用 DataReader 进行读取。表 9.5 中列出了不同类型的 DataReader。

表 9.5　不同类型的 DataReader 对象

编号	数据提供程序	命名空间	类　型
1	SQL Server 数据提供程序	System.Data.SqlClient	sqlDataReader
2	ODBC 数据提供程序	System.Data.Odbc	OdbcDataReader
3	OLEDB 数据提供程序	System.Data.OleDb	OleDbDataReader
4	Oracle 数据提供程序	System.Data.OracleClient	OracleDataReader

(2)HasRows 属性

HasRows 属性用于判断 sqlDataReader 中是否包含了值。语法如下:

public override bool HasRows{get;}

如果有值,属性值为 true;没有值,属性值为 false。

(3)Read 方法

Read 方法的功能是使 sqlDataReader 前进到下一条记录。语法如下:

public override bool Read()

如果存在记录,则返回值为 true,否则返回 false。

【任务分析】

①查看输入的用户名是否存在的 SQL 语句:

select Name from tb_UserMsg where Name='" + tb_name.Text.Trim() + "'";

当查询的结果集里面有行时,表面用户名存在。

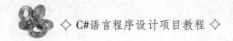

②保存结果集中的 Name,然后比较密码是否正确。

【任务实施】

①打开任务 8.1 中建立的窗体应用程序,修改"登录"按钮的 Click 事件处理程序。用户名和密码同时正确时弹出如图 9.8 所示的窗体,当用户名或者密码错误的时候弹出如图 9.9 所示的窗体(这里没有提示到底是用户名还是密码错误)。

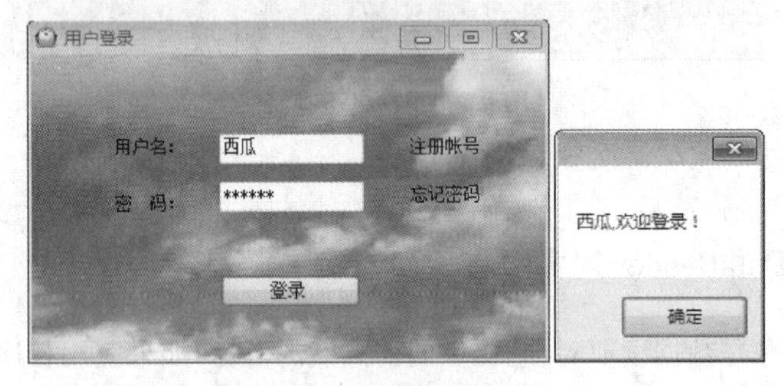

图 9.8　登录成功

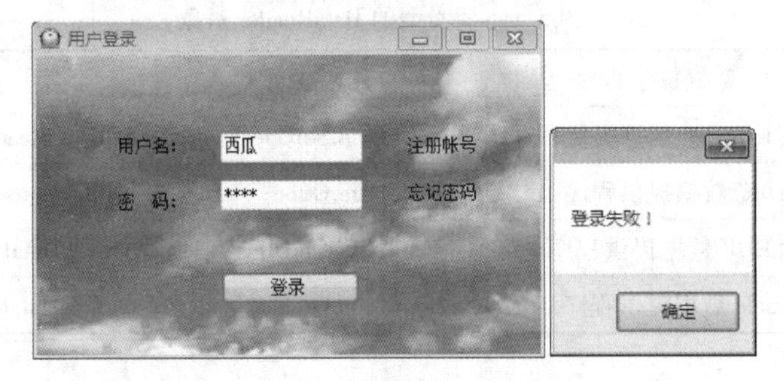

图 9.9　登录失败

```
private void btn_login_Click(object sender, EventArgs e)
        {
            //用户登录
            // 数据库连接字符串
string connString = " Data Source =.; Initial Catalog = QQMessage; User ID = sa; pwd =
123456";
            // 创建 Connection 对象
            SqlConnection connection = new SqlConnection(connString);
            string sql = "select * from tb_UserMsg where Name='" + tb_name.Text.
Trim() + "'and Password='" + tb_psd.Text.Trim() + "'";
            connection.Open();// 打开数据库连接
            SqlCommand command = new SqlCommand(sql, connection);
            //使用 ExecuteReader 方法创建 SqlDataReader 对象
            SqlDataReader sdr = command.ExecuteReader();
```

```
        if (sdr.HasRows)
        {
            MessageBox.Show(tb_name.Text + ",欢迎登录!");
        }
        else
        {
            MessageBox.Show("登录失败!");
        }
        //关闭数据库连接
        connection.Close();
    }
```

②修改登录失败提示,明确是用户名不存在还是密码错误。当用户名不存在时,出现如图 9.10 所示消息框。修改中 else 中的代码如下:

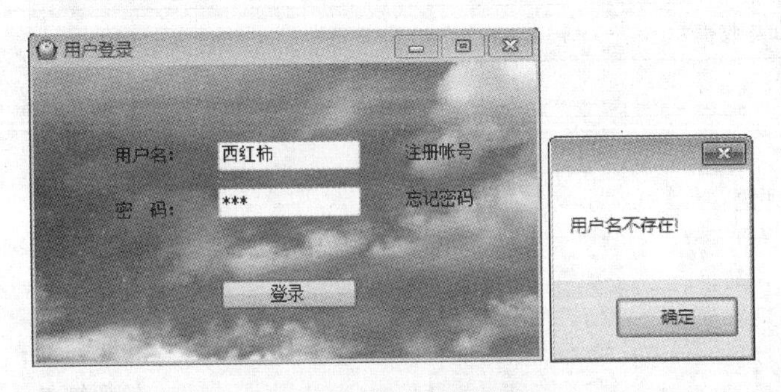

图 9.10　用户名不存在

```
SqlConnection connection2 = new SqlConnection(connString);
connection2.Open();
sql = "select Name from tb_UserMsg where Name='" + tb_name.Text.Trim() + "'";
SqlCommand command2 = new SqlCommand(sql,connection2);
                command2.CommandText = sql;
                string findname = "";
                findname=Convert.ToString(command2.ExecuteScalar());
                if (findname == tb_name.Text)
                {
                    MessageBox.Show("用户密码错误!");
                }
                else
                {
                    MessageBox.Show("用户名不存在!");
                }
```

```
connection2.Close( );
```

③测试程序。

【任务小结】

①利用 SqlDataReader sdr = command.ExecuteReader( )得到结果集,然后利用 dr. HasRows 判断结果集里是否包含行来确定登录成功与否。

②重新查询需要重新创建连接。

【效果评价】

评价表

项目名称	项目 9　MyQQ 的登录和注册管理	学生姓名	
任务名称	任务 9.2　完善用户登录窗体	分数	
评价标准		分值	考核得分
完善“登录”按钮功能		40	
修改登录失败提示		40	
程序测试		20	
总体得分			
教师简要评语: 教师签名:			

任务 9.3　用户信息后台管理窗体

【任务描述】

创建一个窗体应用程序(或者在任务 9.2 基础上新增一个窗体),如图 9.11 所示。在此窗体中包含 1 个 DataRowView 控件和 2 个 Button 控件。在 DataRowView 控件中显示数据库 QQMessage 中表 tb_UserMsg 的全部信息。单击“删除”按钮可以在表中删除被选中行,单击“提交更改”按钮向数据库中表 tb_UserMsg 提交修改或删除后的用户信息。

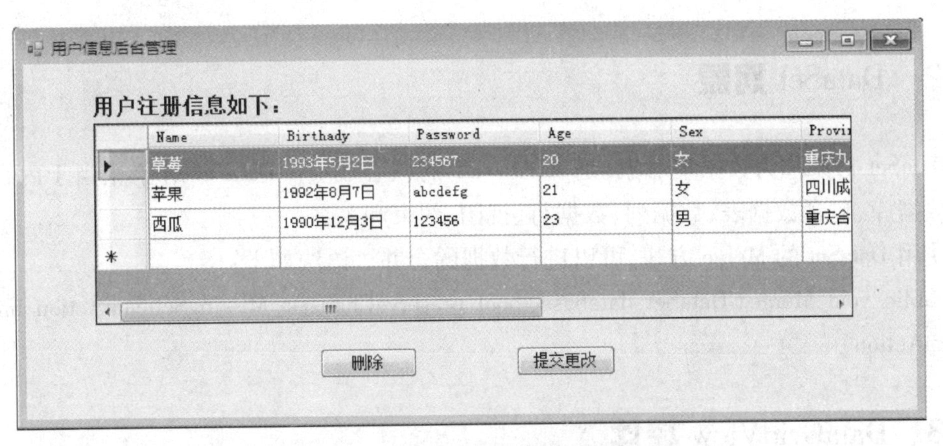

图 9.11　用户注册后台管理窗体

【知识准备】

9.3.1　DataAdapter 对象

DataAdapter 对象称为数据适配器对象，是 DataSet 与数据源之间的桥梁。该对象提供了 4 个重要的属性，实现与数据库之间的互通，如表 9.6 所示。

表 9.6　DataAdapter 对象常用属性

属　性	说　明
SelectCommand	从数据库检索数据的 Command 对象
DeleteCommand	从数据库删除数据的 Command 对象
InsertCommand	从数据库插入数据的 Command 对象
UpdateCommand	从数据库更新数据的 Command 对象

在对数据库进行操作时，该对象还提供了几个主要的方法，如表 9.7 所示。

表 9.7　DataAdapter 对象常用方法

方　法	语　法	说　明
Fill	public int Fill (DataSet ds, string scrTable)	ds：表示要填充的数据集。 scrTable：表示源表的名称。 返回值：在 DataSet 中成功添加或刷新的行数。
Update	public int Update(DataTabe dt)	dt：更新数据源的 DataTabe。 返回值：在 DataSet 中成功更新的行数。

9.3.2 DataSet 对象

DataSet 对象称为数据集对象，是 ADO.NET 的核心成员。DataSet 对象相当于内存中的一个数据库，包含数据表、数据列、数据行、视图、约束和关系。

使用 DataSet 的 Merge 方法，可以进行数据的合并。语法如下：

public void Merge(DataSet database, bool preserveChanges, MissingSchemaAction missing-SchemaAction)

9.3.3 DataGridView 控件

DataGridView 控件称为数据浏览器，在开发数据库应用程序时，通常用来显示数据的视图。如果需要在 Windows 窗体应用程序中显示表格数据，应该首先考虑使用 DataGridView 控件。目前通用的方法中，也可以采取使用 ListView 控件。

(1)设置 DataGridView 控件显示数据

DataGridView 控件的 DataSource 属性用于获取或设置所显示数据的数据源，语法如下：

public Object DataSources{get;set};

例如：

dgV_UserMsg.DataSource = ds.Tables["um"];

表示名为 dgV_UserMsg 的 DataGridView 控件的数据源为 DataSet 数据集对象中名为“um”的表。

(2)常用属性和方法

DataGridView 数据视图常用的属性如表 9.8 所示。

表 9.8 DataGridView 控件常用属性

属 性	说 明
SelectionMode	DataGridView 控件被选则模式，有 5 种不同值： CellSelect：选中单元格。 FullColumnSelect：选中整行。 FullRowSelect：选中整列。 RowHeaderSelect：选中首行。 ColumnHeaderSelect：选中首列。

DataGridView 数据视图常用的方法如表 9.9 所示。

表 9.9　DataGridView 数据视图常用方法

方　法	说　明
Add	向 DataGridView 添加新行
Delete	用于删除指定索引处的行

9.3.4　SqlCommandBuilder 对象

SqlCommandBuilder 对象的主要作用是用来批量更新数据库,一般和 adapter 结合使用。利用该对象能够自动生成对数据库的反向 Sql 命令,如:INSERT 、UPDATE 和 DELETE 命令。具体使用方法见“任务实施”步骤⑤。

【任务分析】

①制作如图 9.11 所示的窗体应用界面,窗体上各控件的属性及功能如表 9.10 所示。

表 9.10　控件属性功能说明表

对　象	属性设置	功　能
Form1	Text:用户信息后台管理	
DataGridView1	Name:dgV_UserMsg SelectionMode: FullRowSelect	显示用户注册信息,设置为整行选中
Button1	Name:btn_del Text:删除	删除 DataGridView 控件中选中行
Button2	Name:btn_save Text: 提交更改	将 DataGridView 更新后的数据存入数据表中

②获得 DataGridView 控件中的选中行使用 dgV_UserMsg.CurrentRow.Index。

【任务实施】

①新建一个窗体应用程序,或者直接在任务 9.2 基础上新增一个窗体,绘制如图 9.11 所示界面。按照表 9.10 设置控件属性。

②在窗体内定义如下对象,因为数据集对象和 SQL 数据库连接对象在按钮的 Click 事件中要使用,所有需要定义在 Load 事件外:

```
DataSet ds;
SqlConnection sqlconn;
```

③双击 Form1 窗体,为窗体添加 Load 事件:

```
private void Form1_Load(object sender, EventArgs e)
        {
            //创建连接
sqlconn=new SqlConnection ( "Data Source=.;Initial Catalog=QQMessage;User ID=sa;
pwd=123456");
            sqlconn.Open();
            //要执行的SQL语句
            string sql = "select * from tb_UserMsg";
           //数据适配器
            SqlDataAdapter sda = new SqlDataAdapter(sql,sqlconn);
            //创建DataSet对象
            ds = new DataSet();
            //使用SqlDataAdapter对象的Fill方法填充DataSet对象
            sda.Fill(ds,"um");
            //设置DataRowView控件的数据源为数据表"um"
            dgV_UserMsg.DataSource = ds.Tables["um"];
        }
```

④双击“删除”按钮,为“删除”按钮添加 btn_del_Click 事件:

```
private void btn_del_Click(object sender, EventArgs e)
        {
            ds.Tables["um"].Rows[dgV_UserMsg.CurrentRow.Index].Delete();
        }
```

上述代码表示删除数据集 ds 中名为“um”数据表中的行,被删除的行为名为 dgV_UserMsg 的 DataRowView 控件当前被选中的行,Delete 方法实现了行的删除。

⑤双击“提交更改”按钮,为“提交更改”按钮添加 btn_save_Click 事件:

```
private void btn_save_Click(object sender, EventArgs e)
{
    SqlDataAdapter da = new SqlDataAdapter("SELECT * from tb_UserMsg",sqlconn);
    SqlCommandBuilder builder =new SqlCommandBuilder (da);
    da.Update (ds,"um");
  }
```

da.Update (ds,"um")表示更新数据表“um”。单击按钮后窗体重新导入,则更新 DataRowView 控件的数据源。

【任务小结】

①ADO.NET 的 DataAdapter 其实是由很多个 Command 组成的。如 SelectCommand, DeleteCommand, InsertCommand, UpdateCommand。每一个 Command 都是一个独立的

Command 对象。也就是都有自己的 Connection 和 CommandText。

②DataGridView 取得或者修改当前单元格的内容：

当前单元格指的是 DataGridView 焦点所在的单元格，它可以通过 DataGridView 对象的 CurrentCell 属性取得。如果当前单元格不存在的时候，返回 Nothing（C#是 null）。

A.当前单元格内容

DataGridView1.CurrentCell.Value。

B.当前单元格的列 Index

DataGridView1.CurrentCell.ColumnIndex。

C.得当前单元格的行 Index

DataGridView1.CurrentCell.RowIndex。

评价表

项目名称	项目 9　MyQQ 的登录和注册管理	学生姓名	
任务名称	任务 9.3　用户数据后台管理窗口	分数	
评价标准		分值	考核得分
DataGridView 控件属性设置		10	
添加窗体 Load 事件		30	
“删除”按钮功能		30	
“提交更改”功能		30	
总体得分			
教师简要评语： 教师签名：			

专项技能测试

选择题

1.以下说法不正确的是（　　）。

A.连接 SQL Server 数据库，可以使用 SqlConnection 对象，也可以使用 OdbcConnection 对象

B.Command 对象的主要功能是向数据库发送查询、更新、删除、修改操作的 SQL 语句

C.DataAdapter 对象通过 Fill 方法将数据库数据填充到本机内存的 DataSet 或 DataTable 中

D.ExecuteScalar 方法用于执行指定的 SQL 语句,最终返回操作影响的行数

2.在 C#中,访问数据库时,使用连接模式同使用非连接模式相比的优点是(　　)。

A.更易于控制和维护,更安全

B.更容易进行并发控制

C.可以为更多的用户同时提供数据

D.数据实时性更好、及时刷新

3.(　　)类型的对象是 ADO.NET 在非连接模式下处理数据内容的主要对象。

A.ADO　　　　B.ADO.NET

C.DataAdapter　　　　D.Data.Service.NET

4.包含 SQL Server 数据提供者的命名空间是(　　)。

A.System.Data.SqlTypes　　　　B.System.Data .SqlServer

C.System.Data.SqlProvider　　　　D.System.Data.SqlClient

5.ADO.NET 中,对于 Command 对象的 ExecuteNonQuery( )方法和 ExecuteReader( )方法,下面叙述错误的是(　　)。

A.insert、update、delete 等操作的 SQL 语句主要用 ExecuteNonQuery( )方法来执行

B.ExecuteNonQuery( )方法返回执行 SQL 语句所影响的行数

C.Selete 操作的 SQL 语句只能由 ExecuteReader( )方法来执行

D.ExecuteReader( )方法返回一个 DataReader 对象

6.关于 DataReader 说法错误的一项是(　　)。

A.DataReader 对象是数据读取器对象,提供只读向前的游标

B.可以通过 SqlDataReader 对象的 HasRows 属性,获取一个值,判断查询结果中是否有值

C.对于每个关联的 SqlConnection,一次可以打开多个 SqlDataReader

D.SqlCommand 对象的 ExecuteReader 方法返回一个 SqlDataReader

7.数据集对象是指(　　)对象。

A.DataSet　　　　B.DataTable

C.Command　　　　D.DataAdapter

8.DataAdapter 对象的(　　)属性用于向数据库发送更新 SQL 语句。

A.SelectCommand　　　　B.InsertCommand

C.DeleteCommand　　　　D.UpdateCommand

拓展实训

实训 9.1　录入员工数据

<实训描述>

利用 ADO.NET 对象录入数据，当用户在 TextBox 控件中输入员工信息后，单击“保存”按钮时，将员工信息添加到数据库中。项目效果如图 9.12 所示。

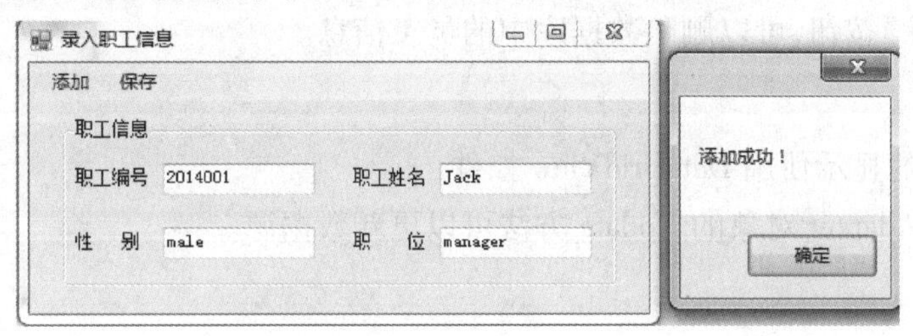

图 9.12　录入员工信息

<实训要求>

①单击“添加”按钮前，职工信息输入框不可用；单击“添加”按钮后才能填入职工信息。

②输入的员工信息不可为空。

③单击“保存”按钮后，把员工信息插入数据库中，并弹出消息框显示“添加成功！”。

④录入的员工信息有重复时，弹出消息框。

<实训点拨>

①通过 Enable 属性可以设置文本框的可用性。

②调用 Command 对象的 ExecuteNonQuery 方法来执行 INSERT 语句，可以实现向数据库中添加数据记录。

实训 9.2　修改员工信息

<实训描述>

对添加的员工信息进行修改，项目效果如图 9.13 所示。

<实训要求>

①单击选中某位员工时，在下方显示该员工信息。

②可以在文本框内修改员工信息。

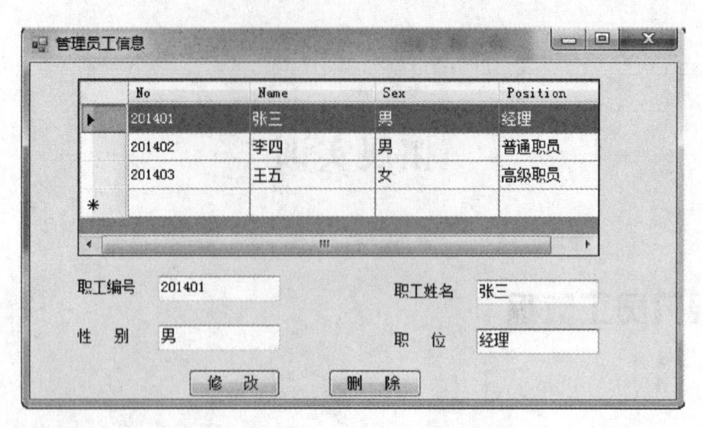

图 9.13 修改员工信息

③单击“修改”按钮,将修改后的员工信息保存到数据库中。

④单击“删除”按钮,可以删除数据库中的员工信息。

<实训点拨>

①员工信息的显示使用 DataGridView 控件。

②使用 DataAdapter 对象的 Update 方法可以更新数据源。

项目 10

我的资源管理器

●项目描述

.NET 框架提供的 System.IO 命名空间包含了多种用于对文件和文件夹进行操作的类，大致包括对文件和文件夹的检查、创建、读取、写入、修改和删除。本项目将通过完成对操作系统中资源管理器的模拟对文件技术进行详细讲解。

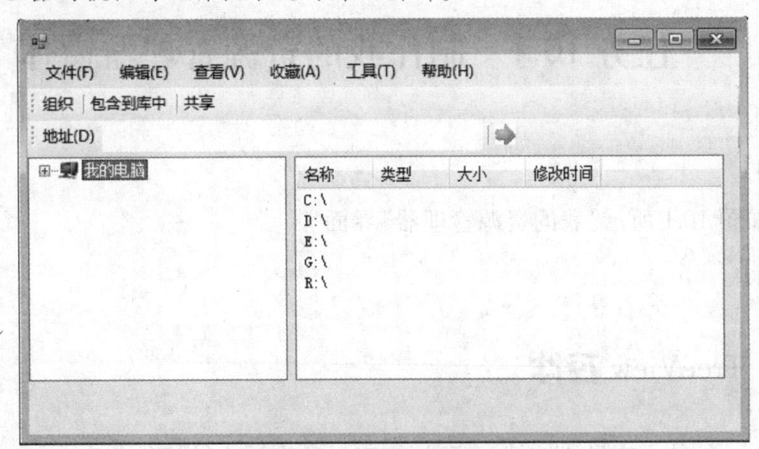

图 10.1　我的资源管理器

●学习目标

1.认识 System.IO 命名空间中的常用类。
2.知道 File 和 FileInfo 类的使用。
3.知道 Directory 类和 DirectoryInfo 类的使用。
4.知道文件的基本操作。
5.知道文件夹的基本操作。
6.知道 TreeView 控件的基本操作。
7.知道 ListView 控件的基本操作。

●能力目标

1.学会 File 类和 FileInfo 类的使用。
2.学会 Directory 类和 DirectyInfo 类的使用。
3.学会如何获取文件基本信息。
4.学会文件的检查、创建、打开、复制、移动和删除操作。
5.学会文件夹的检查、创建、移动、删除和遍历操作。

任务 10.1　制作我的资源管理器窗体

【任务描述】

制作如图 10.1 所示"我的资源管理器"界面。

【知识准备】

10.1.1　TreeView 控件

TreeView 控件也叫做树控件,主要用来表示具有层次结构的节点,其中包含子节点的节点叫父节点,被包含节点叫子节点。在 Windows 操作系统的资源管理器功能的左边用来显示文件和文件夹结构的就是 TreeView 控件。对 TreeView 控件的主要操作有:添加和删除节点,为节点添加图标等。

(1)添加节点

对 TreeView 控件的节点进行操作时,都要用到 Nodes 属性。

语法:

public virtual int Add(TreeNode node)

说明:node 表示要添加到节点集合中的一个节点,返回值为该节点的索引值。

举例:为名为 treeView1 的 TreeView 控件添加一个叫“我的电脑”的子节点。

TreeNode tn=new TreeNode(“我的电脑”);

treeView1.Nodes.Add(tn);

(2)删除节点

语法:

public void Remove(TreeNode node)

说明:node 表示要移除的节点。

通常需要删除选中的节点,可以通过 SelectecNode 属性来删除节点,例如:

treeView.Nodes.Remove(treeView.SelectedNode);

表示删除被选中的节点。

(3)为节点添加图标

为节点添加图标的步骤如下:

①先添加一个 ImageList 控件 imageList1,并设置好图片内容。

②设置 TreeView 控件的 ImageList 属性值为 imageList1。方法有两种:一种是如图 10.2 所示通过属性窗口设置;另一种是通过代码设置:

treeView1.ImageList=imageList1;

(4)为节点设置图像

设置节点的图像,是通过设置节点的 ImageIndex 和 SelectedImageIndex 属性,其值为 ImageList 控件中的图像索引值。其中,ImageIndex 属性是节点正常和展开状态下的图像,SelectedImageIndex 是节点被选中状态下的图像。

设置 TreeView 控件的所有节点图像:

treeView1.ImageIndex=0;

treeView1. SelectedImageIndex=1;

下面的代码表示:申请一个名为“我的电脑”的树节点,设置其图标,然后加入到 treeView1 树控件中。

TreeNode tn=new TreeNode(“我的电脑”);

```
tn.ImageIndex = 0;
tn. SelectedImageIndex = 1;
treeView1.Nodes.Add(tn);
```

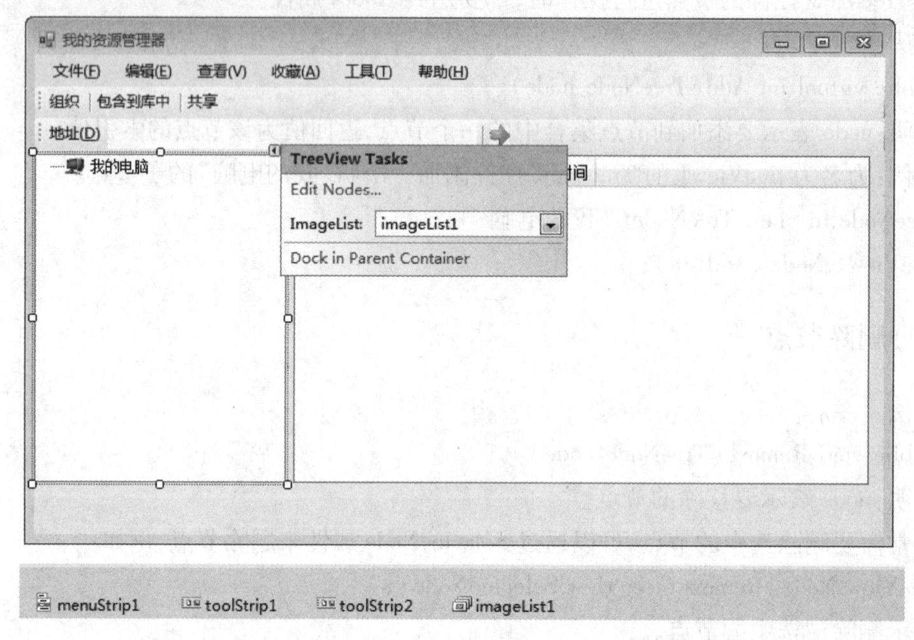

图 10.2 设置 TreeView 控件的 ImageList 属性

10.1.2 ListView 控件

ListView 控件又称列表视图控件,主要用来显示带图标的项的列表,其显示可以分为小图标、大图标和列表 3 种视图。在 Windows 操作系统的资源管理器功能的右边用来显示文件和文件夹详细信息的就是 ListView 控件。对 ListView 控件的主要操作跟前面的 TreeView 控件相似,主要有添加和移除项、为项添加图标等。

(1)添加项

对 ListView 控件的节点进行操作时,都要用到 Items 属性。

语法:

public virtual ListViewItem Add(string text,int imageIndex)

说明:第一个参数 text 表示项的文本;第二个参数表示项的图像索引。

举例:为名为 listView1 的 ListView 控件添加一个叫“我的电脑”的子项。

listView1.Items.Add(“我的电脑”);

(2)移除项

语法：

public void RemoveAt(int index)

说明：index 表示要移除项的索引。

举例：移除被选中的项可以采用以下代码：

listView1.Items.RemoveAt(listView1.SelectedItem[0].Index);

要移除所有项可以采用 Clear 方法，语法：

public virtual void Clear( )

如果需要删除所有选中的节点，可以通过 SelectecItems 属性的 Clear 方法来清除所有选中的项：

listView1.SelectedItems.Clear();

(3)设置控件的选择项

通过 ListView 控件的 Selectd 属性可以设置控件的选中项。

Selectd 属性主要用于获取或设置一个值，语法：

public bool Selected{get;set}

说明：如果该值为 true 则表示选中此项，为 false 则表示未选中此项。

举例：设置选中 listView1 中的第 2 项。

listView1.Items[1].Selected=true;//索引从 0 开始

(4)为项添加图标

ListView 控件主要有以下几种视图：List 视图、Details 视图、SmallIcon 视图和 LargeIcon 视图，分别表示列表视图、详细列表视图、小图标和大图标。本项目选择的是 Details 视图。

为项添加图标的步骤如下：

①首先添加 ImageList 控件，并设置好图片内容。

②设置 ListView 控件的 SmallImageList 或 LargeImageList 属性值为上步骤中的 ImageList 控件。方法有两种，一种是如图 10.3 所示通过属性窗口设置；另一种是通过代码设置：

listView1.SmallImageList=imageList1;

(5)为每项设置图像

设置项的图像，是通过设置项的 ImageIndex，其值为 ImageList 控件中的图像索引值。

为 ListView 控件添加名为“我的电脑”项，其图标为 ImageList 控件中索引为 2 的图片：

listView1.Items.Add(“我的电脑”);

treeView1.Items[0].ImageIndex=2;

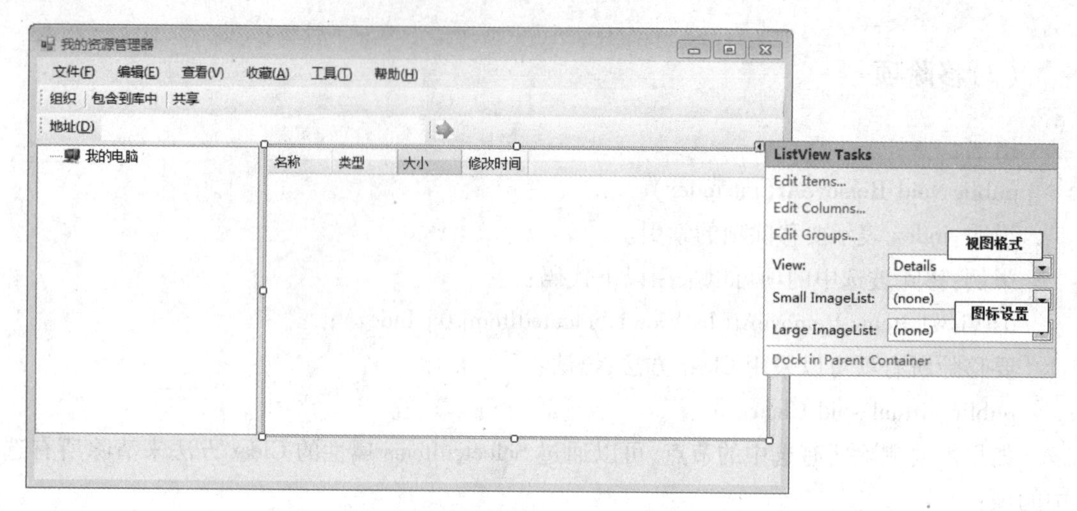

图 10.3 设置 ListView 控件的图标

【任务分析】

如图 10.4 所示,资源管理器的构成主要由以下几种控件组成:MenuStrip 菜单控件、ToolStrip 工具栏控件、TreeView 树控件和 ListView 类表视图控件。

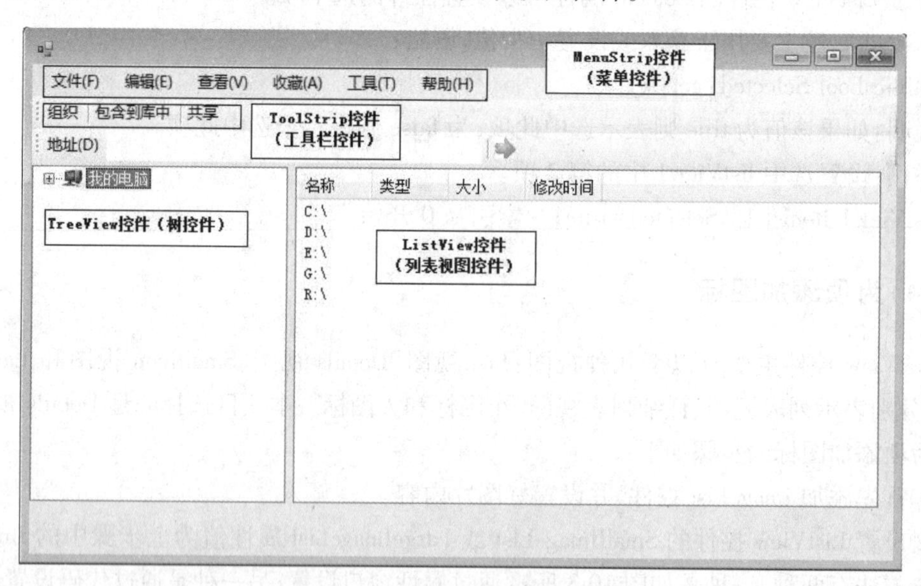

图 10.4 “我的资源管理器”构成

【任务实施】

①新建 1 个名为“ZYGLQ”的窗体应用程序。

②在工具箱中拖动 MenuStrip 控件放到窗体上方。添加以下菜单,并设置相应的快捷键:文件(F)、编辑(E)、查看(V)、收藏(A)、工具(T)、帮助(H)。

③在工具箱中拖动 ToolStrip 控件放到菜单控件下方。添加工具栏:组织、包含到库中、共享。此工具栏的功能在此项任务中未实现,有兴趣的同学可以自行完成功能。

④在工具箱中拖动 ImageList 控件，为 ImageList 控件添加图标文件："我的电脑"图标、"文件"图标和"文件夹"图标，如图 10.5 所示。

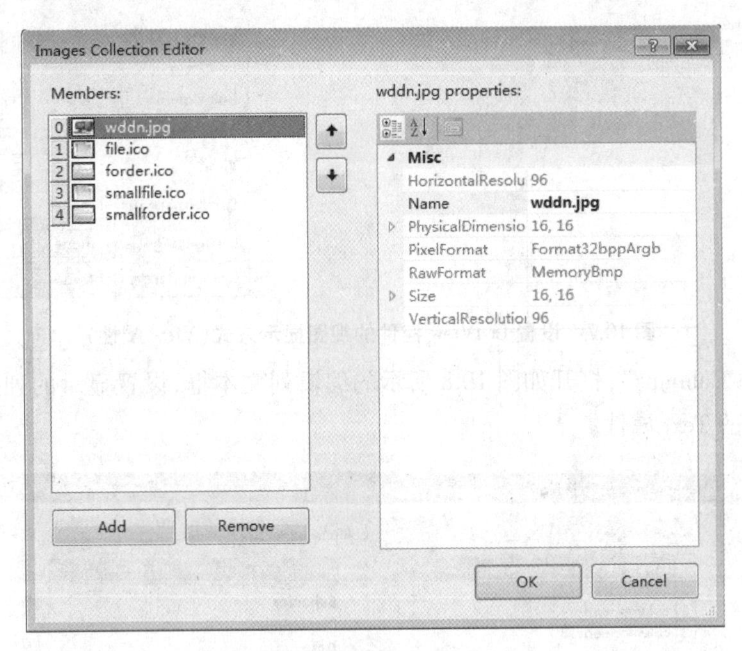

图 10.5　编辑 ImageList 控件

⑤在工具箱中拖动 TreeView 控件放到窗体左侧，命名为 treeDirectory。如图 10.6 所示，设置 TreeView 控件的 ImageList 属性。

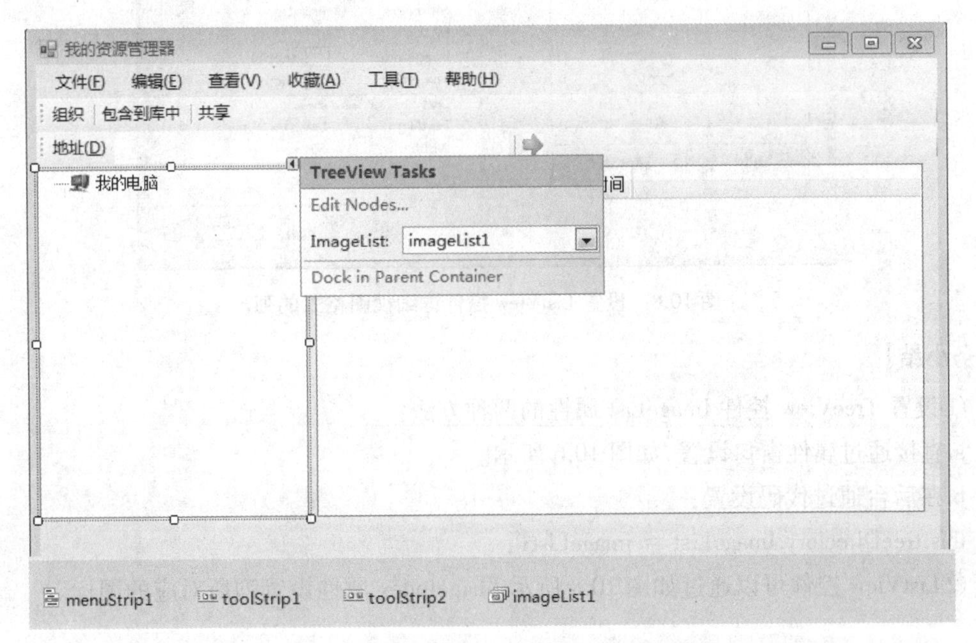

图 10.6　设置 TreeView 控件的 ImageList 属性

⑥在工具箱中拖动 ListView 控件放到窗体左侧,命名为 lstDetail,设置 View 属性为 Details(列表视图),如图 10.7 所示。

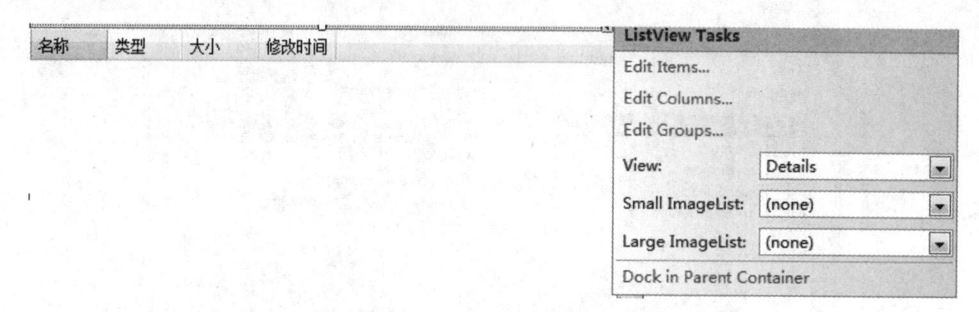

图 10.7 设置 ListView 控件的视图显示方式(View 属性)

单击"Edit Columns",打开如图 10.8 所示的编辑列文本框,设置显示的列属性。本任务主要是设置列的 Text 属性。

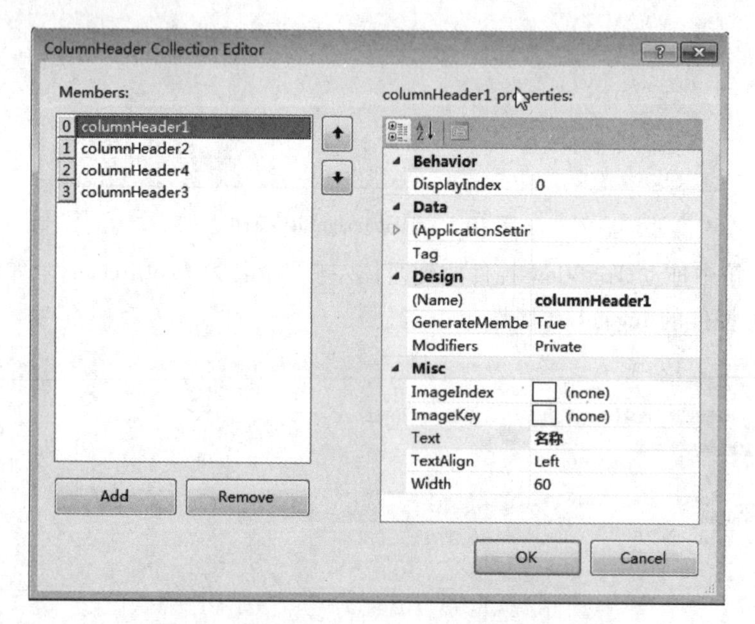

图 10.8 设置 ListView 控件详细视图格式的列

【任务小结】

①设置 TreeView 控件 ImageList 属性的两种方法:

a.直接通过属性窗口设置,如图 10.6 所示。

b.在后台通过代码设置:

```
this.treeDirectory.ImageList = imageList1;
```

②ListView 控件可以通过如图 10.8 所示 ImageIndex 属性设置列所对应的图标。

【效果评价】

评价表

项目名称	项目 10　我的资源管理器	学生姓名	
任务名称	任务 10.1　制作我的资源管理器窗体	分数	
评价标准		分值	考核得分
窗体界面制作		20	
TreeVirew 控件属性设置		40	
ListView 控件属性设置		40	
总体得分			
教师简要评语： 教师签名：			

任务 10.2　显示电脑逻辑磁盘符号

【任务描述】

对任务 10.1 中的“我的资源管理器”窗体进行完善，添加方法使得左边的 TreeView 控件显示电脑的逻辑磁盘符号，运行效果如图 10.9 所示。

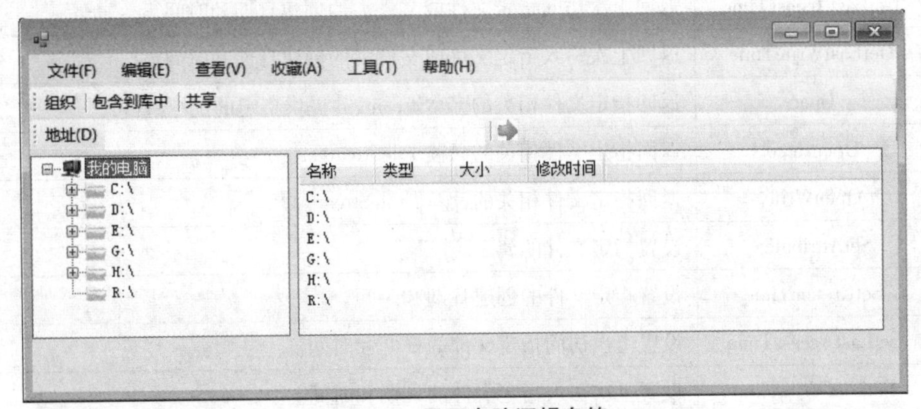

图 10.9　显示电脑逻辑盘符

【知识准备】

10.2.1 File 和 FileInfo 类

File 类和 FileInfo 类两者的主要区别是:File 不能实例化,只提供静态方法,而后者可以实例化,提供的方法和 File 类相似。C#语言中通过 File 和 FileInfo 类来创建、复制、删除、移动和打开文件。File 类中提供了一些静态方法,使用这些方法可以完成以上功能,但 File 类不能建立对象。FileInfo 类使用方法和 File 类基本相同,但 FileInfo 类能建立对象。在使用这两个类时需要引用 System.IO 命名空间。

(1)File 类

File 类的方法都是静态的,如果只想要执行一个操作,使用 File 类方法比使用 FileInfo 类实例方法效率更高。File 类的常见方法和说明见表 10.1。

表 10.1 File 类的常用方法和说明

方 法	说 明
AppendText	返回 StreamWrite,向指定文件添加数据;如文件不存在,就创建该文件。
Create	按指定路径建立新文件。
Copy	复制指定文件到新文件夹。
Delete	删除指定文件。
Exists	检查指定路径的文件是否存在,存在则返回 true。
GetAttributes	获取指定文件的属性。
GetCreationTime	返回指定文件或文件夹的创建日期和时间。
GetLastAccessTime	返回上次访问指定文件或文件夹的创建日期和时间。
GetLastWriteTime	返回上次写入指定文件或文件夹的创建日期和时间。
Open	返回指定文件相关的 FileStream,并提供指定的读/写许可。
OpenRead	返回指定文件相关的只读 FileStream。
OpenWrite	返回指定文件相关的读/写 FileStream。
SetAttributes	设置指定文件的属性。
SetCretionTime	设置指定文件的创建日期和时间。
SetLastAccessTime	设置上次访问指定文件的日期和时间。
SetLastWriteTime	设置上次写入指定文件的日期和时间。

(2)FileInfo 类

FileInfo 类的使用方法与 File 类类似,没有静态方法,如果要在对象上进行多种方法调用,使用 FileInfo 类效率更高。FileInfo 类有以下常用的属性,如表 10.2 所示。

表 10.2 FileInfo 类的常用属性

属 性	说 明
Attributes	获取或设置当前 Filesysteminfo 的 Fileattributes。
CreateTime	获取或设置当前 Filesysteminfo 对象的创建时间。
Exists	检查指定目录是否存在的值。
Extension	获取表示文件扩展名部分的字符串。
FullName	获取目录或文件的完整目录。
Length	获取当前文件的大小。
Name	获取文件名。

(3)文件的基本操作

1)判断文件是否存在

①File 类的 Exists 方法。

该方法声明如下:

public static bool Exists(string path)

说明:参数 path 表示要测试的目录路径。如存在,则返回 true,否则为 false。如果 path 为空或零长度字符串,也返回 false。

举例:if(File.Exists(@"D:\test.txt"))//判断在 D 盘下是否存在 test.txt 文件

说明:如果不指明路径,默认为应用程序的当前路径。例如:File.Exists("test.txt")

②FileInfo 类的 Exists 属性。

该方法声明如下:

public override bool Exists{get;}

说明:如果文件存在,属性值则为 true,否则为 false。

举例:

FileInfo finfo=new FileInfo(@"C:\text.txt");

if(finfo. Exists)//判断 finfo 是否存在,即是在 C 盘下是否存在 text.txt 文件

2)创建文件

①File 类的 Creat 方法。

该方法声明如下:

public static FileStream Create(string path)

public static FileStream Create (string path, int bufferSize)

public static FileStream Create (string path, int bufferSize, FileOption options)

public static FileStream Create (string path, int bufferSize, FileOption options, FileSecurity filesecurity)

参数说明:

path:文件名。

bufferSize:用于读取和写入文件的已放入缓冲区的字节数。

options:FileOption 值之一,它描述如何创建或改写该文件。

fileSecurity:FileSecurity 值之一,它确定文件的访问控制和审核安全性。

举例:File. Create(@"D:\Test.txt");//在 D 盘下创建名为 Test.txt 的文件

②FileInfo 类的 Creat 方法。

该方法声明如下:

public FileStream Create()

说明:默认情况下,该方法将向所有用户授予对新文件的完全读写访问权限。

举例:FileInfo finfo=new FileInfo (@"D:\Test.txt");//创建 FileInfo 对象

finfo.Create();//创建文件

3)打开文件

打开文件有 3 种方式:读/写方式;只读方式;写入方式。可以使用 File 类或 FileInfo 类实现文件的打开操作,本节将以 File 类为例讲解。

①读/写方式。使用 File 类的 Open 方法可以实现以读/写方式打开文件,此方法可以打开指定路径上的 FileStream 对象,且具有读/写访问权限。语法:

public static FileStream Open(string path, FileMode mode)

说明:参数 path 表示要打开的文件路径;

参数 mode 为 FileMode 枚举值之一。FileMode 枚举值成员及说明见表 10.3。

表 10.3 FileMode 枚举值成员及说明

成　员	说　明
CreateNew	创建新文件。
Create	创建新文件。如果文件已经存在,则覆盖它。
Open	打开已经存在的文件。
OpenOrCreate	如果文件存在,则打开;否则创建新文件。
Truncat	打开存在文件,且文件打开时被截断为 0 字节大小。
Append	打开现有文件并查找到文件尾,或创建新文件。

举例:

• 打开可读写文件。

FileStream fs=File.Open(@"D:\Test.txt",FileMode.Open);

说明:以可读写方式打开 D 盘下的 Test.txt 文件。

• 以读写方式创建文件并打开(文件不存在)。

FileStream fs=File.Open(@"D:\Test.txt",FileMode.OpenOrCreate);

说明:以读写方在 D 盘下创建 Test.txt 文件,并打开。

• 打开文件时,清空文件中的内容。

FileStream fs=File.Open(@"D:\Test.txt",FileMode.Truncate);

说明:打开 D 盘下的 Test.txt 文件,并清空文件的内容,然后进行读写。

• 打开文件追加操作。

FileStream fs=File.Open(@"D:\Test.txt",FileMode.Append);

说明:打开 D 盘下的 Test.txt 文件,并在末尾进行追加操作。

②只读方式。

语法:

public static FileStream OpenRead(string path)

说明:参数 path 表示要打开文件的路径。

举例:FileStream fs=File.OpenRead(@"D:\Test.txt");

③写入方式。

语法:

public static FileStream OpenWrite(string path)

说明:参数 path 表示要打开文件的路径。

举例:FileStream fs=File. OpenWrite(@"D:\Test.txt");

4)复制文件

使用 File 类的 Copy 方法或者 FileInfo 类的 CopyTo 方法可以实现文件的复制。

①File 类的 Copy 方法。

Copy 方法有以下两种重载形式,语法:

public static void Copy(string sourceFileName,string destFileName)

public static void Copy(string sourceFileName,string destFileName,bool overwrite)

参数说明:

sourceFileName:要复制的文件。

destFileName:目标文件的名称。如果是第一种重载形式,不能是现有文件。

overwrite:为 true 表示可以改写目标文件,否则为 false。

举例:File.Copy(@"D:\Test.txt",@"E:\Test.txt");

　　//将 D 盘的 Test.txt 复制到 E 盘根目录下。

②FileInfo 类的 CopyTo 方法。

CopyTo 方法有以下两种重载形式,语法:

public FileInfo void CopyTo(string destFileName)

public FileInfo void CopyTo(string destFileName, bool overwrite)

参数说明：

destFileName：要复制的新文件的名称。

overwrite：为 true 表示为现有文件改写，否则为 false。

第一种重载形式返回值为带有完全限定路径的新文件，第二种重载形式的返回值为新文件。

举例：FileInfo finfo = new FileInfo(@ "D:\Test.txt") ;//创建 FileInfo 对象

finfo.CopyTo(@ "E:\Test.txt" , true) ;//复制文件到 E 盘根目录下

5）移动文件

使用 File 类的 Move 方法或者 FileInfo 类的 MoveTo 方法可以实现文件的移动。

①File 类的 Move 方法。

语法：

public static void Move(string sourceFileName, string destFileName)

参数说明：

sourceFileName：要移动的文件名称。

destFileName：文件的新路径。

举例：

- File.Move(@ "D:\Test.txt" , @ "E:\Test.txt") ;

  //将 D 盘的 Test.txt 移动到 E 盘根目录下。

- File.Move(@ "D:\Test.txt" , @ "E:\Test1.txt") ;

  //将 D 盘的 Test.txt 移动到 E 盘根目录下，并修改名称为 Test1。

②FileInfo 类的 MoveTo 方法。

语法：

public void MoveTo(string destFileName)

参数说明：

destFileName：文件移动到的新路径，可以指定不同文件名。

举例：FileInfo finfo = new FileInfo(@ "D:\Test.txt") ;//创建 FileInfo 对象

finfo.MoveTo(@ "E:\Test1.txt") ;//移动文件到 E 盘根目录下，并改名为 Test1

6）删除文件

使用 File 类的 Delete 方法或者 FileInfo 类的 Delete 方法可以实现文件的移动。

①File 类的 Delete 方法。

语法：

public static void Delete (string path)

path：要删除的文件名称。

举例：File. Delete (@ "D:\Test.txt") ;

//将 D 盘下的 Test.txt 文件删除。

注意:如果当前被删除的文件正在被使用,则删除发生异常。

②FileInfo 类的 Delete 方法。

语法:

public override void Delete( )

举例:FileInfo finfo=new FileInfo(@"D:\Test.txt");//创建 FileInfo 对象

finfo.Delete();//将 D 盘下的 Test.txt 文件删除。

10.2.2　Directory 和 DirectoryInfo 类

Directory 类可用来创建、复制、删除、移动文件夹。Directory 类中提供了一些静态方法,使用这些方法可以完成以上功能,但 Directory 类不能建立对象。DirectoryInfo 类使用方法和 Directory 类基本相同,但 DirectoryInfo 类能建立对象。在使用这两个类时需要引用 System.IO 命名空间。

(1) Directory 类

Directory 类主要用于文件夹的创建、复制、移动、删除、重命名,获取或设置与文件夹的创建、访问等相关的时间信息的操作。Directory 类的常用方法及说明如表 10.4 所示。

表 10.4　Directory 类的常用方法和说明

方　法	说　明
CreateDirectory	按指定路径创建所有文件夹和子文件夹。
Delete	删除指定文件夹。
Exists	检查指定目录的文件夹是否存在,存在则返回 true。
Move	将指定文件或文件夹及其内容移动到新位置。
GetCreationTime	返回指定文件或文件夹的创建日期和时间。
GetCurrentDirectory	获取应用程序的当前工作文件夹。
GetDirectories	获取指定文件夹中子文件夹的名称。
GetDirectoryRoot	返回指定路径的卷信息、根信息或两者同时返回。
GetFiles	返回指定文件夹中子文件的名称。
GetFileSystemEntries	返回指定文件夹中所有文件和子文件的名称。
GetLastAccessTime	返回上次访问指定文件或文件夹的创建日期和时间。
GetLastWriteTime	返回上次写入指定文件或文件夹的创建日期和时间。
GetLogicalDrives	检索计算机中的所有驱动器,例如 A:,C:等。
GetParent	获取指定路径的父文件夹,包括绝对路径和相对路径。

续表

方 法	说 明
SetCreationTime	设置指定文件或文件夹的创建日期和时间。
SetCurrentDirectory	将应用程序的当前工作文件夹设置指定文件夹。
SetLastAccessTime	设置上次访问指定文件或文件夹的日期和时间。
SetLastWriteTime	设置上次写入指定文件夹的日期和时间。

(2)DirectoryInfo 类

DirectoryInfo 类使用的相关方法与 Directory 类类似。除此之外,DirectoryInfo 类有以下常用的属性,如表 10.5 所示。

表 10.5　DirectoryInfo 类的常用属性

属 性	说 明
Attributes	获取或设置当前 Filesysteminfo 的 Fileattributes。
CreatTime	获取或设置当前 Filesysteminfo 对象的创建时间。
Exists	检查指定目录是否存在的值。
FullName	获取目录或文件的完整目录。
Parent	获取指定目录的父目录。
Name	获取 DirectoryInfo 实例的名称。

(3)文件夹的基本操作

1)判断文件夹是否存在

①Directory 类的 Exists 方法。

该方法声明如下:

public static bool Exists(string path)

说明:参数 path 表示要测试的目录路径。如存在则返回 true,否则为 false。

举例:if(Directory.Exists(@"C:\Dir1\Dir2"))//判断是否存在 C:\Dir1\Dir2 目录

②DirectoryInfo 类的 Exists 属性。

语法:

public override bool Exists{ get;}

说明:属性值表明如果目录存在,则为 true,否则为 false。

举例:

DirectoryInfo dinfo=new DirectoryInfo(@"C:\Dir1\Dir2");

if(dinfo. Exists)//判断 dinfo 是否存在,即是否存在 C:\Dir1\Dir2 目录

2)创建文件夹

①Directory 类的 CreatDirectory 方法。

该方法声明如下:

```
public static DirectoryInfo CreatDirectory(string path)
public static DirectoryInfo CreatDirectory (string path,DirectorySecurity directorySecurity)
```

说明:参数 path 表示要创建的目录路径。参数 directorySecurity 表示要应用于此目录的访问控制。

举例:Directory. CreatDirectory(@"C:\Dir1\Dir2");

　　//在 C:\Dir1 文件夹下创建名为 Dir2 子文件夹

②DirectoryInfo 类的 Creat 方法

该方法声明如下:

```
public void Creat()
public void Creat(DirectorySecurity directorySecurity)
```

说明:参数 directorySecurity 表示要应用于此目录的访问控制。

举例:DirectoryInfo dinfo=new DirectoryInfo(@"C:\Dir1\Dir2");

　　//创建 DirectoryInfo 对象

　　dinfo.Create();//创建文件夹

3)移动文件夹

①Directory 类的 Move 方法。

该方法声明如下:

```
public static DirectoryInfo Move(string sourceDirName,string destDirName)
```

说明:参数 sourceDirName 表示要移动的文件或目录的路径。参数 destDirName 表示移动过后的新路径。

举例:Directory.Move(@"C:\Dir1\Dir2",@"C:\New");

　　//将 C:\Dir1 下的 Dir2 文件夹移动到 D 盘的 New 文件夹中

②DirectoryInfo 类的 MoveTo 方法。

该方法声明如下:

```
public void MoveTo(string destDirName)
```

说明:参数 destDirName 表示要将此目录移动到的目标位置的名称或路径。

举例:DirectoryInfo dinfo=new DirectoryInfo(@"C:\Dir1 ");

　　dinfo.MoveTo(@"C:\New\Dir1");//移动到 New 文件夹下

注意:Move 方法和 MoveTo 只能移动统一磁盘根目录下的文件夹,也就是说 C 盘的文件只能在 C 盘内移动。

4)删除文件夹

①Directory 类的 Delete 方法。该方法声明如下:

public static Void Delete(string path)

public static Void Delete(string path, bool recursive)

说明:参数 path 表示要移除的空目录或目录的名称。参数 recursive 如果为 true 表示要同时移除 path 中的目录、子目录和文件,若为 false,则仅当目录为空时才可删除。

举例:Directory.Delete(@"c:\Dir1\Dir2",true);

//将 C:\Dir1 下的 Dir2 文件夹及所有子文件和子文件夹都移除

②DirectoryInfo 类的 Delete 方法。

该方法声明如下:

public override void Delete( )

public void Delete(bool recursive)

说明:参数 recursive 如果为 true 则表示要同时移除目录、其子目录和文件,若为 false,则仅当目录为空时才可删除。

举例:DirectoryInfo dinfo=new DirectoryInfo(@"C:\Dir1 ");

dinfo.Delete( );//删除文件夹 C:\Dir1 及其子文件夹和子文件

【任务分析】

①可以通过 Directory 类的 GetLogicalDrives( )方法得到所有的电脑盘符,因为其返回值是字符串数组,所有可以通过 foreach 语句对所有盘符进行遍历,对得到的每个盘符作为节点添加到 TreeView 控件中。

②电脑的逻辑盘符应该作为 TreeView 控件根节点的子节点,通过如下代码实现:

treeDirectory.Nodes[0].Nodes.Add(disk);

treeDirectory.Nodes[0]代表 TreeView 控件的根节点。

③当该目录下有子目录时,节点处应该显示"+"号,否则则不显示"+"。添加方法 DetectSub(TreeNode nowNode)来检测 nowNode 节点下是否有子节点。如果有子节点,则通过 nowNode.Nodes.Add("tmp")为该节点添加一个名为"tem"的临时节点。该条代码的作用仅仅是为了"+"的显示而已。

【任务实施】

①打开任务 10.1 中建立的窗体应用程序,在代码文件中加入如下方法,用于显示电脑的逻辑盘符。

```
//显示逻辑盘符
void BindLogicDrive( )
{
    int i=0;
    //遍历所有电脑盘符
    foreach (string disk in Directory.GetLogicalDrives( ))
```

```
        {
            //添加所有逻辑盘符作为树控件中根节点的子节点
            treeDirectory.Nodes[0].Nodes.Add(disk);
            //为逻辑盘添加图标
            treeDirectory.Nodes[0].Nodes[i].ImageIndex=2;
            //添加节点被选中的图标
            treeDirectory.Nodes[0].Nodes[i].SelectedImageIndex = 2;
            //检查当前节点是否还有子节点
            DetectSub(treeDirectory.Nodes[0].Nodes[i]);
            i++;
        }
    }
```

②添加方法 string GetPath(TreeNode node),用获取某树节点 node 所代表的文件目录路径。

```
    //获取节点路径
        string GetPath(TreeNode node)
        {
            //用 root 表示根节点(我的电脑)
            TreeNode root = treeDirectory.Nodes[0];
            string path = "";
            //如果不是根节点
            while (node != root)
            {
                //node.Text 为节点显示出来的文本
                if (node.Text.IndexOf(":") > 0)
                {
                    path = node.Text + path;
                }
                else
                {
                    path = node.Text + "\\" + path;
                }
                node = node.Parent;
            }
            return path;//返回节点所代表的路径
        }
```

可以在纸上画出树形结构以及所代表的文件路径,然后按步骤自行分析。

③添加方法 void DetectSub(TreeNode nowNode)用于检测 nowNode 节点下是否有字节点,如果有则显示“+”,没有则不显示。

```
void DetectSub(TreeNode nowNode)
{
    //获取当前节点路径,步骤 2 中有具体实现方法
    string path = GetPath(nowNode);
    //为最小节点,即叶子节点
    if (path == "")
    {
        return;
    }//不为最小节点
    else
    {
        //创建文件夹对象 dir
        DirectoryInfo dir = new DirectoryInfo(path);
        try
        {
            //判断当前目录是否有子目录
            if (dir.GetDirectories().Length > 0)
            {
                //添加一个临时节点作为+显示
                nowNode.Nodes.Add("tmp");
            }
        }
        catch (Exception e)
        {
            ;
        }
    }
}
```

GetPath(nowNode)方法的功能是获取 nowNode 结点的路径,将在任务 10.3 中讲解。

④为 TreeNode 控件添加 BeforeExpand 方法,该方法表示节点展开前。

```
private void treeDirectory_BeforeExpand(object sender, TreeViewCancelEventArgs e)
    {
        ViewSub(e.Node);//查看节点的子节点,在步骤 5 中实现
        //设置节点的图标
```

```
    if (e.Node.ImageIndex < 3)
    {
        e.Node.ImageIndex = 1;
    }
}
```

⑤添加 void ViewSub(TreeNode nowNode)方法,该方法可以显示节点 nowNode 的所有子节点。

```
//显示子目录
        void ViewSub(TreeNode nowNode)
        {
            string path = GetPath(nowNode);
            //如果当前节点路径为空
            if (path == "")
            {
                return;
            }
            else
            {//如果当前节点路径不为空
                DirectoryInfo dir = new DirectoryInfo(path);//创建目录对象
                int i = 0;
                //清空所有子节点
                nowNode.Nodes.Clear();
               //遍历该目录下面的所有文件
                foreach (DirectoryInfo subdir in dir.GetDirectories())
                {
    //把每个子文件的路径作为节点所显示的文本,同时加入子节点到父节点中
                    nowNode.Nodes.Add(subdir.Name);
                    DetectSub(nowNode.Nodes[i]);
                    i++;
                }
            }
        }
```

【任务小结】

(1)Directory 类和 DirectoryInfo 类的区别

①相同点:均能对目录进行操作。

②区别：DirectoryInfo 类必须被实例化后才能使用，而 Directory 类则只提供了静态方法。如果多次使用某个对象一般使用 DirectoryInfo 类；如果仅执行某一个操作，则使用 Directory 类提供的静态方法效率更高一些。

（2）File 类和 FileInfo 类的区别

①相同点：均能对文件进行操作。

②区别：File 是静态类，其中所有方法都是静态的，可以通过类名直接调用，不需要实例化。而 FileInfo 是普通类，只有实例化对象后才可以调用其中的方法。如果只是对文件进行少量操作，如判断文件是否存在之类或者对很多的文件进行操作，建议使用 File 类，可以避免频繁创建和释放对象的系统开销。如果是对一个文件进行大量的操作，建议使用 FileInfo 类。

那么为什么有时还使用 FileInfo 呢？因为每次通过 File 类调用某个方法时，都要占用一定的 CPU 处理时间来进行安全检查，即使使用不同的 File 类方法重复访问同一个文件时也是如此。而 FileInfo 类只在创建 FileInfo 对象时执行一次安全检查。

【效果评价】

评价表

项目名称	项目 10　我的资源管理器	学生姓名	
任务名称	任务 10.2　显示电脑逻辑磁盘符号	分数	
评价标准		分值	考核得分
评价标准		分值	
显示电脑逻辑盘符方法的定义		20	
获取文件目录路径方法的定义		20	
检测是否有子目录方法的定义		20	
TreeNode 控件的 BeforExpand 方法的添加		20	
显示当前节点所有子节点方法的定义		20	
总体得分			
教师简要评语： 教师签名：			

任务 10.3　显示文件详细信息

【任务描述】

对任务 10.2 中的“我的资源管理器”窗体进行完善，添加方法 ViewDetail( )使得右边的 ListView 控件显示相应节点目录下的文件及文件夹的详细信息，运行效果如图 10.10 所示。ListView 控件中显示的列包括：名称、类型、大小和修改时间。其中，文件夹没有大小，文件有大小，文件大小单位包括 Bytes、KB、MB 和 GB。

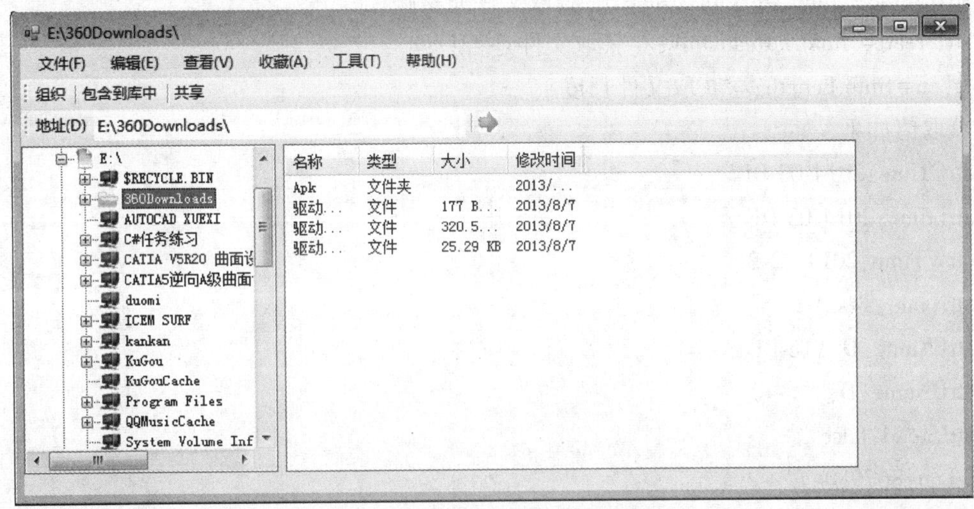

图 10.10　用户注册后台管理窗体

【知识准备】

可以通过 FileInfo 类的各种属性来获取文件的基本信息，具体说明如表 10.6 所示。

表 10.6　FileInfo 类的属性表

属　性	说　明
CreateTime	获取文件创建时间
LastAccessTime	获取上次访问该文件的时间
LastWriteTime	获取上次写入文件的时间
Name	获取文件名称
FullName	获取文件的完整目录
DirectoryName	获取文件的文章路径
IsReadOnly	获取文件是否只读
Length	获取文件长度(字节)

举例:获取目录 D:\下文件 Test.txt 的基本信息。

```
FileInfo finfo=new new FileInfo(@"D:\Test.txt");//创建 FileInfo 对象
string strCTime,strLtime,strWTime,strName,strFName,strDName,strISread;
//定义字符串存放文件基本信息
long lgLen;//存放文件长度
strCTime=finfo.CreationTime.ToshortDataString();//获取文件创建时间
strLtime= finfo.LasrAccessTime.ToshortDataString();//获取文件最后访问时间
strWTime= finfo.LastWriteTime.ToshortDataString();//获取文件最后写入时间
strName= finfo.Name;//获取文件名称
strFName= finfo.FullName;//获取文件完整目录
strDName= finfo.DirectoryName;//获取文件完整路径
strISread= finfo.IsReadOnly;//获取文件是否只读
lgLen=finfo.Length;//获取文件长度
```

获取值如下:

strCTime:2014-03-01

strLtime:2014-03-01

strWTime:2014-02-21

strName:Test.txt

strFName:D:\Test.txt

strDName:D:

strISread:false

lgLen:867980

【任务分析】

①本任务中区分文件还是文件夹的方式是通过遍历的时候同时实现的,如下:

- foreach (DirectoryInfo subdir in dir.GetDirectories())

遍历文件夹 dir 下的所有子文件夹。

- foreach (FileInfo file in dir.GetFiles())

遍历文件夹 dir 下的所有文件。

②通过类 FileInfo 的 GetFileSize 方法,可以求出文件的大小,但是单位是字节。在 ListView 控件中显示时需要显示成其他单位。如果文件的大小为:filesize,则进行如下运算可以进行单位换算:

- (double)filesize / 1024　　换算成 KB
- (double)filesize / (1024 * 1024)　　换算成 MB
- (double)filesize / (1024 * 1024 * 1024)　换算成 GB

【任务实施】

①在任务 10.2 的基础上完善"我的资源管理器"窗体应用程序。添加方法 private string

GetFileSize(FileInfo file)用于返回文件的大小。

```
        private string GetFileSize(FileInfo file)
        {
            string result = null;
            long filesize = file.Length;
            //如果文件大小达到 GB
            if (filesize >= 1024 * 1024 * 1024)
            {
                result = string.Format("{0:########0.00} GB", (double)filesize / (1024
* 1024 * 1024));
            }
            else if (filesize >= 1024 * 1024)//文件大小达到 MB
            {
    result = string.Format("{0:####0.00} MB", (double)filesize / (1024 * 1024));
            }
            else if (filesize >= 1024) //文件大小达到 KB
            {
    result = string.Format("{0:####0.00} KB", (double)filesize / 1024);
            }
            else
            {
                result = string.Format("{0} Bytes", filesize);
            }
            return result;
        }
```

②添加方法 void ViewDetail(TreeNode nowNode),其作用是让 ListView 控件现实 TreeView 控件中选中节点所代表文件夹下包含的子文件和子文件夹的名称、类型、大小、修改时间。

```
    void ViewDetail(TreeNode nowNode)
        {
            //选中 TreeNode 节点所代表文件的路径
            string path = GetPath(nowNode);
            //清除 ListView 控件下的所有项
            lstDetail.Items.Clear();
            //选中为根节点时,代表"我的电脑"节点
            if (path == "")
```

```
{
    foreach (string disk in Directory.GetLogicalDrives())
    {
        ListViewItem tmp = new ListViewItem();
        //项名称
        tmp.Text = disk;
        lstDetail.Items.Add(tmp);
    }
}
else
{//非根节点的其他节点
    DirectoryInfo dir = new DirectoryInfo(path);
    foreach (DirectoryInfo subdir in dir.GetDirectories())
    {
            //使用完整文件路径创建 DirectoryInfo 对象
DirectoryInfo dirinfo = new DirectoryInfo(subdir.FullName);
            //名称项
ListViewItem lvi = new ListViewItem(dirinfo.Name.ToString());
            //类型项
            lvi.SubItems.Add("文件夹");
            //文件夹不显示大小
            //最后访问时间项
    lvi.SubItems.Add(dirinfo.LastAccessTime.ToShortDateString());
            this.lstDetail.Items.Add(lvi);
    }
    foreach (FileInfo file in dir.GetFiles())
    {
            FileInfo finfo = new FileInfo(file.FullName);
            //名称
ListViewItem lvi = new ListViewItem(file.Name.ToString());
            //类型
            lvi.SubItems.Add("文件");
            //创建时间
lvi.SubItems.Add(file.LastAccessTime.ToShortDateString());
            //文件显示大小
            lvi.SubItems.Add(GetFileSize(finfo));
```

```
                this.lstDetail.Items.Add(lvi);
            }
        }
    }
```

③为 TreeView 控件添加 AfterSelect 事件，当单击 TreeView 控件的节点时，在 ListView 显示相应的子文件和子文件夹。

```
private void treeDirectory_AfterSelect(object sender, TreeViewEventArgs e)
    {
        ViewDetail(e.Node);
        cmbAddress.Text = GetPath(e.Node);
        //在地址栏显示文件或文件夹的目录路径
        this.Text = cmbAddress.Text;
    }
```

【任务小结】

注意区分 Name、FullName、DirectoryName 属性。如果有文件：D:\T1\T11\Test.txt，则该文件的这 3 个属性值如下：

Name：Test.txt

FullName：D:\T1\T11\Test.txt

DirectoryName：D:\T1\T11

评价表

项目名称	项目 10　我的资源管理器	学生姓名	
任务名称	任务 10.3　显示电脑逻辑磁盘符号	分数	
评价标准		分值	考核得分
添加 GetFileSize 方法用于返回文件大小		40	
添加 ViewDetail 方法显示文件细节		30	
为 TreeView 控件添加 AfterSelect 事件		30	
总体得分			
教师简要评语： 教师签名：			

专项技能测试

选择题

1.判断文件是否正在被使用,可以使用(　　)方法实现。

A.Create　　B.Copy　　C.Move　　D.Attributes

2.FileInfo 类提供(　　)属性,该属性用于获取文件的最后访问时间。

A.CreationTime　　B.LastAccseeTime　　C.LastWriteTime　　D.Attributes

3.更改文件的名称,可以使用(　　)方法实现。

A.Create　　B.Delete　　C.MoveTo　　D.Attributes

4.对文件进行操作和编程,一般需要引入(　　)命名空间。

A.System.Data　　B.System.Collections

C.System.IO　　D.System.NET

5.为向标准文本文件(如:readme.txt)中读取信息行,应使用(　　)操作文件。

A.XmltextWriter　　B.XmlWriter　　C.TextWriter　　D.StreamWriter

6.读取二进制文件时,需要使用 System.IO 命名空间下的(　　)类。

A.File　　B.FileInfo　　C.BinaryReader　　D.StreamWriter

拓展实训

实训 10.1　开启文件隐藏属性

<实训描述>

完成该事项主要用到文件属性的修改方法。在 Windows 操作系统中,有些文件不必让用户看见,需要将该文件设置为隐藏。该实训首先创建一个文本文件,然后将其隐藏属性开启,在通常情况下,该文件用户不可见。

<实训要求>

①首先通过添加代码在当前目录下创建名为 test.txt 的文件。

②当运行该程序时,创建的 test.txt 文件被隐藏。

<实训点拨>

①此实训用到文件操作类 File 对文件的创建以及对文件属性的修改。

②File 类型的 Exists 方法用来判断指定文件是否存在。

③File 类型的静态方法 Create 用来创建该文本文件。

④File 类型的 GetAttributes 方法用来获取该文件的属性,并判断该文件的隐藏属性是否开启,如果没有开启,则通过 SetAttributes 方法开启该文件的隐藏属性。

实训 10.2　输出子文件夹路径

<实训描述>

该实训主要用到文件夹信息的获取知识,实现遍历文件夹中所有的子文件夹信息。由于 Windows 操作系统中采用的是多级目录结构,每个目录相当于一个文件夹,每个文件夹又有许多子文件夹,形成一个树形结构。本实训采用树的深度遍历方法来遍历指定文件夹下所有的子文件夹。项目效果如图 10.11 所示。

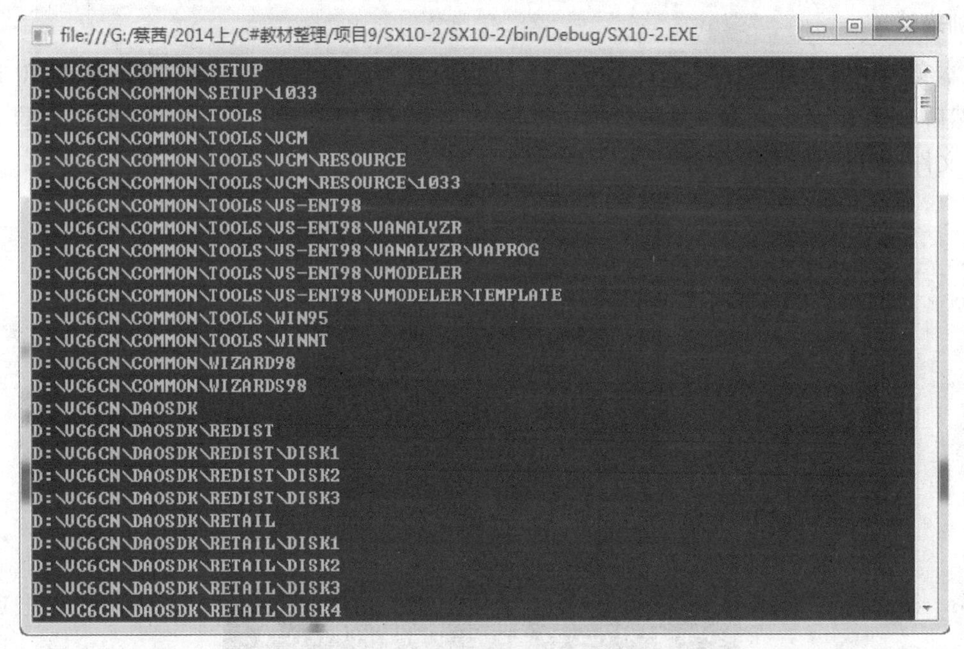

图 10.11　输出子文件夹路径

<实训要求>

①在 Main 函数中指定显示子文件夹的路径,例如:string path = @"D:\VC6CN";

②程序运行时,显示指定文件夹路径下所有的子文件夹路径,如图 10.11 所示。

<实训点拨>

①此实训要用到目录信息类 DirectoryInfo 的使用方法。

②此实训定义了一个递归方法 static void DisplayDirectories(string path),用于显示指定文件夹下所有子文件夹路径。

```
static void DisplayDirectories(string path)
{
    DirectoryInfo directoryinfo = new DirectoryInfo(path);
    Console.WriteLine(directoryinfo.FullName);
    foreach (DirectoryInfo DI in directoryinfo.GetDirectories())
    {
        DisplayDirectories(DI.FullName);
    }
}
```

实训 10.3　批量重命名文件

<实训描述>

本实训主要用到文件重命名操作。首先创建 10 个随机命名的文本文件,如图 10.12 所示;然后对这个 10 个文本文件进行批量重命名,如图 10.13 所示;最后显示重命名后的 10 个文本文件,如图 10.14 所示。

```
当前目录下的文本文件有:
1005021631.txt
1066119176.txt
1071978966.txt
1095492490.txt
1137645957.txt
1141464642.txt
1142319112.txt
1197457180.txt
1206520849.txt
1219825255.txt
```

图 10.12　当前目录下的文本文件

```
对当前目录下的文本文件重命名:
将1005021631.txt重命名为935985127.txt
将1066119176.txt重命名为1409578041.txt
将1071978966.txt重命名为1086560675.txt
将1095492490.txt重命名为2026328276.txt
将1137645957.txt重命名为18570419.txt
将1141464642.txt重命名为1058177542.txt
将1142319112.txt重命名为171991288.txt
将1197457180.txt重命名为2097634534.txt
将1206520849.txt重命名为1227521634.txt
将1219825255.txt重命名为1048641083.txt
```

图 10.13　对当前目录下的文本文件重命名

<实训要求>

①显示随机生成的 10 个文本文件;

②显示重命名后的 10 个文本文件。

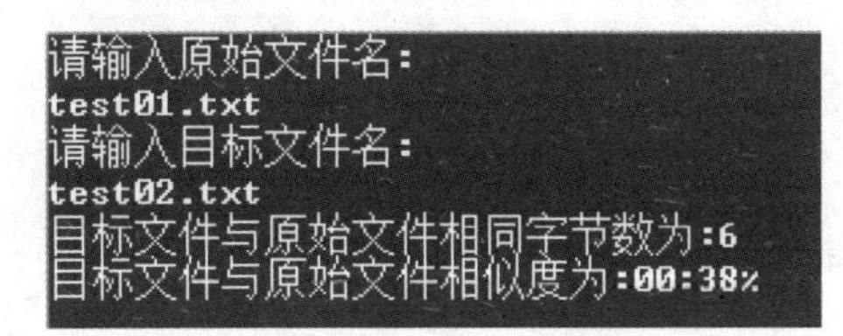

图10.14 二进制文件比较

<实训点拨>

①利用 Directory 类的静态方法 GetCurrentDirectory 获取当前程序运行目录。

②利用 File 类的静态方法 CreateText 在当前目录下创建文本文件,并以随机数作为文件名。

```
for (int i = 0; i < 10; i++)
        {
    File.CreateText(path+"\\"+random.Next(int.MaxValue)+".txt").Close()
    //随机创建10个文本文件
        }
```

③利用 File 类的静态方法 Move 随机重命名所有的文本文件,同样以新的随机数作为文本文件的新文件名。

实训10.4 二进制比较文件

<实训描述>

完成本实训主要用到二进制流的操作。首先从控制台输入原始文件和待比较的目标文件,然后对两个文件从创建二进制流读取器,最后对两个文件逐字节读取进行比较,统计相同的字节数目,如图10.14所示。

<实训要求>

①首先在目录 SX10.4\SX10.4\bin\Debug 下准备两个待比较文件:test01.txt 和test02.txt,并在这两个文件中写入内容。

②项目运行时,输入两个带比较文件的名称,计算相同字节数和文件相似度,并输出。

<实训点拨>

①本实训要用二进制读取器 BinaryReader。

②创建两个二进制读取器对象 readerOrigin 和 readerDestination,利用这两个二进制读取器对象的 ReadByte 方法分别对两个文件的文件流进行逐字节的读取,并比较读取出来的字节数值是否相同,统计相同字节数量,计算相同字节数占两个文件中较大的文件字节数的百分比,表示两个文件相似度。

项目 11

综合实践——小账本

●项目描述

每到月末时,银行卡里总是取不出钱,同学们总是又惊又惑。看着银行卡的对账单,怎么也想不起钱是用到哪些地方。这个月的生活费去哪儿了?痛定思痛,采取行动,记账吧。目前网上能搜到的记账本非常多,在线的记账功能不敢用(怕被骚扰),一些大型的记账软件功能又太多,并不是同学们所需要的。在本书中,前面已经介绍过 WinForm 应用程序的开发,下面就是用前面所学习的知识自己动手做一个属于自己的独一无二的记账本,如图 11.1 所示。

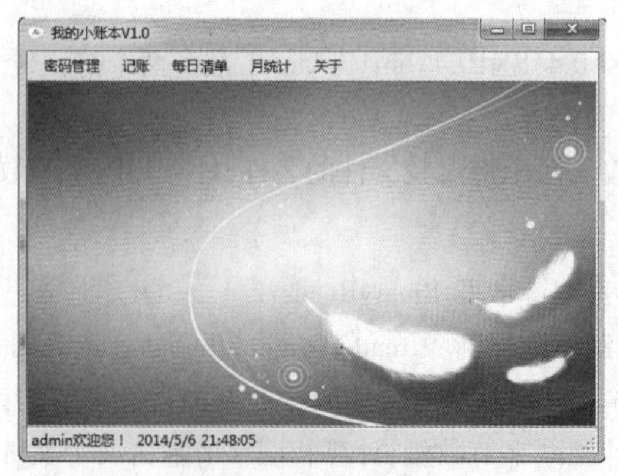

图 11.1 小账本主界面

本记账本的功能非常简单：

1.实现用户的注册、登录和密码管理功能。

2.能够实现添加和删除一笔消费功能。

3.能够根据日期查询消费情况。

4.能够根据日期统计每月消费情况。

●学习目标

1.理解信息交互类系统内容分析的方法及步骤。

2.理解 ADO.NET 对象模型及数据库连接。

3.掌握 DataGridView 和 DataList 控件的使用。

4.掌握.NET 架构，熟练运用 Visual Studio 2010 开发环境。

5.掌握利用平台进行代码测试的方法。

6.掌握本地部署的相关知识。

●能力目标

1.根据系统业务流程分析系统实现方法，理解系统的设计思想。

2.能够正确搭建应用程序环境并创建基于.NET 的应用程序。

3.能够正确使用常用的标准控件。

4.具备简单窗体应用程序设计及开发的能力。

5.具备在本地对窗体应用程序进行正确部署的能力。

项目结构框图如图 11.2 所示。

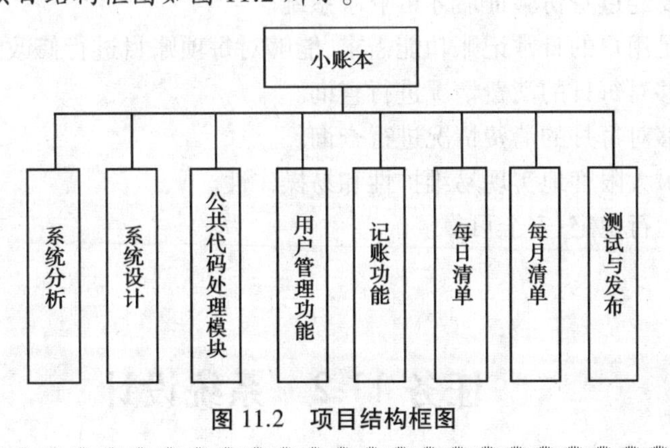

图 11.2　项目结构框图

任务 11.1　系统分析

【任务描述】

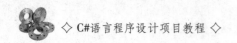

- 了解小账本系统的应用现状；
- 掌握小账本的基本功能需求。

【知识准备】

11.1.1　现状分析

随着软件技术的快速发展,电子记账本在生活中得到了越来越广泛的应用,已经成为人们日常生活中最常见的一种功能服务。它可以帮您轻松记录每天的收入、支出,并进行分析、汇总,让您更容易对收入和支出进行预算!

小账本后台数据库采用 Microsoft SQL Server 2008,该数据库系统在安全性、准确性和运行速度方面有绝对的优势。前台采用 Microsoft 公司的 Visual Studio 2010 作为开发工具,可以实现与 SQL Server 2008 数据库无缝连接。

11.1.2　需求分析

小账本需求分析如下:

①要求具有良好的人机交互界面。

②用户需要经过身份验证后才可登录系统。

③能够满足用户的日常记账功能需求,能够对每项账目进行修改和删除。

④用户能够对每日的消费情况进行查询。

⑤用户能够对每月的消费情况进行查询。

⑥该系统最大限度地实现易维护性和易操作性。

⑦该系统运行稳定、安全可靠。

任务 11.2　系统设计

【任务描述】

- 了解小账本的架构;

- 初步掌握系统的设计方法。

【知识准备】

11.2.1　架构设计

(1)设计目标

①界面设计美观友好;
②数据存储安全可靠;
③提供账目登记、删除和修改功能;
④系统最大限度地实现易维护性和易操作性;
⑤系统运行稳定、安全可靠。

(2)开发及运行环境

①系统开发平台:Microsoft Visual Studio 2010;
②系统开发语言:C#;
③系统后台数据库:Microsoft SQL Server 2008;
④运行平台:Windows XP/Windows 7 及以上;
⑤运行环境:Microsoft .NET Framework SDK V4.0;
⑥分辨率:最佳效果为 1 366×768 像素。

11.2.2　功能设计

小账本不仅能给用户提供记账功能,还能对账目进行删除和修改,同时可以对账目进行日统计和月统计,详细功能设计如图 11.3 所示。

小账本实现用户登录验证。用户必须先注册,然后通过用户名和密码进行登录,登录成功后才能进入主界面。在主界面可以对用户的密码进行修改,同时可以完成对每笔消费的记账、删除和修改,可以对每日消费进行查询,对每月消费进行查询。该系统暂时没有设计管理员用户。

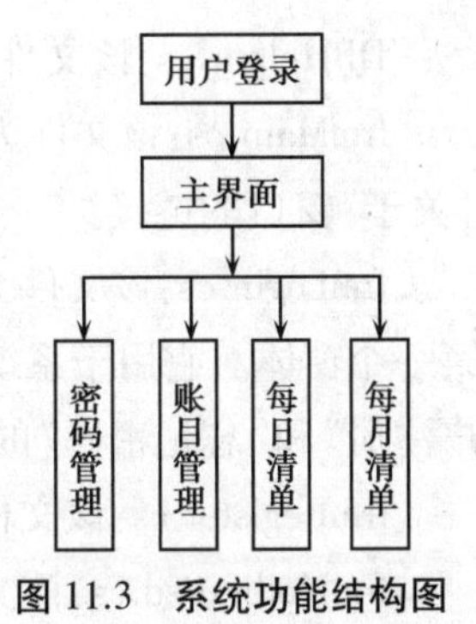

图 11.3　系统功能结构图

11.2.3　数据库设计

小账本采用 SQL Server 2005 数据库。数据库系统中创建了一个名为 db_JSPde 的数据库,在数据库中创建 2 个数据表,分别是:tb_Bill 和 tb_UserMsg。表 tb_Bill 用于保存用户的每笔消费。表 tb_UserMsg 用于保存用户信息。

创建消费信息表 tb_Bill,用于保存用户的消费信息,表结构设计见表 11.1。

表 11.1 消费信息表(tb_Bill)结构

字 段	类 型	长 度	是否可为空	说 明
ConId	int	4	否	主键,从 1 自动编号,每次增加 1。消费记录标识
ConItem	varchar	50	否	消费项目
ConType	int	4	否	消费类别
ConMoney	money		否	消费金额
ConDate	smalldatetime	8	否	消费日期

创建用户信息表 tb_UserMsg,用于保存用户基本信息,表结构设计如表 11.2 所示。

表 11.2 用户信息表(tb_UserMsg)结构

字 段	类 型	长 度	是否可为空	说 明
username	varchar	20	否	用户名
password	varchar	20	否	用户密码
age	varchar	5	是	年龄

11.2.4 文件结构设计

DBHelper.cs:该文件是类文件,用于存放开发小账本所要用到的公共代码。

frmMain.cs:该文件为小账本的主窗体,提供“密码管理”“记账”“每日清单”“月统计”和“关于”窗口的链接。

frmLogin.cs:该文件为小账本窗体应用程序的登录窗体,也是该应用程序运行时看到的第一个窗体。它用于系统用户登录时的身份验证,成功后进入主窗体。同时该窗体提供“用户注册”和“忘记密码”的窗口链接。

frmRegister.cs:该文件为用户注册窗体,用于注册新的系统用户。

frmModifyPsd.cs:该文件为密码管理窗体,用于登录用户进行密码修改。

frmRegisterBill.cs:该文件为登记帐目窗体,用于用户的实时记账。

frmDayBill.cs:该文件为每日清单窗体,用于查看用户的每日消费情况。

frmMonthBill.cs:该文件为每月统计窗体,用于统计用户的每月消费情况。

frmAbout.cs:该文件为小账本的说明窗体,用于对小账本进行说明。

任务 11.3　公共代码设计模块

【教学目标】

- 掌握 ADO.NET 的组成及各个对象的作用及相互关系；
- 掌握公共类的设计思路。

【任务描述】

本任务的主要目的是为小账本中所要用到的公共代码进行设计。在项目开发过程中以类的形式来组织、封装一些常用的方法和事件，将会在编程过程中起到事半功倍的效果。良好的类设计，可使得系统结构更加清晰，同时可以加强代码的重用性和易维护性。本系统创建了公共类 DBHelper，用来执行各种数据库操作。系统公共类设计包括以下主要功能：

①查询单个值(ExecuteScalar)，返回该值；

②执行 SQL 语句：插入、删除、修改、添加，只返回 true 或者 false；

③执行 SQL 语句(ExecuteNonQuery)，只返回执行结果 true 或者 false；

④将批量数据一次性地从数据集提交回数据库；

⑤将批量数据从数据库填充到数据集。

【任务分析】

如上文所述，采用类的封装更符合面向对象的编程思想。创建 DBHelper.cs 公共类文件，主要包括四个方法：

①QueryLots( )方法用来将批量数据从数据库填充到数据集；

②ExcuseSql( )方法用来执行 SQL 语句：包括插入、删除、修改和添加，结果只返回 true 或者 false；

③ExecuteNonSql( )方法直接对数据库执行反向操作；

④QuerySingle( )方法用于查询单个值。

【任务实施】

①为项目“MyJSP”项目添加类“DBHelper”。右键单击解决方案中的项目名称，选择“Add”→“Class”，在“Name”后输入类名“DBHelper”，如图 11.4 所示。

②定义 SQL Server 数据库连接_conn。

```
private static SqlConnection _conn = new SqlConnection("Data Source=.;Initial Catalog=db_JSP;Integrated Security=True");
```

③为类 DBHepler 添加方法 ExcuseSql。该方法的功能是执行 SQL 语句(插入、删除、修改和添加)，该方法返回 true 或者 false，表示操作成功或者不成功。

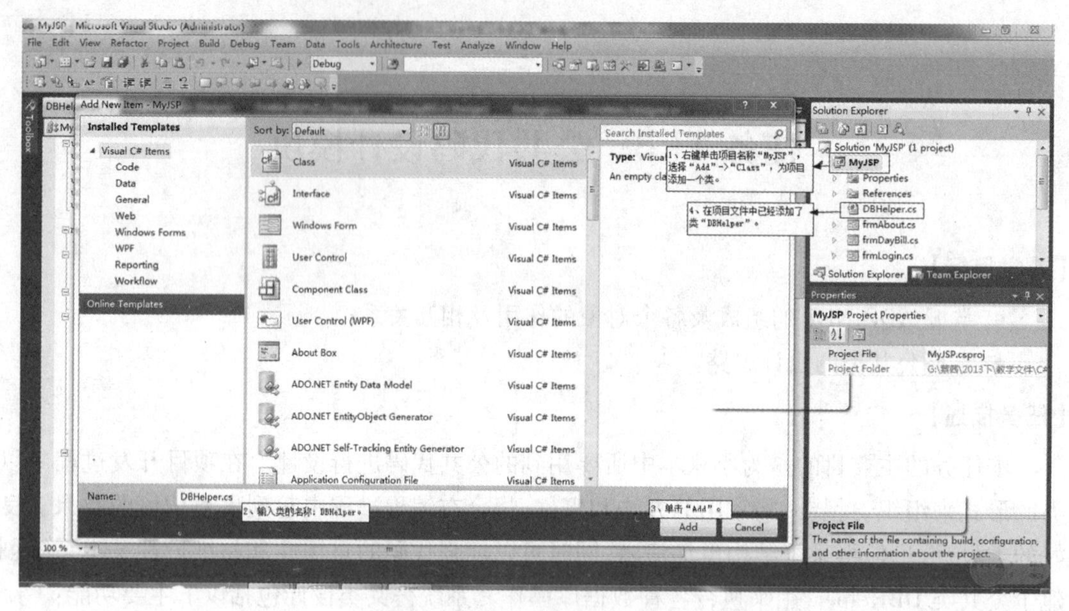

图 11.4　添加公共类 DBHelper

```
public static bool ExcuseSql(string sql)
{
    _conn.Open();
    SqlCommand cmd = new SqlCommand();
    cmd.Connection = _conn;
    cmd.CommandText =sql;
    cmd.CommandType = CommandType.Text;
    int num = cmd.ExecuteNonQuery();
    _conn.Close();
    return num > 0;
}
```

④为类 DBHepler 添加方法 QuerySingle。该方法的功能是查询单个值,返回一个对象类型。调用该方法时,可以将结果强制转换为 int 类型,通过判断其数是否为 0 来判断是否有查询结果。

```
public static object QuerySingle(String sql)
{
    _conn.Open();
    SqlCommand comm = new SqlCommand(sql, _conn);
    object o = comm.ExecuteScalar();
    _conn.Close();
    return o;
```

```
}
```

⑤为类 DBHepler 添加方法 QueryLots。该方法的功能是查询批量数据,将批量数据从数据库填充到数据集,该结果返回一个数据集。

```
public static DataSet QueryLots(String sql, String tableName)
{

    SqlCommand cmd = new SqlCommand(sql, _conn);
    SqlDataAdapter sda = new SqlDataAdapter();
    sda.SelectCommand = cmd;
    DataSet ds = new DataSet();
    sda.Fill(ds, tableName);
    return ds;
}
```

【任务小结】

若要创建 SqlDataReader,不能直接实例化,必须调用 SqlCommand 对象的 ExecuteReader 方法。在使用 SqlDataReader 时,关联的 SqlConnection 正忙于为 SqlDataReader 服务,对 SqlConnection 无法执行任何其他操作,只能将其关闭。调用 SqlDataReader 的 Close 方法,否则会一直处于打开状态。

任务 11.4　制作主窗体

【教学目标】

- 掌握窗体的创建及应用方法;
- 掌握 MenuStrip 控件、StatusStrip 控件、Timer 控件和 NotifyIcon 控件的使用;
- 学会主界面的制作。

【任务描述】

当用户登录成功后,进入小账本的主窗体。在本任务,主要完成主窗体的制作和主菜单中"关于"子窗体的制作。主窗体主要包括上方的菜单控件和下方的状态栏控件构成,如图 11.5 所示。

【任务分析】

主界面的主要功能是显示小账本的主要操作菜单,以方便用户选择操作,所以在界面的上方添加一个菜单控件,添加"密码管理""记账""每日清单""月统计"和"关于"菜单选择项。同时在界面的下方添加状态栏,显示登录用户名以及当前时间。

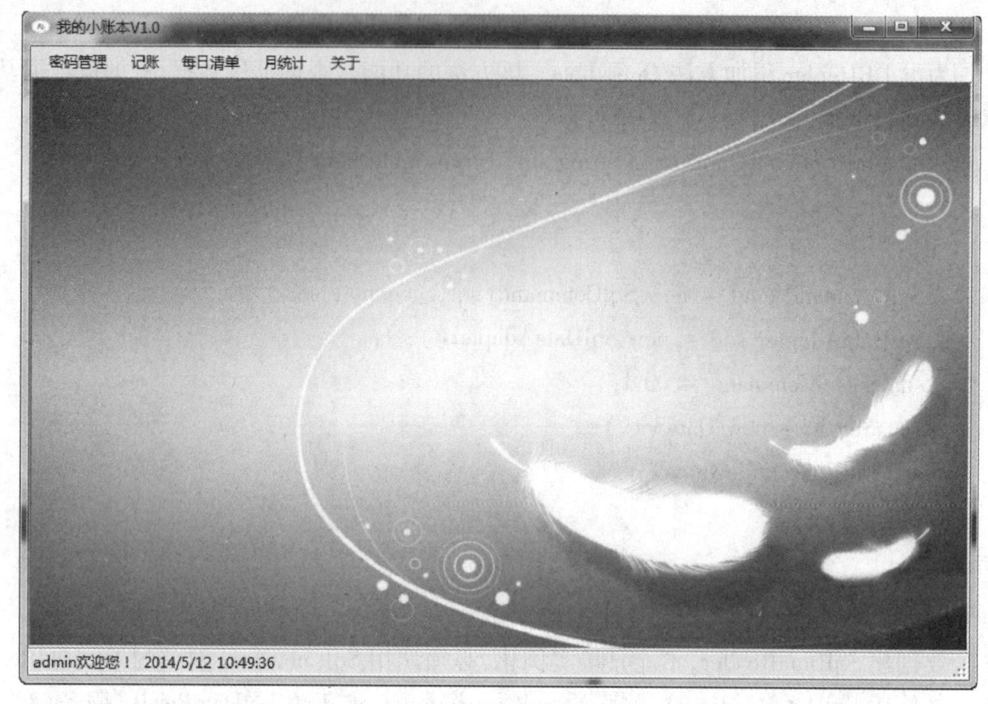

图 11.5 主界面

【任务实施】

①添加一个名为 frmMain 的窗体,设置窗体的属性如表 11.3 所示。

表 11.3 frmMain 窗体属性设置

对 象	属性设置	功 能
Form1	Name:frmMain	
	Size:800 * 550;	窗体大小
	StartPosition:CenterScreen	窗体启动时的显示位置为屏幕居中
	Text:我的小账本 V1.0	窗体的标题,表明该类型为版本 1.0
	BackgroundImage:bcg.png	设置窗体的背景图片
	Icon:ico.ico	设置项目运行时的显示图标

②在主窗体上方添加一个 MenuStrip 控件。设置该菜单控件的菜单项为:密码管理、记账、每日清单、月统计和关于,如图 11.5 所示。

③在主窗体的下方添加一个 StatusStrip 控件。设置该状态栏控件添加两个 StatusLable,分别用来显示登录用户的姓名和当前的时间,并且时间是动态变化的。

- 双击 frmMain 窗体,为窗体添加 Load 事件,添加代码如下:

```
private void frmMain_Load(object sender, EventArgs e)
        {
```

```
        toolStripStatusLabel1.Text = mainvalue + "欢迎您!";
        toolStripStatusLabel2.Text = DateTime.Now.ToString();
        timer1.Enabled = true;
    }
```

其中,mainvalue 表示成功登录用户的用户名,该用户名应该从登录窗体(frmLogin 窗体)传入。其方法如下:

a.登录窗体设置(详见任务 11.2)。

在判断用户登录成功,转向显示主窗体时,添加如下代码:

```
frmMain frmmain = new frmMain(username);
frmmain.Show();
```

在对主窗体进行实例化时,给主窗体添加一个参数,该参数即为登录用户名。通过 frmmain.Show()方法将该用户名传递给主窗体。

b.主窗体设置。在主窗体中添加 mainvalue 变量来存放从登录窗体传来的用户名,并设置其属性:

```
private string mainvalue;
        public string GetMainvalue
        {
            get { return mainvalue; }
            set { mainvalue = value; }
        }
```

修改主窗体的初始化方法,添加参数 mainusername 来接受从登录窗体传来的用户名:

```
public frmMain(string mainusername)
        {
            InitializeComponent();
            mainvalue = mainusername;
        }
```

• 为了得到动态的时间,为主窗体添加一个 Timer 控件。双击 Timer 控件,添加方法如下:

```
private void timer1_Tick(object sender, EventArgs e)
        {
            toolStripStatusLabel2.Text = DateTime.Now.ToString();//获取当前时间
        }
```

c.主窗体菜单设置,当单击菜单各项时,应该相应弹出对象窗体,代码如下:

```
    //记账功能
    private void 记账 ToolStripMenuItem_Click(object sender, EventArgs e)
        {
```

```
        frmRegisterBill frmregisterbill = new frmRegisterBill();
        //设定窗体间的所属关系
        frmregisterbill.Owner = this;
        frmregisterbill.Show();
    }

    //修改密码
    private void 修改密码ToolStripMenuItem_Click(object sender, EventArgs e)
    {
        frmModifyPsd frmmodifypsd = new frmModifyPsd();
        frmmodifypsd.MdiParent = this;
        frmmodifypsd.Show();
    }
    //每日清单功能
private void 每日清单ToolStripMenuItem_Click(object sender, EventArgs e)
    {
        frmDayBill frmdaybill = new frmDayBill();
        frmdaybill.MdiParent = this;
        frmdaybill.Show();
    }
    //月统计功能
    private void 月统计ToolStripMenuItem_Click(object sender, EventArgs e)
    {
        frmMonthBill frmmonthbill = new frmMonthBill();
        frmmonthbill.MdiParent = this;
        frmmonthbill.Show();
    }
    //关于功能
    private void 关于ToolStripMenuItem_Click(object sender, EventArgs e)
    {
        frmAbout frmabout = new frmAbout();
        frmabout.MdiParent = this;
        frmabout.Show();
    }
```

任务 11.5　用户管理功能

【任务描述】

用户管理功能模块包括用户注册(如图 11.6 所示)、用户登录(如图 11.7 所示)和密码修改(如图 11.8 所示)三大功能。

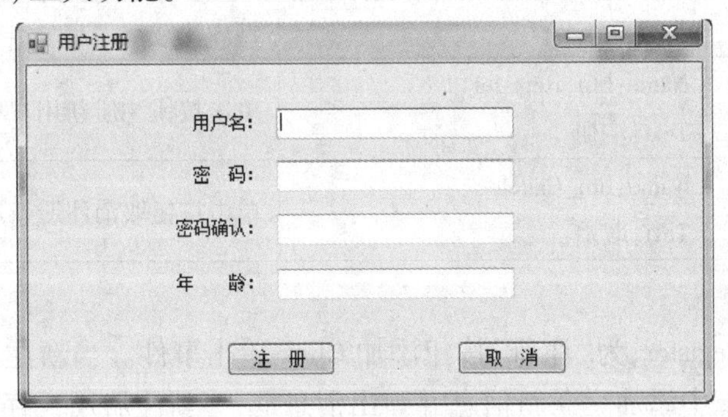

图 11.6　用户注册

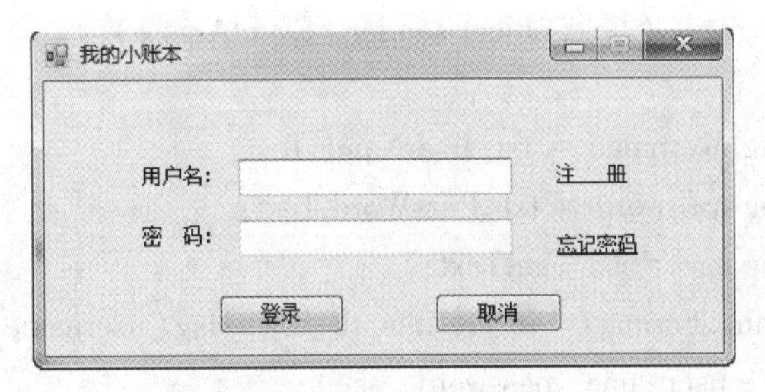

图 11.7　用户登录

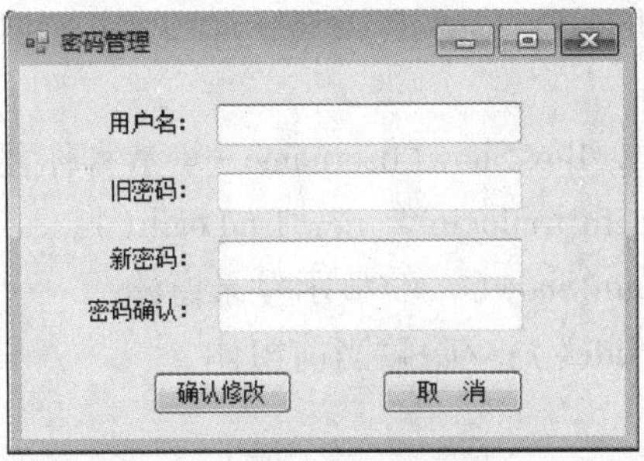

图 11.8　密码修改

【任务实施】

①添加用户注册窗体(frmRegister),按照图 11.6 进行窗体布局。设置窗体及各控件属性如表 11.4 所示。

表 11.4 窗体 frmRegister 属性设置

对 象	属性设置	功 能
Form1	Name:frmRegister	窗体名称
TextBox1	Name:txt_UserName	输入用户名
TextBox2	Name:txt_PassWord PasswordChar:*	输入密码,设置密码显示为*
TextBox3	Name:txt_RePassWord PasswordChar:*	密码确认,设置密码显示为*
TextBox4	Name:txt_Age	输入年龄
Button1	Name:btn_Register Text:注册	单击按钮注册新用户
Button2	Name:btn_Cancle Text:取消	单击按钮取消注册新用户

双击按钮 btn_Register,为“注册”按钮添加 Click 单击事件。当新注册用户不存在时,在数据库表 tb_UserMsg 中添加一条新信息并弹出消息框;当新注册用户存在时,则弹出消息框提示“注册失败”。代码如下:

```
private void btn_Register_Click(object sender, EventArgs e)
        {
            string username = txt_UserName.Text;
            string password = txt_PassWord.Text;
            string age = txt_age.Text;
string strSql = String.Format("insert into tb_UserMsg(username,password,age) values
('{0}','{1}','{2}')", username, password, age);
            //判断是否注册成功
            if (DBHelper.ExcuseSql(strSql))//调用公共代码
            {
                MessageBox.Show(username + "恭喜你,注册成功!");
                frmLogin frmlogin = new frmLogin();
                frmlogin.Show();//显示登录窗体
                this.Hide();//隐藏当前窗体
            }
            else
            {
                MessageBox.Show("注册失败!");
            }
        }
```

注册成功时,显示如图 11.9 所示消息框。

图 11.9　用户注册成功

双击按钮 btn_Cancle,为"取消"按钮添加 Click 单击事件,其功能是关闭注册窗口,回到登录窗口。代码如下:

```
private void btn_Cancle_Click(object sender, EventArgs e)
        {
            this.Close();//关闭当前窗体
            frmLogin frmlogin = new frmLogin();
            frmlogin.Show();//显示登录窗体
        }
```

②添加用户登录窗体(frmLogin),按照图 11.7 进行窗体布局。设置窗体及各控件属性如表 11.5 所示。

表 11.5　窗体 frmLogin 属性设置

对　象	属性设置	功　能
Form1	Name:frmLogin	窗体名称
TextBox1	Name:txt_UserName	输入用户名
TextBox2	Name:txt_PassWord PasswordChar:*	输入密码,设置密码显示为*
LinkButton1	Name:link_Register Text:注册	跳转到注册窗口
LinkButton2	Name:link_Forgetpsd Text:忘记密码	跳转到忘记密码窗口
Button1	Name:btn_Login Text:登录	单击按钮登录
Button2	Name:btn_Cancle Text:取消	单击按钮取消登录

设置光标出现在输入用户名文本框:

```
private void frmLogin_Load(object sender, EventArgs e)
        {
            this.txt_UserName.Focus();
        }
```

双击按钮 btn_Login,为“登录”按钮添加 Click 单击事件。当用户名和密码输入正确时登录成功,进入主界面;当登录失败时,则弹出消息框提示“用户名不存在”或者“密码错误”。代码如下:

```
private void btn_Login_Click(object sender, EventArgs e)
        {
            string username = txt_UserName.Text;
            string password = txt_PassWord.Text;
            string strSql = "select count(*) from tb_UserMsg where username='" +
username + "' and password='" + password + "'";
            int num=(int)DBHelper.QuerySingle(strSql);
            if (num>0)//判断是否登录成功
            {
                MessageBox.Show(username + "欢迎登录您的个人财务软件!");
                frmMain frmmain = new frmMain(username);
                frmmain.Show();
                this.Hide();
            }
            else
            {
                strSql = "select count(*) from tb_UserMsg where username='" + use-
rname + "'";
                num = (int)DBHelper.QuerySingle(strSql);
                if (num != 0)
                {
                    MessageBox.Show("密码错误");
                }
                else
                {
                    MessageBox.Show("用户名不存在!");
                }
            }
        }
```

双击按钮 btn_Cancle，为"取消"按钮添加 Click 单击事件，其功能是关闭登录窗口。代码如下：

```
private void btn_Cancle_Click(object sender, EventArgs e)
        {
            this.Close();
        }
```

③添加用户修改密码窗体(frmModifyPsd)，按照图 11.8 进行窗体布局。设置窗体及各控件属性如表 11.6 所示。

表 11.6　窗体 frmModifyPsd 属性设置

对　象	属性设置	功　能
Form1	Name:frmModifyPsd	窗体名称
TextBox1	Name:txt_UserName	输入用户名
TextBox2	Name:txt_OldPassWord PasswordChar:*	输入旧密码，设置密码显示为*
TextBox3	Name:txt_NewPassWord PasswordChar:*	输入新密码，设置密码显示为*
TextBox4	Name:txt_NewRePassWord PasswordChar:*	确认新密码，设置密码显示为*
Button1	Name:btn_Sure Text:确认修改	单击按钮确认密码修改
Button2	Name:btn_Cancle Text:取消	单击按钮取消密码修改

打开主窗体(frmMain)，添加"密码管理"的下级菜单"修改密码"，如图 11.10 所示。

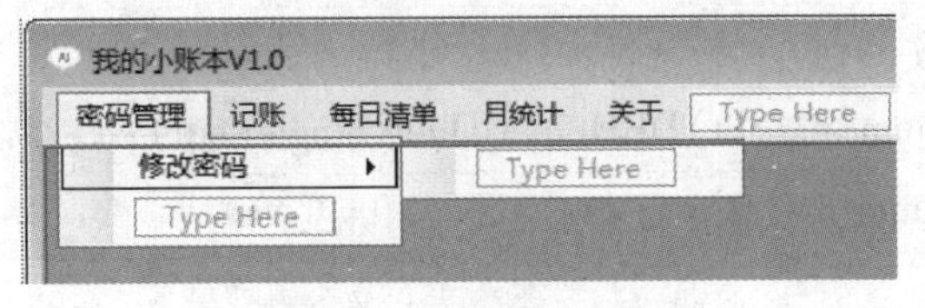

图 11.10　修改密码菜单

双击"修改密码"菜单，为该菜单按钮添加 Click 事件，使得跳转到修改密码窗体(frmModifyPsd)，代码如下：

```
private void 修改密码ToolStripMenuItem_Click(object sender, EventArgs e)
        {
            frmModifyPsd frmmodifypsd = new frmModifyPsd();
            frmmodifypsd.MdiParent = this;
            frmmodifypsd.Show();
        }
```

打开修改密码窗体(frmModifyPsd),双击"确认修改"按钮,为该按钮添加 Click 事件。当修改密码成功时,弹出图 11.11 所示消息框;当输入旧密码错误时,弹出图 11.12 所示消息框;当输入的新密码两次不一致时,弹出图 11.13 所示消息框。代码如下:

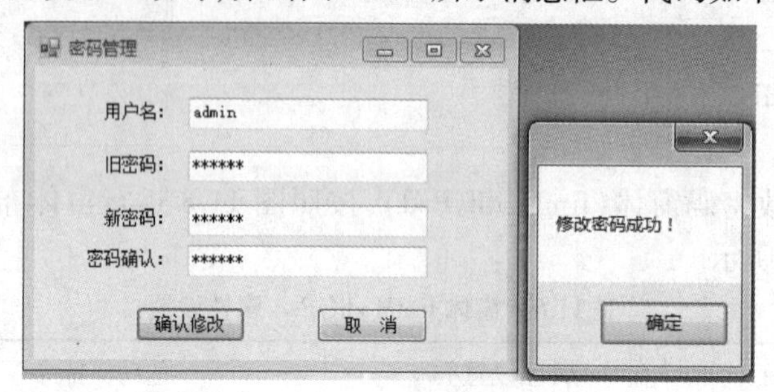

图 11.11　修改密码成功

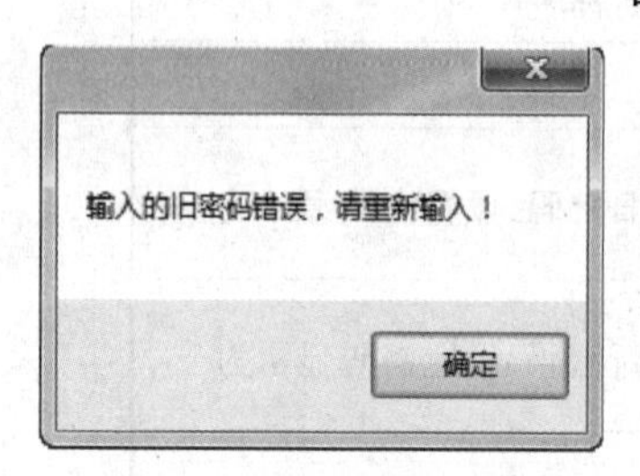

图 11.12　输入旧密码错误

图 11.13　两次密码不同

```
private void btn_Sure_Click(object sender, EventArgs e)
        {
                String strOld = this.txt_OldPassWord.Text.Trim();
                String strNew = this.txt_newpassword.Text.Trim();
                String strConfirm = this.txt_NewRePassword.Text.Trim();
                String sql = String.Format("select count(*) from tb_UserMsg where pass-
word = '{0}'", strOld);
                int num = (int)DBHelper.QuerySingle(sql);
                if (num <= 0)
                {
                    MessageBox.Show("输入的旧密码错误,请重新输入!");
                    return;
                }
                if (strNew.Length < 6 || strConfirm.Length < 6)
                {
                    MessageBox.Show("输入新密码的长度小于6,请重新输入!");
                    return;
                }
```

```
        if (strNew != strConfirm)
        {
            MessageBox.Show("两次密码输入不相同,请重新输入!");
            return;
        }
        sql = String.Format("Update tb_UserMsg set password = '{0}'", strNew);
        if (DBHelper.ExecuteNonSql(sql))
        {
            MessageBox.Show("修改密码成功!");
        }
        else
        {
            MessageBox.Show("修改密码失败!");
        }
    }
```

双击“取消”按钮,为该按钮添加 Click 事件,关闭密码修改窗口,代码如下:

```
private void btn_Cancle_Click(object sender, EventArgs e)
    {
        this.Close();
    }
```

【任务小结】

登录成功跳转到主界面时,要将用户名窗体给主窗体,所采用的方法是对主窗体的构造函数添加参数。

任务 11.6　记账功能

【教学目标】

- 掌握 DataGirdView 控件的使用;
- 掌握 DataGirdView 控件的 CellEndEdit 事件。

【任务描述】

用户记账功能模块包括加入账目、删除账目和修改账目。

(1)加入账目

选择消费日期、填写消费项目、在下拉菜单中选择消费类型、填入消费金额后,单击“加入账目”按钮,弹出“插入数据成功”对话框,单击“确定”按钮后,可以看到在下方表格中看到新添加的消费项目,如图 11.14 所示。

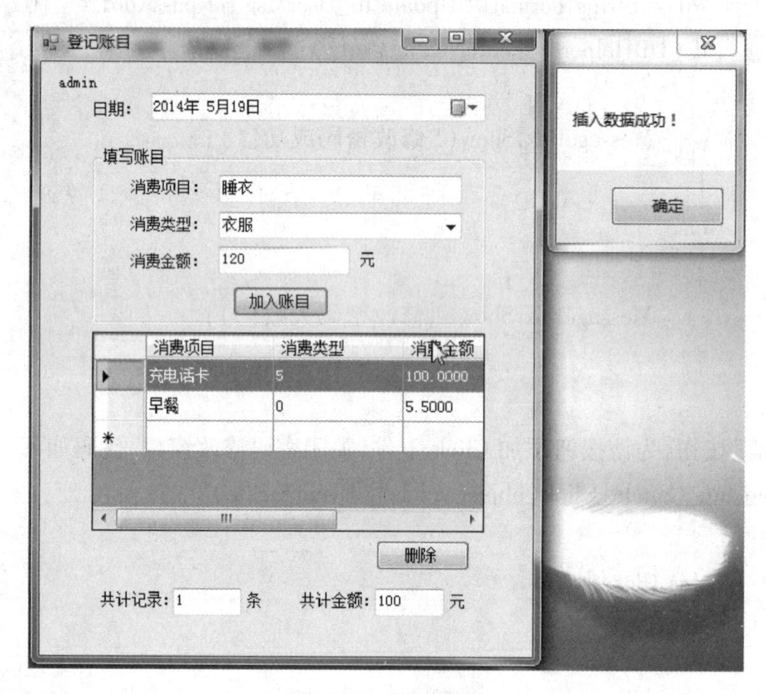

图 11.14 插入账目

(2)删除账目

在表格中选中要删除的消费项目,单击“删除”按钮,弹出“删除数据成功”对话框,单击“确定”按钮后,可以看到在下方表格中看到被选择的消费项目已经被删除,如图 11.15 所示。

(3)修改账目

在表格中选中要修改消费项目,双击该条消费项目中某一项,直接键入新值,按下回车键,弹出“修改数据成功”对话框,单击”确定“按钮后,可以看到在下方表格中看到消费项目已经被更改,如图 11.16 所示。

【任务实施】

①添加登记账目窗体(frmRegisterBill),按照图 11.14 进行窗体布局。设置窗体及部分控件属性如表 11.7 所示。

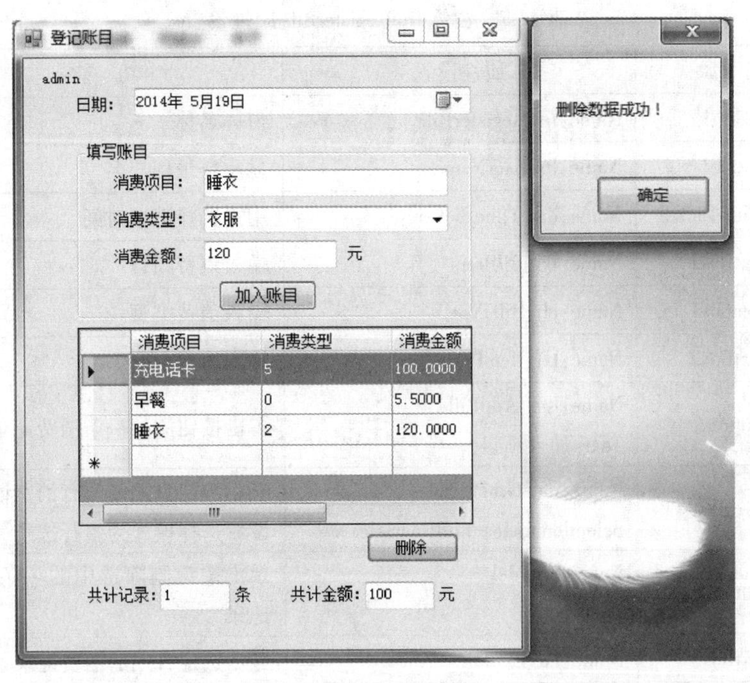

图 11.15　删除账目

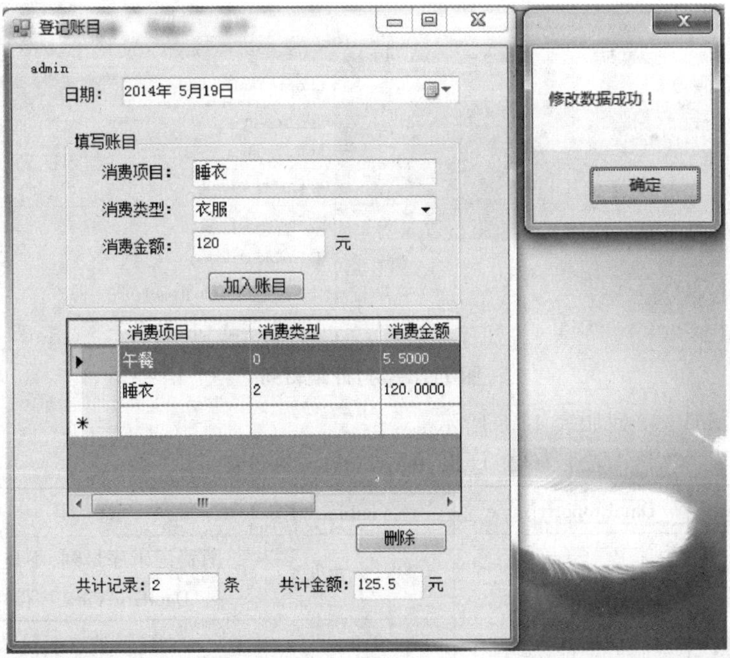

图 11.16　修改账目

设置 DataGridView 显示列。单击 DataGridView 控件右上角的智能标签，选择“Edit Columns”，如图 11.17 所示。打开编辑列窗口，如图 11.18 所示。

表 11.7　窗体 frmRegisterBill 属性设置

对　象	属性设置	功　能
Form1	Name:frmRegisterBill	窗体名称
Lable1	Name:lb_UserName	显示登录用户名
DateTimePicker	Name:dateTimePicker1	用户选择消费时间
TextBox1	Name:txt_BillItem	输入消费项目
Combox1	Name:cb_BillType	输入消费类型
TextBox2	Name:txt_ItemPrice	输入消费金额
Button1	Name:btn_AddBill Text:加入项目	单击按钮添加一条消费记录
DataGridView1	Name:dataGridView1 SelectionMode: FullRowSelec	显示选定日期的所有消费记录 设置选择模式为整行选中
Button2	Name:btn_del Text:删除	单击按钮删除选中的一条消费记录
TextBox3	Name:txt_Count	显示选定日期的消费记录条数
TextBox4	Name:txt_Amount	显示选定日期的消费总金额

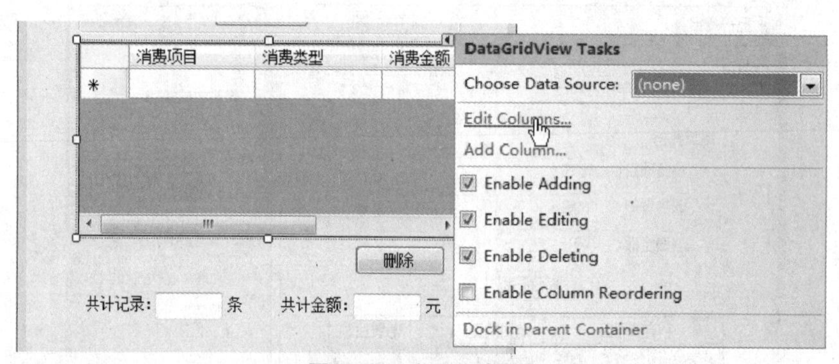

图 11.17　打开编辑列

设置 DataGridView 列如表 11.8 所示。

表 11.8　DataGridView 列设置

HeaderText	DataPropertyName	Visible	说　明
序号	ConId	False(不可见)	消费记录序号列,不显示在 DataGridView 控件中
消费项目	ConItem	True	显示消费项目
消费类型	ConType	True	显示消费类型
消费金额	ConMoney	True	显示消费金额
消费时间	ConDate	True	显示消费日期

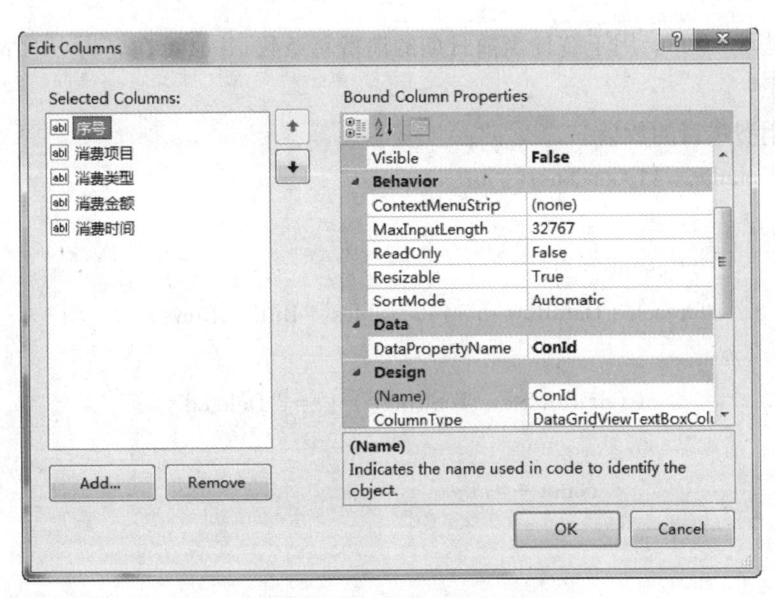

图 11.18　编辑列窗口

定义公用对象及变量：

```
frmMain mainform;//声明主窗体
string username;//保存登录用户名
string strsql;//执行的 SQL 语句
```

②为窗体添加 Load 事件。

双击 frmRegisterBill 窗体空白处，为"登记账目"窗体添加 Load 事件。其主要功能是接受从其他窗体传来的登录用户名，同时显示当前日期的消费情况。代码如下：

```
private void frmRegisterBill_Load(object sender, EventArgs e)
    {
        mainform = (frmMain)this.Owner;
        username = mainform.GetMainvalue;        //获取主窗体传来的值
        label10.Text = username;//显示主窗体传来的值
        dateTimePicker1.Value = DateTime.Now;
        //显示当前日期的消费情况
        string strDate = dateTimePicker1.Value.ToShortDateString();
        //要执行的 SQL 语句
        string strsql = String.Format("select * from tb_Bill where conDate='{0}'", str-
Date);
        ds = DBHelper.QueryLots(strsql ,"Bill");
        this.dataGridView1.DataSource = ds.Tables["Bill"];
        GetCount();//显示消费记录总条数
        GetAmount();//显示消费总金额
    }
```

添加方法 GetCount,用于统计当前日期的消费总条数,并显示在名为 txt_Count 的文本框中。代码如下:

```
//统计消费项目的数量
        public void GetCount( )
        {
            int count = 0;
            foreach (DataRow dr in ds.Tables["Bill"].Rows)
            {
                if (dr.RowState.ToString( ) != "Deleted")
                {
                    count += 1;
                }
            }
            this.txt_Count.Text = count.ToString( );
        }
```

添加方法 GetAmount,用于统计当前日期的消费总金额,并显示在名为 txt_Amount 的文本框中。代码如下:

```
//统计消费项目的金额
        public void GetAmount( )
        {
            float amount = 0.0f;
            foreach (DataRow dr in ds.Tables["Bill"].Rows)
            {
                if (dr.RowState.ToString( ) != "Deleted")
                {
                    amount += float.Parse(dr["conMoney"].ToString( ));
                }
            }
            this.txt_Amount.Text = amount.ToString( );
        }
```

③插入消费记录。

双击"插入项目"按钮,为其添加 Click 事件。当插入消费记录成功时,弹出如图 11.14 所示的对话框。单击对话框中的"确定"按钮,在 DataGridView 控件中添加一条新的消费记录。代码如下:

```
        //加入账目
        private void btn_AddBill_Click(object sender, EventArgs e)
```

```
            {
                //消费项目
                String strItemName = this.txt_BillItem.Text.Trim();
                //消费类型
                int itemType = this.cb_BillType.SelectedIndex;
                //消费金额
                float itemAmount = float.Parse(this.txt_ItemPrice.Text.Trim());
                //消费时间
                DateTime itemDate = this.dateTimePicker1.Value;
                strsql = String.Format("insert into tb_Bill(ConItem,ConType,ConMoney,
ConDate) values ('{0}','{1}','{2}','{3}')", strItemName, itemType, itemAmount,
itemDate.ToShortDateString());
                if (DBHelper.ExcuseSql(strsql))
                {
                    MessageBox.Show("插入数据成功!");
                }
                else
                {
                    MessageBox.Show("插入数据失败!");
                }
                //将数据库中的信息显示在 dataGridView 中
                string strDate = dateTimePicker1.Value.ToShortDateString();
                //要执行的 SQL 语句
                strsql = String.Format("select * from tb_Bill where conDate='{0}'",
strDate);
                ds = DBHelper.QueryLots(strsql, "Bill");
                this.dataGridView1.DataSource = ds.Tables["Bill"];
            }
        //更新统计数据
        GetCount();
        GetAmount();
```

④删除消费记录。

双击“删除”按钮,为其添加 Click 事件。当删除消费记录成功时,弹出如图 11.15 所示的对话框。单击对话框中的“确定”按钮,在 DataGridView 控件中删除被选中的消费记录。代码如下:

```
//删除行
```

```
private void btn_del_Click(object sender, EventArgs e)
{
    bool result;
    //删除数据库中的行
    for (int i = 0; i < dataGridView1.Rows.Count; i++)
    {
        if ((bool)dataGridView1.Rows[i].Selected == true)
        {
            result = DBHelper.ExcuseSql(String.Format("delete from tb_Bill where
ConId='{0}'", dataGridView1.Rows[i].Cells["ConId"].Value.ToString()));
            if (result)
            {
                MessageBox.Show("删除数据成功!");
            }
            else
            {
                MessageBox.Show("删除数据失败!");
            }
        }
    }
    //将数据库中的信息显示在 dataGridView 中
    string strDate = dateTimePicker1.Value.ToShortDateString();
    //要执行的 SQL 语句
     strsql = String.Format("select * from tb_Bill where conDate='{0}'",
strDate);
    ds = DBHelper.QueryLots(strsql, "Bill");
    this.dataGridView1.DataSource = ds.Tables["Bill"];
    //更新统计数据
    GetCount();
    GetAmount();
}
```

⑤修改消费记录。

为 DataGridView 添加 CellEndEdit 事件,当修改完 DataGridView 中的单元格数据后,回车保存修改数据。单击选中窗体中的 DataGridView 控件,找到属性窗口的 CellEndEdit 事件,将光标移动到后方空白处,单击回车,即为 DataGridView 添加 CellEndEdit 事件,如图 11.19 所示,代码如下:

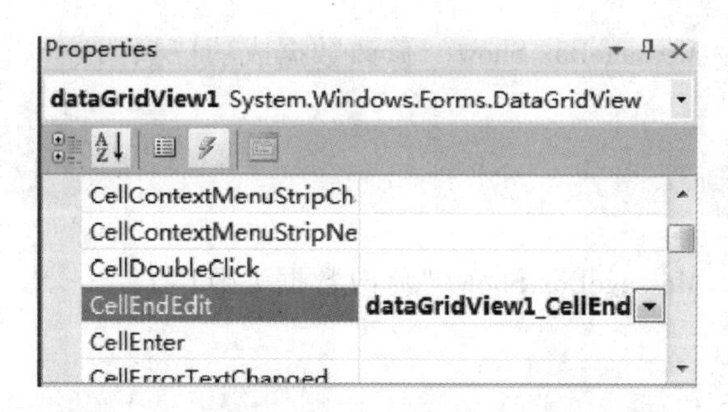

图 11.19 为 DataGridView 添加 CellEndEdit 事件

```
//修改完一个数据回车,保存回数据库
        private void dataGridView1_CellEndEdit(object sender, DataGridViewCellEventArgs e)
        {
            if (e.RowIndex >= 0)//如果选中一个单元格
            {
                switch (e.ColumnIndex)
                {
                    case 1://修改消费项目
            strsql = String.Format("update tb_Bill set conItem='{0}' where conId='{1}'", dataGridView1.Rows[e.RowIndex].Cells["ConItem"].Value.ToString(), dataGridView1.Rows[e.RowIndex].Cells["ConId"].Value.ToString());break;
                    case 2: //修改消费类型
            strsql = String.Format("update tb_Bill set conType='{0}' where conId='{1}'", dataGridView1.Rows[e.RowIndex].Cells["ConType"].Value.ToString(), dataGridView1.Rows[e.RowIndex].Cells["ConId"].Value.ToString());break;
                    case 3: //修改消费金额
            strsql = String.Format("update tb_Bill set conMoney='{0}' where conId='{1}'", dataGridView1.Rows[e.RowIndex].Cells["conMoney"].Value.ToString(), dataGridView1.Rows[e.RowIndex].Cells["ConId"].Value.ToString());break;
                    case 4: //修改消费时间
            strsql = String.Format("update tb_Bill set conDate='{0}' where conId='{1}'", dataGridView1.Rows[e.RowIndex].Cells["conDate"].Value.ToString(), dataGridView1.Rows[e.RowIndex].Cells["ConId"].Value.ToString());break;
                }
    }
            if (DBHelper.ExcuseSql(strsql))
            {
```

```
                MessageBox.Show("修改数据成功!");
            }
            else
            {
                MessageBox.Show("修改数据失败!");
            }
        }
    }
```

【任务小结】

在 DataGridView 控件中进行数据的显示、删除和修改,需要结合 DBHelper.cs 类中的方法。

任务 11.7　每日清单

【教学目标】

- 掌握 DataGridView 控件列设置方法;
- 掌握 DateTimePicker 控件的应用。

【任务描述】

每日清单功能模块主要功能是根据选择的日期查询当天的消费明细,同时统计消费总体情况,并对每类消费进行总计。运行效果如图 11.20 所示。

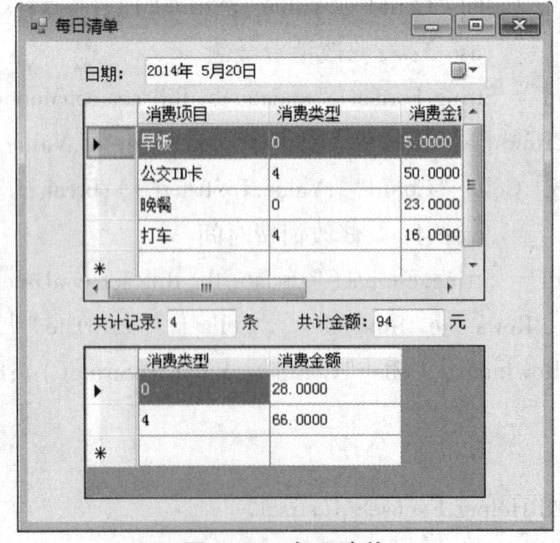

图 11.20　每日清单

【任务分析】

该窗体的数据由 4 部分构成:当日消费详细情况、当日分类消费情况、当日消费总记录条数和当日消费总额。为了在选择不同日期时对数据进行刷新,把这 4 部分数据的查询显示分别写到 4 个方法中。

QueryDetail 方法:用于显示按日查询消费详细信息。

QueryClass 方法:用于显示当前日期下,按消费类型分类的消费总金额。

GetItemCount 方法:用于统计当前日期的消费总条数。

GetItemsAmount 方法:用于统计当前日期的消费总金额。

【任务实施】

①添加每日清单窗体(frmDayBill),按照图 11.20 进行窗体布局,设置窗体及部分控件属性如表 11.9 所示。

表 11.9　窗体 frmDayBill 属性设置

对　象	属性设置	功　能
Form1	Name:frmDayBill	窗体名称
DateTimePicker1	Name:dateTimePicker1	用户选择消费日统计时间
DataGridView1	Name:dgv_Detail	显示选定日期的所有消费记录
Button2	Name:btn_del Text:删除	单击按钮删除选中的一条消费记录
TextBox1	Name:txt_Count	显示选定日期的消费记录总条数
TextBox2	Name:txt_Amount	显示选定日期的消费总金额
DataGridView2	Name:dgv_Amount	显示选定日期消费分类统计

设置 DataGridView1 显示列。单击 DataGridView1 控件右上角的智能标签,选择"Edit Columns",对 DataGridView 进行列设置,与任务 11.6 中的设置一致。

设置 DataGridView 列如表 11.10 所示。

表 11.10　设置 DataGridView1 控件显示列

HeaderText	DataPropertyName	Visible	说　明
序号	ConId	False(不可见)	消费记录序号列,不显示在 DataGridView 控件中
消费项目	ConItem	True	显示消费项目
消费类型	ConType	True	显示消费类型
消费金额	ConMoney	True	显示消费金额
消费时间	ConDate	True	显示消费日期

设置 DataGridView2 显示列,如表 11.11 所示。

表 11.11　设置 DataGridView2 控件显示列

HeaderText	DataPropertyName	Visible	说　明
消费类型	ConType	True	显示消费类型
消费金额	ConMoney	True	显示分类消费类型的总金额

②定义方法。

定义方法 QueryDetail 显示按日查询消费详细信息。在文件 frmDayBill.cs 中定义方法 QueryDetail,代码如下:

```
public void QueryDetail( )
        {
            //显示当前日期的消费情况
            string strDate = dateTimePicker1.Value.ToShortDateString( );
            //要执行的SQL语句
             string strsql = String.Format( " select * from tb_Bill where ConDate = 
'{0}'", strDate);
            ds = DBHelper.QueryLots(strsql, "Bill");
            this.dgv_Detail.DataSource = ds.Tables["Bill"];
        }
```

定义方法 QueryClass 显示当前日期下按消费类型分类的消费总金额。

在文件 frmDayBill.cs 中定义方法 QueryClass,代码如下:

```
//按消费类型分类,按日查询分类金额
        public void QueryClass( )
        {
            String strDate = dateTimePicker1.Value.ToShortDateString( );
            String sql = String.Format("select ConType,sum(ConMoney) as ConMoney 
from tb_Bill where ConDate = '{0}' group by ConType", strDate);
            DataSet ds =DBHelper.QueryLots(sql, "Class");
            this.dgv_Amount.AutoGenerateColumns = false;
            this.dgv_Amount.DataSource = ds.Tables["Class"].DefaultView;
        }
```

定义方法 GetItemCount,用于统计当前日期的消费总条数,并显示在名为 txt_Count 的文本框中。代码如下:

```
//统计日明细信息中记录的条数
        public void GetItemCount( )
```

```
{
        String strDate = this.dateTimePicker1.Value.ToShortDateString();
      String sql = String.Format("Select count(*) from tb_Bill where ConDate = '{0}'", strDate);
        int num = (int)DBHelper.QuerySingle(sql);
        this.txt_Count.Text = num.ToString();
}
```

定义方法 GetItemsAmount,用于统计当前日期的消费总金额,并显示在名为 txt_Amount 的文本框中。代码如下:

```
//统计日明细信息中的总金额
        public void GetItemsAmount()
        {
            String strDate = this.dateTimePicker1.Value.ToShortDateString();
    String sql = String.Format("Select sum(ConMoney) from tb_Bill where ConDate = '{0}'", strDate);
            object o = DBHelper.QuerySingle(sql);
            if (o.ToString() == "")
            {
                this.txt_Amount.Text = "0.0";
            }
            else
            {
                this.txt_Amount.Text = (float.Parse(o.ToString())).ToString();
            }
        }
```

③为窗体添加 Load 事件。

双击窗体,为其添加 Load 事件,在 Load 方法中添加步骤②中所定义的方法。代码如下:

```
private void frmDayBill_Load(object sender, EventArgs e)
        {
            QueryDetail();
            QueryClass();
            GetItemCount();
            GetItemsAmount();
        }
```

④为日期控件 DateTimePicker1 添加 ValueChanged 事件,当选择不同日期时显示相应的

消费情况,代码如下:

```
private void dateTimePicker1_ValueChanged(object sender, EventArgs e)
{
        QueryDetail();
        QueryClass();
        GetItemCount();
        GetItemsAmount();
}
```

【任务小结】

把数据查询分为 QueryDetail()、QueryClass()、GetItemCount()和 GetItemsAmount()四个方法。每次选择新的日期后应该更新查询结果,所以添加了 DateTimePicker 控件的 ValueChanged 方法。

任务 11.8 每月账目总汇

【教学目标】

- 掌握 NumericUpDown 和 ComboBox 控件的使用;
- 掌握窗体 Load 事件和窗体构造函数的作用。

【任务描述】

每月清单功能模块主要功能是根据选择的年和月,查询当月的记账天数,同时统计每类消费的消费金额,以及全部消费总金额。运行效果如图 11.21 所示。

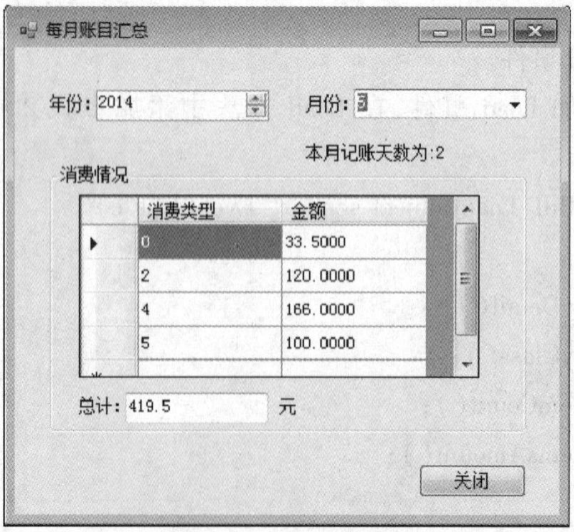

图 11.21 每月清单

【任务分析】

第一次跳转到本窗体时,应该显示当前年月的每月清单,而后可以根据选择的年和日更新每月清单。因为窗体的构造函数是在创建窗体时发生,而窗体的 Load 事件是在窗体加载的时候发生的,即在窗体创建之后才能发生。为了窗体的初次显示能够正确显示年和月,需要把 NumericUpDown 和 ComboBox 这两个控件的初始值设定放到构造函数里。

该窗体的数据由 3 部分构成:记账天数、本月分类消费情况、本月总消费金额。为了在选择不同日期时对数据进行刷新,把这 3 部分数据的查询显示分别写到 3 个方法中。

GetRegisterDays 方法:用于统计当前月份的记账天数。

QueryClass 方法:用于统计当前月份按消费类型的消费情况。

GetAmount 方法:用于统计当前月份的消费总金额。

【任务实施】

①添加每日清单窗体(frmMonthBill),按照图 11.21 进行窗体布局。设置窗体及部分控件属性如表 11.12 所示。

表 11.12　窗体 frmMonthBill 属性设置

对　象	属性设置	功　能
Form1	Name:frmMonthBill	窗体名称
NumericUpDown1	Name:nud_Year	选择年份。默认为当前年份
ComboBox1	Name:cb_Month	选择月份。默认为当前月份
Lable1	Name:lb_Msg	显示当前月记账天数
DataGridView1	Name:dgv_MonthBill	显示当前月按消费类型统计金额
TextBox1	Name:txt_Total	显示当前月消费总金额
Button1	Name:btn_Close	单击关闭当前窗体

设置 DataGridView1 显示列。单击 DataGridView1 控件右上角的智能标签,选择"Edit Columns",对 DataGridView 进行列设置,与任务 11.7 中的设置一致。

设置 DataGridView1 列如表 11.13 所示。

表 11.13　设置 DataGridView1 控件显示列

HeaderText	DataPropertyName	Visible	说　明
消费类型	ConType	True	显示消费类型
金额	typesum	True	显示分类消费类型的总金额

②修改窗体的构造函数。

当每月统计窗体运行时,显示的时间希望是默认的当前年和月,需要把下面两行代码加到构造函数里。注意这两行代码不能加到 Load 事件里,因为构造函数没有执行完,界面控件不能取值。

```
public frmMonthBill()
        {
            InitializeComponent();
            //显示当前年月
            this.cb_Month.Text = DateTime.Now.Month.ToString();
            this.nud_Year.Value = DateTime.Now.Year;
        }
```

定义公用对象数据集:

```
DataSet ds;
```

③定义方法 GetRegisterDays,用于统计当前月份的记账天数,并显示在名为 lb_Msg 的标签控件中。代码如下:

```
//统计某月记账的天数
        public void GetRegisterDays()
        {
            int year = (int)nud_Year.Value;
            int month  = Convert.ToInt32(this.cb_Month.Text);
            DateTime lowdate = new DateTime(year, month, 1);//本月的第一天
            DateTime highdate = lowdate.AddMonths(1);//加1个月的时间
            string strsql = String.Format("Select count(distinct conDate) from tb_Bill
where conDate>='{0}' and conDate<='{1}'", lowdate, highdate);
            int num =Convert.ToInt32(DBHelper.QuerySingle(strsql));
            lb_Msg.Text ="本月记账天数为:"+ num.ToString();
        }
```

定义方法 QueryClass,用于统计当前月份按消费类型的消费情况。代码如下:

```
//按消费类型分类统计金额
        public void QueryClass()
        {
            int year=(int)nud_Year.Value;
            int month = Convert.ToInt32(this.cb_Month.Text);
            DateTime lowdate=new DateTime (year,month,1);//本月的第一天
            DateTime highdate=lowdate.AddMonths(1);//加1个月的时间
            string strsql = String.Format("select conType,sum(conMoney) as typesum
from tb_Bill where conDate>='{0}' and conDate<='{1}' group by conType",lowdate,high-
date);
            ds=DBHelper.QueryLots(strsql, "MonthBill");
```

```
            dgv_MonthBill.AutoGenerateColumns = false;
            dgv_MonthBill.DataSource = ds.Tables["MonthBill"];

        }
```

定义方法 GetAmount,用于统计当前月份的消费总金额,并显示在名为 txt_Total 的文本框中。代码如下:

```
//按月统计总金额
        public void GetAmount()
        {
            int year = (int)nud_Year.Value;
            int month = Convert.ToInt32(this.cb_Month.Text);
            DateTime lowdate = new DateTime(year, month, 1);//本月的第一天
            DateTime highdate = lowdate.AddMonths(1);//加 1 个月的时间
            string strsql = String.Format("select sum(conMoney) as typesum from tb_
Bill where conDate>='{0}' and conDate<='{1}'", lowdate, highdate);
            object o = DBHelper.QuerySingle(strsql);
            if (o.ToString() == "")
            {
                txt_Total.Text ="0.0 元";
            }
            else
            {
                txt_Total.Text = Convert.ToDouble(o.ToString()).ToString();
            }
        }
```

④为窗体添加 Load 事件。

双击窗体,为其添加 Load 事件,在 Load 方法中添加步骤②中所定义的方法。代码如下:

```
private void frmMonthBill_Load(object sender, EventArgs e)
        {
            nud_Year.Value = DateTime.Now.Year;
            QueryClass();
            GetAmount();
            GetRegisterDays();
        }
```

⑤为数字控件 nud_Year 添加 ValueChanged 事件,代码如下:

```
private void nud_Year_ValueChanged(object sender, EventArgs e)
        {
            QueryClass();
            GetAmount();
            GetRegisterDays();
        }
```

⑥为 cb_Month 控件添加 SelectedIndexChanged 事件,代码如下:

```
private void cb_Month_SelectedIndexChanged(object sender, EventArgs e)
        {
            QueryClass();
            GetAmount();
            GetRegisterDays();
        }
```

⑦为"关闭"按钮添加 Click 事件,代码如下:

```
private void btn_Close_Click(object sender, EventArgs e)
        {
            this.Close();//关闭当前窗口
        }
```

【任务小结】

Load 事件在窗体被加载到内存中时发生,可以将程序的初始化操作放在此事件中,如在 Load 事件中对变量进行初始化、设置控件的一些初始属性等。Form.Load 事件是在窗体加载的时候发生的,即在窗体创建之后才能发生。而窗体类的构造函数是创建窗体时发生的,所以把年和月的显示那两句代码放在窗体的构造函数里,而把当前年和月的帐目初始显示放在 Load 事件里。

任务 11.9 关于窗体

【教学目标】

- 学会 Lable 控件的使用。

【任务描述】

关于窗体很简单,主要是用于显示该应用程序的版本信息。运行效果如图 11.22 所示。

【任务分析】

"关于"窗体主要用于显示该应用程序的版本和版权所有情况。

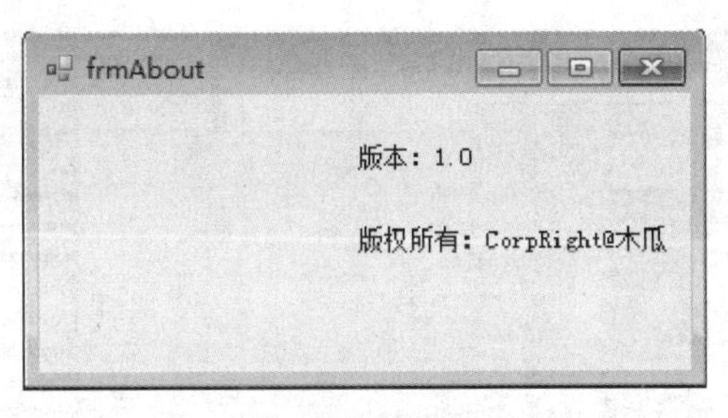

图 11.22　关于窗体

【任务实施】

该窗体比较简单,请学习者自行制作该窗体。

【任务小结】

在窗体上显示文字,采用 Lable 控件,设置 Text 属性。

任务 11.10　创建 Windows 安装项目

【教学目标】

- 了解 Windows Installer;
- 学会创建 Windows 安装项目;
- 学会制作基本的 Windows 安装程序。

【任务描述】

系统开发完成之后,需要将打包并制作成安装程序在客户机上安装运行。本任务主要详细介绍如何将开发的小账本系统进行打包部署。

【任务分析】

要对一个 Windows 应用程序进行打包部署,首先需要创建 Windows 安装项目,然后再制作 Windows 安装程序。

【任务实施】

①在 VS 2010 开发环境中打开小账本系统。

②在解决方案资源管理器中依次选择【添加】|【新建项目】选项,弹出“添加新项目”对话框,如图 11.23 所示。

在“已安装的模板”列表中选择【其他项目类型】|【安装和部署】、【Visual Studio Installer】,在右侧列表中选择“安装项目”,在“名字”文本框中输入安装项目名称(这里输入 JspSetup),在“位置”下拉列表中选择存放项目文件的目标地址,如图 11.24 所示。

单击【确定】按钮后,可以看到已经创建了一个 Windows 安装项目,如题 11.25 所示。

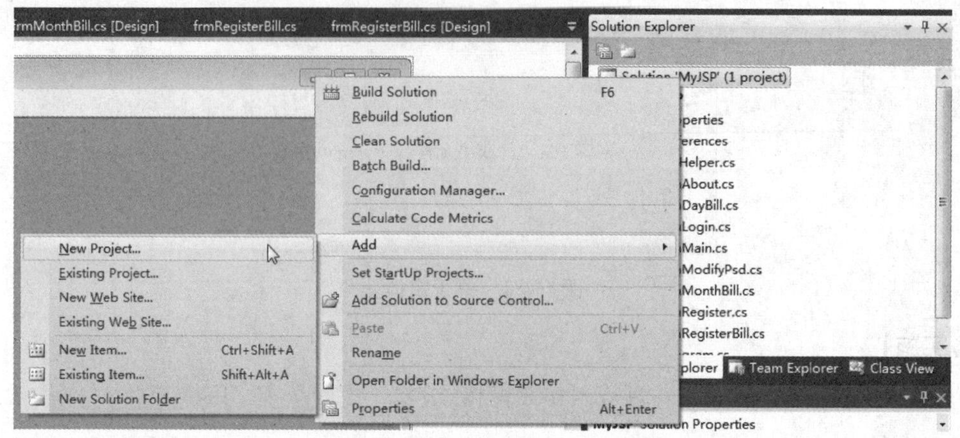

图 11.23 打开“新建项目”对话框

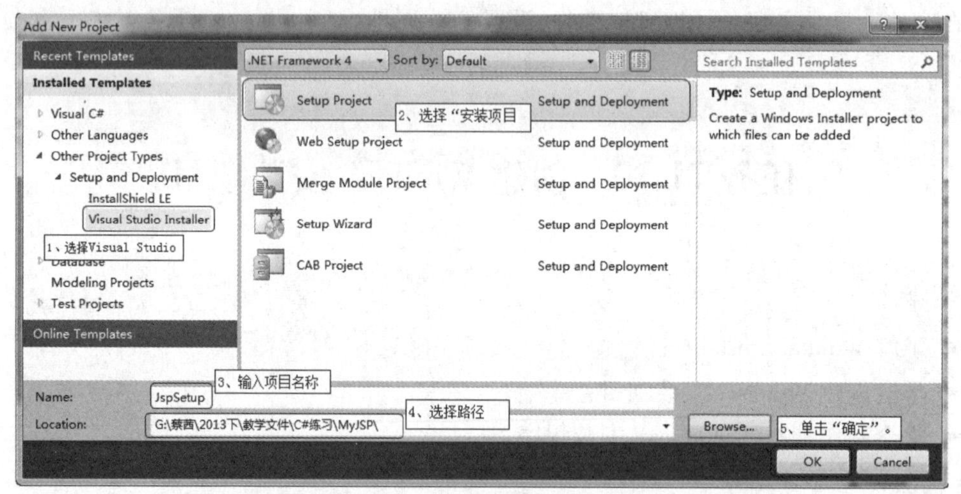

图 11.24 “添加新项目”对话框

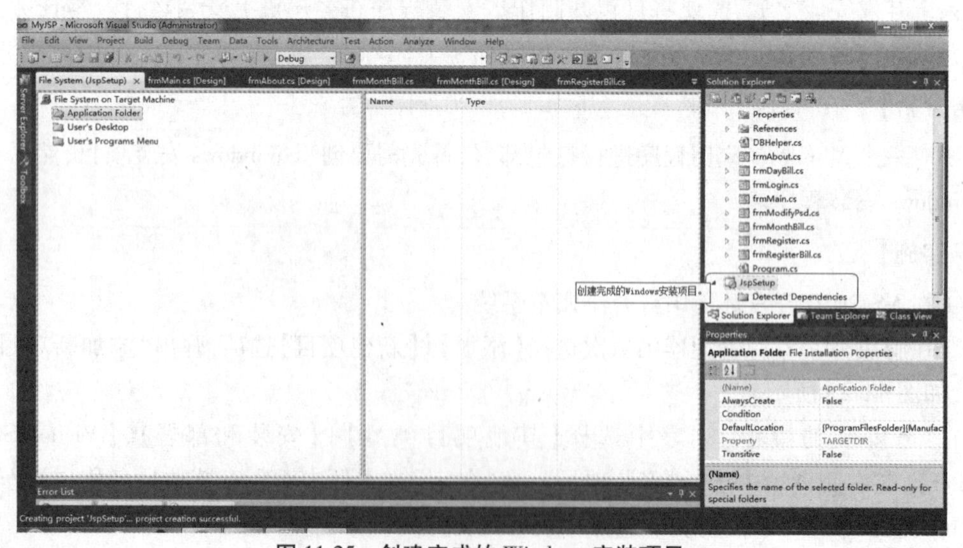

图 11.25 创建完成的 Windows 安装项目

③制作 Windows 安装程序。创建好 Windows 安装项后，接下来就是制作 Windows 安装程序。一个完整的 Windows 安装程序包括项目输出文件、内容文件、桌面快捷方式和注册表项等。下面就讲解如何在创建 Windows 安装程序时添加这些内容，以及生成 Windows 安装程序。

A.添加项目输出文件

右键单击“文件系统”的“目标计算机上的文件系统”节点下的“应用程序文件夹”，在弹出的快捷菜单中选择【添加】|【项目输出】，如图 11.26 所示。

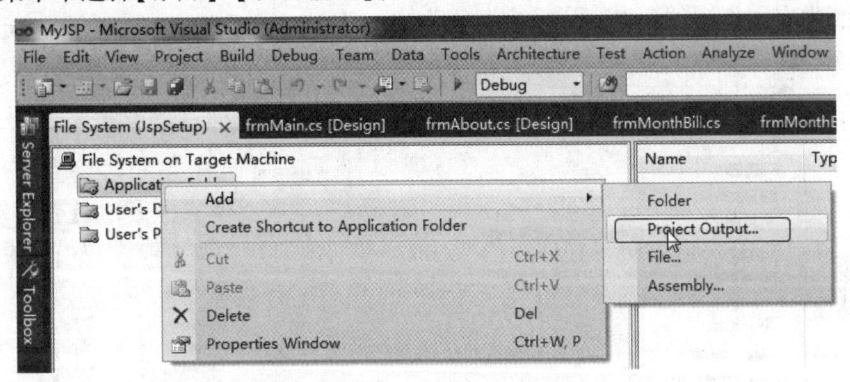

图 11.26　打开“项目输出”菜单

在弹出的“添加项目输出组”对话框中，选择要部署的项目为“MyJSP”，选择输出类型为“主输出”，单击“确定”按钮即可将项目输出文件添加到 Windows 安装程序中。

图 11.27　“添加项目输出组”对话框

B.添加内容文件

在 Visual Studio 2010 开发环境的中间部分单击右键，在快捷菜单中选择【添加】|【文

件】命令,如图 11.28 所示。

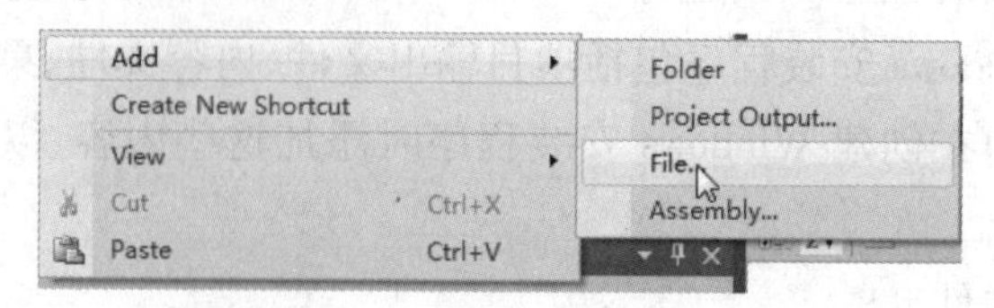

图 11.28 选择【添加】|【文件】命令

弹出如图 11.29 所示的“添加文件”对话框,选择要添加的内容文件,单击“打开”按钮即可将选中的内容文件添加到 Windows 安装程序中。

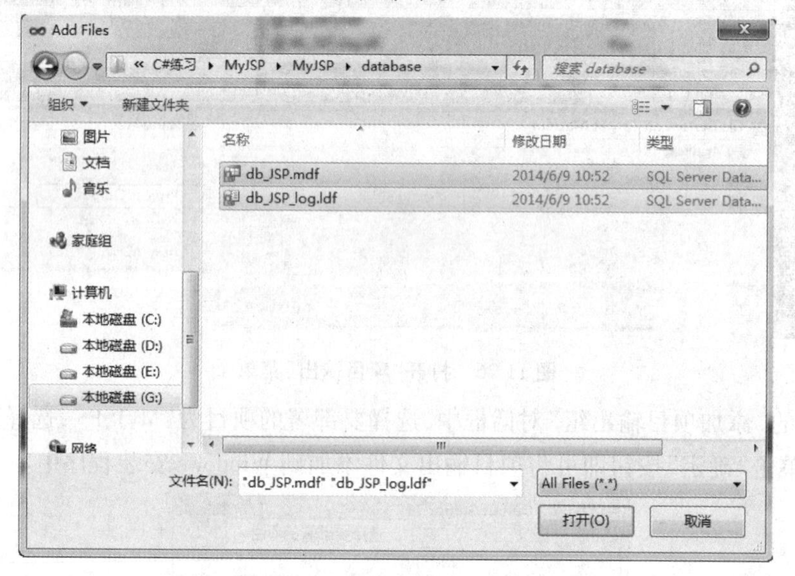

图 11.29 “添加文件”对话框

C.创建桌面快捷方式

在 Visual Studio 2010 开发环境的中间部分选中“主输出来自 MyJSP(活动)”右键单击,在弹出的快捷菜单中选择“创建主输出来自 MyJSP(活动)的快捷方式”选项,如图 11.30 所示。将其重命名为“JSP 快捷方式”,如题 11.31 所示。

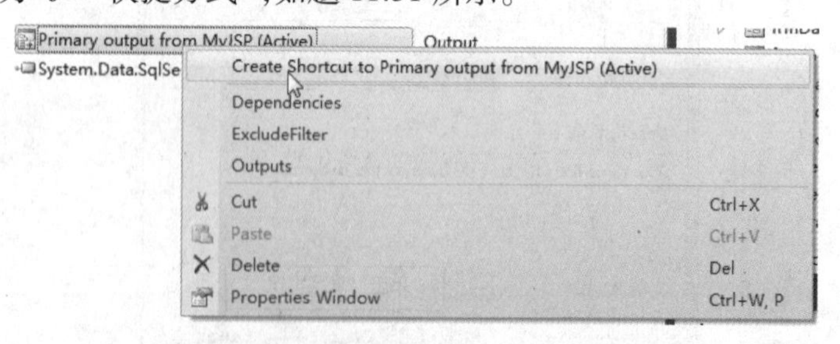

图 11.30 选择“创建主输出来自 MyJSP(活动)的快捷方式”选项

选中“JSP 快捷方式”,然后单击鼠标拖动到左边“文件系统”下的“用户桌面”文件夹中,这样就为该 Windows 安装程序创建了一个桌面快捷方式。单击“用户桌面”文件夹可以看到下方有“JSP 快捷方式”,如图 11.32 所示。

Name	Type
db_JSP.mdf	File
db_JSP_log.ldf	File
JSP快捷方式	Shortcut
Microsoft.Synchronization.Data.dll	Assembly
Microsoft.Synchronization.Data.Server.dll	Assembly
Microsoft.Synchronization.Data.SqlServerCe.dll	Assembly
Microsoft.Synchronization.dll	Assembly
Primary output from MyJSP (Active)	Output
System.Data.SqlServerCe.dll	Assembly

图 11.31　重命名快捷方式

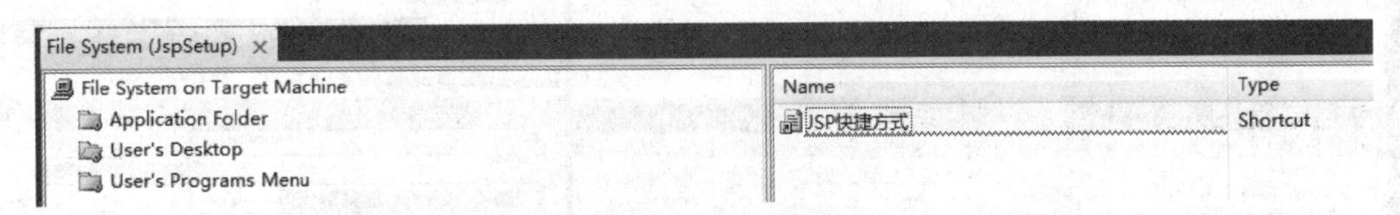

图 11.32　将“JSP 快捷方式”放到“用户桌面”文件夹中

D.添加注册表项

为 Windows 安装程序添加注册表项步骤如下：

在解决方案资源管理器中选中安装项目，单击右键，在弹出的快捷菜单中选择【视图】|【注册表】命令，如图 11.33 所示。

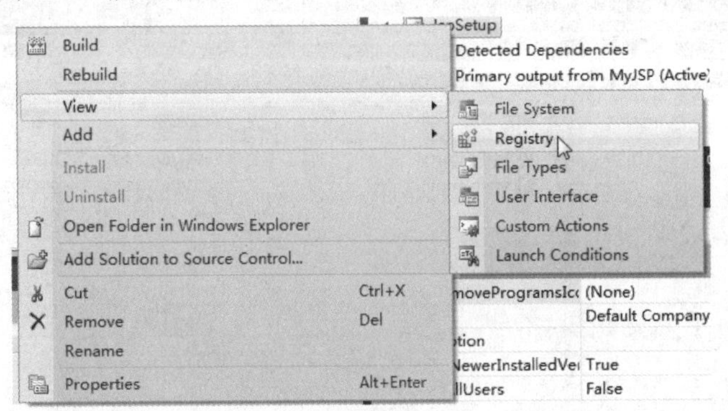

图 11.33　选择【视图】|【注册表】命令

在 Windows 安装项目左侧显示的“注册表”选项卡中，依次展开 HKEY_CUURENT_USER/Software 节点，对注册表项【Manufacturer】进行重命名为“MyJSP”。选中该注册表项，单击右键，在弹出的快捷菜单中选择【新建】|【字符串值】命令，即为添加的注册表项初始化一个值，如图 11.34 所示。

E.生成 Windows 安装程序

添加完 Windows 安装程序的输出文件、内容文件、桌面快捷方式和注册表项等内容后，在解决方案资源管理器中选择 Windows 安装项目，右键单击，在弹出的快捷菜单中选择“生成”选项，即可生成一个 Windows 安装程序。使用自带的打包工具打包完程序后，会生成两个安装文件，分别为.exe 文件和.msi 文件，如图 11.35 所示。

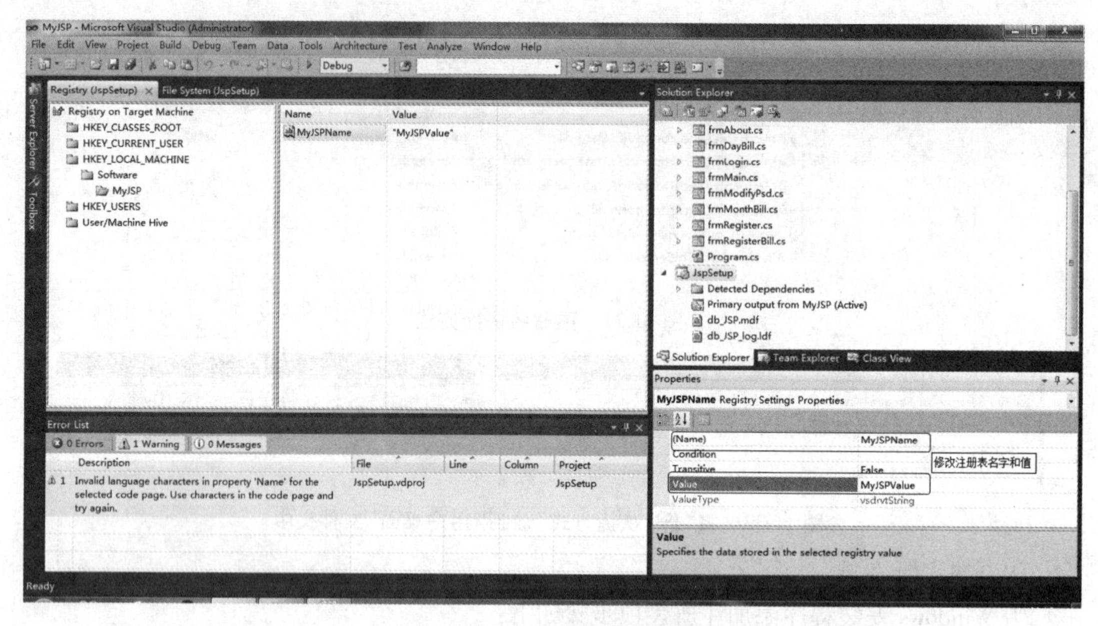

图 11.34 注册表项属性设置

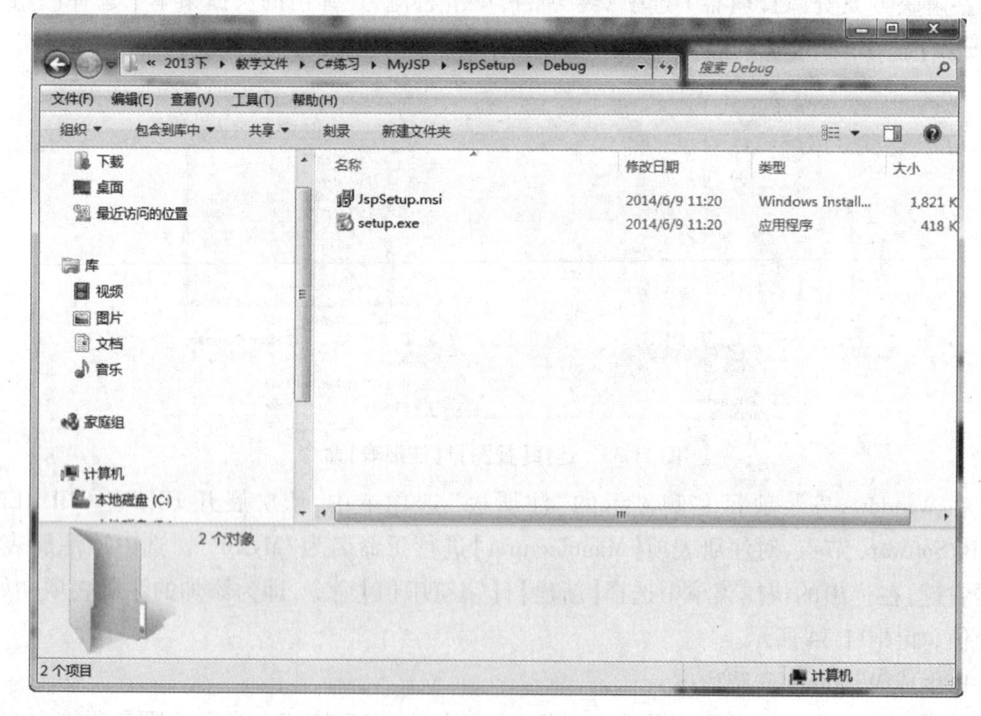

图 11.35 生成的 Windows 安装文件

【任务小结】

①只有在“解决方案”上选择“新建项目”，才能使用“安装和部署”进行程序的打包。

②创建 Windows 安装项目时，还可以通过创建 InstallShieldLE 项目来实现，但该项目的创建要求本机必须连接到互联网。

③对于使用数据库的 Windows 应用程序，在打包程序时，可以通过“添加内容文件”的方式将使用到的数据库文件添加到打包程序中，以便在客户端配置使用。

④.msi 文件是 Windows installer 开发出来的程序安装文件，可以让用户安装、修改和卸载所安装的程序。.exe 文件是生成.msi 文件时附带的一个文件，实质上是调用.msi 的文件进行安装。所有.msi 必须有，而.exe 文件可有可无。

参考文献

[1] 李政仪,蒋国清.C#程序设计实用教程[M].北京:清华大学出版社,2013.

[2] 明日科技.C#项目案例分析[M].北京:清华大学出版社,2012.

[3] 明日科技.C#开发入门及项目实战[M].北京:清华大学出版社,2012.

[4] 明日科技.C#典型模块精讲[M].北京:清华大学出版社,2012.

[5] 王骞,陈宇,管马舟.C#程序设计,经典 300 例[M].北京:电子工业出版社,2013.